注册建造师继续教育必修课教材

铁 路 工 程

注册建造师继续教育必修课教材编写委员会 编写

中国建筑工业出版社

图书在版编目（CIP）数据

铁路工程/注册建造师继续教育必修课教材编写委员会编写. —北京：中国建筑工业出版社，2012.1
（注册建造师继续教育必修课教材）
ISBN 978-7-112-13849-4

Ⅰ.①铁… Ⅱ.①注… Ⅲ.①建筑师-继续教育-教材②铁路工程-建筑师-继续教育-教材 Ⅳ.①TU②U2

中国版本图书馆 CIP 数据核字（2011）第 253731 号

本书为《注册建造师继续教育必修课教材》中的一本，是铁路工程专业一级注册建造师参加继续教育学习的参考教材。全书共分 5 章内容，包括：铁路工程项目管理；铁路工程技术；铁路工程项目管理案例；建造师职业道德；铁路工程建设法律法规与规范文件。本书可供铁路工程专业一级注册建造师作为继续教育学习教材，也可供相关专业工程技术人员和管理人员参考使用。

* * *

责任编辑：刘　江　岳建光
责任设计：陈　旭
责任校对：刘梦然　赵　颖

注册建造师继续教育必修课教材
铁　路　工　程
注册建造师继续教育必修课教材编写委员会　编写
*
中国建筑工业出版社出版、发行(北京西郊百万庄)
各地新华书店、建筑书店经销
北京天成排版公司制版
北京云浩印刷有限责任公司印刷
*
开本：787×1092 毫米　1/16　印张：14½　插页：3　字数：376 千字
2012 年 1 月第一版　2012 年 1 月第一次印刷
定价：**35.00** 元
ISBN 978-7-112-13849-4
(21905)
如有印装质量问题，可寄本社退换
（邮政编码　100037）

注册建造师继续教育必修课教材

序

为进一步提高注册建造师职业素质，提高建设工程项目管理水平，保证工程质量安全，促进建设行业发展，根据《注册建造师管理规定》（建设部令第153号），住房和城乡建设部制定了《注册建造师继续教育管理暂行办法》（建市［2010］192号），按规定参加继续教育，是注册建造师应履行的义务，也是申请延续注册的必要条件。注册建造师应通过继续教育，掌握工程建设有关法律法规、标准规范，增强职业道德和诚信守法意识，熟悉工程建设项目管理新方法、新技术，总结工作中的经验教训，不断提高综合素质和执业能力。

按照《注册建造师继续教育管理暂行办法》的规定，本编委会组织全国具有较高理论水平和丰富实践经验的专家、学者，制定了《一级注册建造师继续教育必修课教学大纲》，并坚持“以提高综合素质和执业能力为基础，以工程实例内容为主导”的编写原则，编写了《注册建造师继续教育必修课教材》（以下简称《教材》），共11册，分别为《综合科目》、《建筑工程》、《公路工程》、《铁路工程》、《民航机场工程》、《港口与航道工程》、《水利水电工程》、《矿业工程》、《机电工程》、《市政公用工程》、《通信与广电工程》，本套教材作为全国一级注册建造师继续教育学习用书，以注册建造师的工作需求为出发点和立足点，结合工程实际情况，收录了大量工程实例。其中《综合科目》、《建筑工程》、《公路工程》、《水利水电工程》、《矿业工程》、《机电工程》、《市政公用工程》也同时适用于二级建造师继续教育，在培训中各省级住房和城乡建设主管部门可根据地方实际情况适当调整部分内容。

《教材》编撰者为大专院校、行政管理、行业协会和施工企业等方面管理专家和学者。在此，谨向他们表示衷心感谢。

在《教材》编写过程中，虽经反复推敲核证，仍难免有不妥甚至疏漏之处，恳请广大读者提出宝贵意见。

注册建造师继续教育必修课教材编写委员会

2011年12月

《铁路工程》

编　写　小　组

组　　长： 何孝贵　彭　华

编写人员：（按姓氏笔画排序）

丁传全　孔德岩　李月英　李向国

刘保东　胡　建　项志芬　殷　波

蒋宁生　彭　锋　韩兰贵　雷书华

蔡小培

前　　言

为进一步提高一级注册建造师的执业能力和职业素质，提升我国铁路工程项目管理水平，保证工程质量和安全，促进铁路建设行业发展，根据《注册建造师管理规定》和《注册建造师继续教育管理暂行办法》等有关规定，住房和城乡建设部、人力资源和社会保障部要求对取得注册建造师执业资格的人员在注册期内进行继续教育，通过继续教育，使建造师执业人员掌握工程建设有关法律法规、标准规范，增强职业道德和诚信守法意识，熟悉工程建设项目管理新方法、新技术，总结工作中的经验教训，不断提高综合素质和执业能力。

在住房和城乡建设部建筑市场监管司、铁道部建设管理司及中国铁道工程建设协会的指导下，铁路工程专业编委会根据“提高综合素质和执业能力为基础，以工程实例内容为主导”的指导思想，组织行业内专家、学者编写了一级注册建造师铁路工程专业继续教育必修课教材。其主要内容包括：铁路工程项目管理、铁路工程技术、铁路工程项目管理案例、建造师职业道德和铁路工程建设法律法规与规范文件五部分。本书作为一级建造师（铁路工程专业）注册执业期间继续教育用书，亦可供从事铁路工程项目勘测设计、建设管理、施工、监理等工作人员的参考用书。

本书在编写过程中，虽经反复推敲、讨论，仍难免有不妥之处，恳请广大读者提出宝贵意见。

目　　录

1 铁路工程项目管理

1.1 铁路工程项目管理新理念

施工企业的主体是由众多的工程项目单元组成，工程项目是施工企业生产力要素的集结地，是企业管理水平的体现和来源，直接维系和制约着企业的发展。施工企业只有把管理的基点放在工程项目管理上，为实现工程项目的合同目标，不断提高工程项目管理和监督水平，才能达到最终提高企业综合经济效益的目的，求得施工企业全方位的社会信誉，从而获得更为广阔的企业生存、发展的空间。当然要达到这一目的，就需要从工程项目管理的内容和特点、工程项目施工的管理体系、工程项目管理中的具体方法、项目经理的管理和监督等方面入手，对工程项目管理有一个全面的了解和掌握。

1.1.1 工程总承包

1. 工程总承包概述

工程总承包是工程技术水平、项目管理水平和企业融资能力的重要体现。作为国际通行的建设项目组织实施方式，工程总承包方式、工程项目管理承包方式在我国逐渐推广。作为一种工程建设模式的创新，工程总承包在我国铁路建设中的应用，对于提高我国铁路建设管理水平，具有重大的现实意义。

(1) 工程总承包的概念

在工程界，国内外对工程总承包的定义并不完全一致。根据国际咨询工程师联合会(FIDIC)的观点，只有承包商既负责工程的设计工作，同时又承担工程的施工、采购工作的工程建设模式，才被称为工程总承包。工程总承包区别于施工总承包的一个显著特点就是承包商对设计负责。按照我国建设部2003年颁布的《关于培育发展工程总承包和工程项目管理企业的指导意见》：“工程总承包是指从事工程总承包的企业受业主委托，按照合同约定对工程项目的勘察、设计、采购、施工、试运行(竣工验收)等实行全过程或若干阶段的承包。”自2007年1月1日实施的《铁路建设项目工程总承包办法》(铁建设［2006］221号)中指出，“铁路建设项目工程总承包是指建设单位(或业主)，通过招标将建设项目的施工图设计、采购和施工委托给有相应资质的工程总承包单位(或联合体)，工程总承包单位按照合同约定，对施工图设计、物资设备采购、工程实施进行全过程承包，对工程的质量、安全、工期、投资、环保负责的建设组织方式”。从业主方来说，工程总承包是项目业主为实现项目目标而采取的一种承发包方式。在总承包合同下，业主把工程项目的设计、采购、施工、试运行等任务，全部承包给一家有工程总承包能力的总承包商，由总承包商负责对工程项目的进度、费用、质量、安全等进行管理和控制，并完成合同规定的项目目标。

(2) 工程总承包的方式和范围

在FIDIC合同条款、《关于培育发展工程总承包和工程项目管理企业的指导意见》及工程实践中，工程总承包主要有以下方式：

1）设计—采购—施工总承包(Engineering Procurement Construction，简称 EPC)

设计—采购—施工总承包是指工程总承包企业按照合同约定，承担工程项目的设计、采购、施工、试运行服务等工作，并对承包工程的质量、安全、工期、造价全面负责。

2）交钥匙总承包(Turnkey)

交钥匙总承包是设计采购施工总承包业务和责任的延伸，最终是向业主提交一个满足使用功能、具备使用条件的工程项目。

3）设计—施工总承包(Design Build，简称 DB)

设计—施工总承包是指工程总承包企业按照合同约定，承担工程项目设计和施工，并对承包工程的质量、安全、工期、造价全面负责。

根据工程项目的不同规模、类型和业主要求，工程总承包还可采用设计—采购总承包(EP)、采购—施工总承包(PC)等方式。

4）施工总承包(General Contractor，简称 GC)

施工总承包在时间上涵盖了从建设项目开工到竣工交付使用及保修服务的全过程，在范围上涵盖了参与建设项目施工各方及一切有关的管理活动，是工程项目总承包的一种特定的总承包模式，其范围定义于施工项目。

5）建造—运营—移交模式(Build Operate Transfer，简称 BOT)

BOT 模式的基本思路是：由项目所在国政府或所属机构为项目的建设和经营提供一种特许权协议作为项目融资的基础，由本国公司或者外国公司作为项目的投资者和经营者安排融资，承担风险，开发建设项目，并在有限的时间内经营项目获得商业利润，最后根据协议将该项目转让给相应的政府机构。

根据项目特点和项目业主的需要，工程总承包的范围有所不同。按照国际上项目阶段划分方法，工程总承包的范围可以从项目决策开始，直到交付业主运营，也可以从初步设计、技术设计或详细设计开始到交付使用。表 1.1-1 是几种常见的工程总承包方式的承包范围。

不同工程总承包方式的承包范围　　表 1.1-1

总承包管理模式	工程项目建设程序						
	项目决策	初步设计	技术设计	施工图设计	材料设备采购	施工	试运行
交钥匙总承包(Turnkey)							
设计—采购—施工总承包(EPC)							
设计—采购总承包(EP)							
设计—施工总承包(DB)							
采购—施工总承包(PC)							
施工总承包(GC)							
建造—运营—移交模式(BOT)							

《铁路建设项目工程总承包办法》(铁建设〔2006〕221 号)中第五条规定：“建设项目必须按规定完成初步设计，初步设计文件达到要求并按初步设计批复修改、补充后，方可

进行工程总承包招标。”

(3) 工程总承包的特点

根据国内外的研究成果，工程总承包具有以下优点：

1) 总承包商负责协调设计、采购与施工，大大减少了业主方在项目微观层面的管理负担，有助于业主集中管理力量解决项目执行的核心问题。

2) 在传统模式下，设计基本完成后才开始进行施工招标，对于工期紧的项目十分不利。而工程总承包模式可以实现工程设计、采购、施工、试运行的深度合理交叉，缩短建设周期。

3) 工程总承包合同一般采用固定总价合同，有助于激励总承包商利用自己的先进技术和经验，采用现代管理方式，对工程实施过程进行优化，减少无效费用，更有利于项目造价的总体控制。

4) 在传统模式下，工程出现质量事故后，责任方不易清楚辨别，设计单位与施工单位往往相互推诿责任，业主的利益得不到充分保障。而在工程总承包模式下，质量由总承包商总体负责，这种“单一责任制”使工程质量责任清楚明白，避免在质量问题上的扯皮，增加了总承包商在质量方面的责任感。

5) 在工程总承包模式下，设计、采购、施工的一体化，减少了外部管理接口，避免了业主与总承包商之间在设计、采购、施工衔接方面的争端，有助于工作效率的提高，减少索赔的发生。

但是，工程总承包也有以下方面缺点：

1) 总承包商负责设计、采购和施工，业主减少项目微观层面的管理，有可能使其对项目的控制能力减弱，容易导致总承包商的投机行为。

2) 项目业主需要在设计完成之前进行招标，对于招标文件的编制，尤其是对其中项目范围的确定以及项目功能的描述等方面，比传统模式更加困难，而且评标程序与制定标准的复杂性也大大超过传统模式。

3) 工程总承包商在投标时需要考虑设计、采购、施工等诸多方面的因素，加大了准确估计工程费用的困难，提高了投标费用。

4) 在工程总承包模式下的“并行作业”较多，各个环节之间的接口更为复杂，增加了管理方面的难度，对业主和总承包的项目管理水平要求更高。

2. 工程总承包管理模式的发展

(1) 工程承发包管理模式的发展

工程项目管理模式是指一个工程项目建设的基本组织模式以及在完成项目过程中各参与方所扮演的角色及其合同关系。由于项目管理模式确定了工程项目管理的总体框架、项目各参与方的职责、义务和风险分担，因而在很大程度上决定了项目的合同管理方式以及建设速度、工程质量和造价，所以它对项目的成功非常重要。工程项目管理模式随工程项目承发包模式的发展而发展，如图 1.1-1。

由图 1.1-1 可知，工程项目管理模式的发展经历了由“合”到“分”，再由“分”到“合”的演变历程，即从最初的业主建管一体方式发展到专业分包实施方式，再发展为逐步集成化的模式，演化至今形成了多种项目管理模式。

1) 业主自行管理

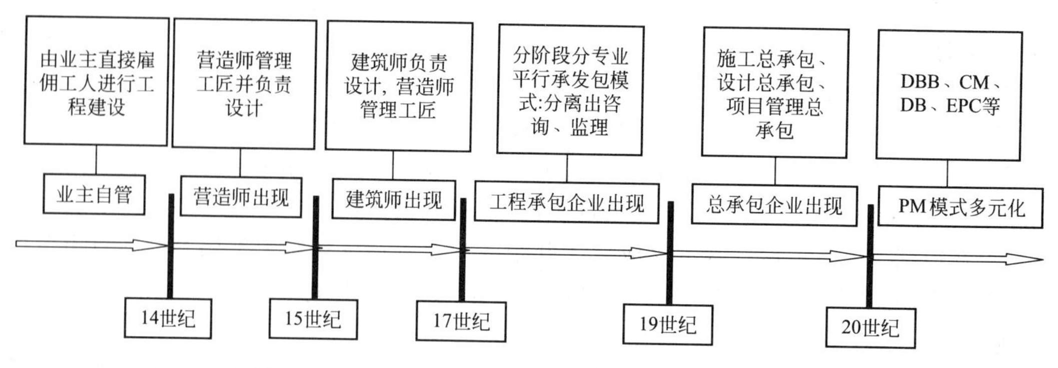

图 1.1-1 工程项目承发包模式与管理模式的发展历程

这是最初的项目管理模式，14 世纪前，一般是由业主直接雇佣工人进行工程建设。

2）设计与施工专业化阶段的项目管理

伴随着业主从工程建设具体工作任务独立出来的同时，一批从事设计又懂施工的工匠逐渐分化，成为专门进行工程设计并负责管理施工的营造师。业主对工程项目施工管理的职责被营造师有效分担，这种项目管理模式在较长时期内得以应用。

随着经济与技术的进步，建筑师从营造师队伍分离出来，专门进行工程设计，而营造师则主要负责施工工匠的管理，其项目管理职能逐渐独立出来。与此同时，施工也完成了专业化与社会化进程，专门从事施工活动的组织（工程承包企业）开始出现。

这一时期，营造师开始辅助业主进行项目管理，业主对项目的集中管理职能开始分散。

3）项目管理专业化

在设计与施工分离以后，工程建设过程中出现了三个参与主体的格局，建筑设计师（工程师）与施工承包商都变成了各自独立向业主提供项目建设服务的参与主体。随着工程项目交易中招标投标制的逐渐采用，分阶段分专业的平行发包模式成为通行的工程项目承发包模式。该模式下，由于交易界面与合同界面的增加，业主自身管理项目能力逐渐不足。且社会经济的进一步发展，工程项目规模变大，技术越来越复杂，对项目管理专业能力的需求越来越强烈，业主开始寻找代表来进行项目管理，自身只负责一些重大问题的决策，工程总承包企业开始出现。

因为设计者最了解工程，因此业主首先聘请设计者作为雇主代表来监督、检查承包商的工作。这种项目管理模式中“业主、承包商、工程师”的“三角关系”正式形成。

在这一过程中，体现了两大特点：

① 业主从自行管理工程项目转变为委托他人进行项目管理。

② 精通设计的工程师作为雇主代表直接从事工程项目的管理。这一方面，促成了项目管理作为一个专业的出现，同时也促进了项目管理技术与方法的不断发展。

业主—工程师—承包商的“三角”模式作为一种成熟的项目管理模式在国际土木工程、世行项目、亚洲开发银行等项目中得到广泛应用。FIDIC 红皮书的合同范本便是基于这种项目管理模式而提出。

4）多样化管理模式

长期以来，“三角模式”作为一种有效的项目管理模式被广泛采用，成为项目管理的传统模式。然而，随着经济与技术的发展，项目大型化、技术复杂化与专业化以及工程项目本身的系统性特点越来越受到认同，使分阶段多主体管理的传统采购模式缺点凸显。在项目管理模式演变过程中，一些新的注重阶段间整合的总承包模式逐渐出现并受到青睐，如DB、EPC等，并催生了一批国际型的工程总承包公司。

同时，随着项目管理成为一门学科与专业被认同，项目管理工作逐渐受到业主方和受益者重视。发达国家出现了专门从事项目管理业务的公司：项目管理咨询公司和项目管理承包公司。作为社会化的专业公司，其规模不大，但拥有丰富的项目管理专家，能根据业主需要提供各种项目管理服务。这类公司可以受业主委托担当雇主代表“工程师”的角色，也可以进行项目管理承包(PMC)。在此模式下，业主在考虑工程承包方式时仍可根据项目特点，或选择EPC总包，或E+P+C分包等方式。

可见，项目管理模式的发展从最初的业主自行管理，逐渐发展为委托他人专业化管理。项目管理实施主体也从最初的工程师发展为社会化、专业化的工程公司和项目管理企业。他们拥有全过程的集成项目管理能力，能够为业主提供分阶段的或全过程的项目管理咨询，或者项目管理承包(PMC)。

在这一演变过程中，业主的决策权不断被削弱，外部机构由工作责任不独立(为业主提供服务与支持，但不需要承担决策责任)发展为不完全独立(业主管理的必要补充)，进而发展为责任基本独立(代表业主实施管理)，对工程项目的管理由“建管合一”逐步发展为“建管分离”。

(2) 我国工程承发包管理模式的发展

有关工程承发包管理模式法规的发布反映了我国工程承发包管理模式的发展历程。20世纪80年代初，我国开始推行工程总承包和项目管理工作。1984年9月，国务院印发了《关于改革建筑业和基本建设管理体制若干问题的暂行规定》(国发［1984］123号)；1984年12月，国家计委、建设部联合发出关于印发《工程承包公司暂行办法》的通知(计设［1984］2301号)；2000年4月，国务院又转发了外经贸部、外交部、国家计委、国家经贸委、财政部、人民银行等六部委制定的《关于大力发展对外承包工程的意见》(国办发［2000］32号)；2003年2月，建设部发《关于培育发展工程总承包和工程项目管理企业的指导意见》(建市［2003］30号)；2004年12月，建设部发《建设工程项目管理试行办法》(建市［2004］200号)；2005年，发布了《建设项目工程总承包管理规范》(GB/T 50358—2005)；2006年铁道部发布《铁路建设项目工程总承包办法》(铁建设［2006］221号)，自2007年1月1日实施。

从国际工程管理实践看，工程总承包在国际范围内的应用越来越广泛。根据美国工程总承包学会的预测，到2015年，工程总承包模式将在工程建设中占有核心地位。在我国工程总承包不仅得到工程管理学者的重视，而且不少项目尝试采用了工程总承包模式，其中包括铁路建设的一些项目，积累了一定的经验。铁道部通过举办各类工程总承包管理研讨会，积极探索推行工程总承包的新路子，并取得了良好的效果。目前，国内外的理论研究和实践经验积累，为我国铁路建设广泛推行工程总承包模式提供了保障。此外，我国出台的相关法规和政策也鼓励推行工程总承包等新型的工程建设模式，这为工程总承包的发展提供了法律和政策上的保障。

3. 主要工程总承包方式的分析比较

这里主要对EPC/交钥匙模式、D-B模式和BOT模式进行分析比较。

(1) 设计—采购—施工(Engineering, Procurement, Construction, 简称EPC)/交钥匙总承包(Turnkey)

在国际上对“EPC/Turnkey”总承包模式还没有公认的定义。此模式的承包商可提供从项目策划开始，提出方案、进行设计、市场调查、设备采购、建设、安装和调试，直至竣工移交的全套服务。

EPC的工作范围包括：设计(Engineer)：除包括设计计算书和图纸外，还包括“业主的要求”中列明的设计工作，即项目可行性研究，配套公用工程设计，辅助工程设施的设计以及结构/建筑设计等。采购(Procure)：可能包括获得项目或施工期的融资，购买土地，购买包括在工艺设计中的各类工艺、专利产品以及设备和材料等。建设(Construct)：一般包括全面的项目施工管理：如施工方法、安全管理、费用控制、进度管理及设备安装、调试、技术培训等。

EPC模式中各方关系如图1.1-2所示。

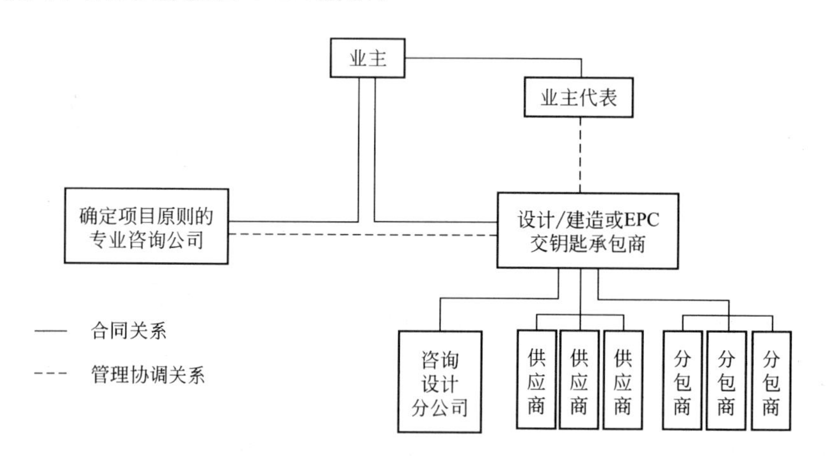

图1.1-2 EPC模式中的各方关系图

EPC模式具有以下主要特点：

1) 业主把工程的设计、采购、施工和试运行服务工作全部委托给总承包商负责组织实施，业主只负责整体的、原则的、目标的管理和控制。

2) 业主可以自行组建管理机构，也可以委托专业项目管理公司代表业主对工程进行整体的、原则的、目标的管理和控制。业主介入具体项目组织实施的程度较低，总承包商更能发挥主观能动性，运用其管理经验，为业主和承包商自身创造更多的效益。

3) 业主把管理风险转移给总承包商，因而总承包商在经济和工期方面要承担更多的责任和风险，同时承包商也拥有更多的获利机会。

4) 业主只与总承包商签订总承包合同。设计、采购、施工的实施是统一策划、统一组织、统一指挥、统一协调和全过程控制的。总承包商可以把部分工作委托给分包商完成，分包商的全部工作由总承包商对业主负责。

5) EPC模式还有一个明显的特点，就是合约中没有咨询工程师这个专业监控角色和独立的第三方。

6）EPC模式一般适用于规模较大、工期较长，且具有相当技术复杂性的工程，如化工厂、发电厂、石油开发等项目。

EPC/交钥匙总承包的变通形式主要有三种：

1）设计—采购—施工管理(EPCm，m-management)指EPCm总承包商负责工程项目的设计、采购和施工管理，不负责组织施工，但对工程的进度、质量全面负责。

2）设计—采购—施工监理(EPCs，s-superintendence)指EPCs总承包商负责工程项目的设计、采购和施工监理。业主和施工承包商另外签订合同。

3）设计—采购—施工咨询(EPCa，a-advisory)指EPCa总承包商负责工程项目的设计、采购和施工阶段向业主提供施工咨询服务，但不负责施工的管理和监理。

(2）设计—建造模式(Design Build，简称DB)

DB模式是近年来国际工程中常用的现代项目管理模式，它又被称为设计和施工(Design-Construction)、一揽子工程(Package Deal)。通常的做法是，在项目的初始阶段业主邀请一家或者几家有资格的承包商(或具备资格的设计咨询公司)，根据业主的要求或者设计大纲，由承包商或会同自己委托的设计咨询公司提出初步设计和成本概算。根据不同类型的工程项目，业主也可能委托自己的顾问工程师准备更详细的设计纲要和招标文件，中标的承包商将负责该项目的设计和施工。DB模式是一种项目组织方式，DB承包商和业主密切合作，完成项目的规划、设计、成本控制、进度安排等工作，甚至负责土地购买、项目融资和设备采购安装。这种模式的基本特点是在项目实施过程中保持单一的合同责任，但大部分施工任务要以竞争性招标方式分包出去。DB模式中各方关系如图1.1-3所示。

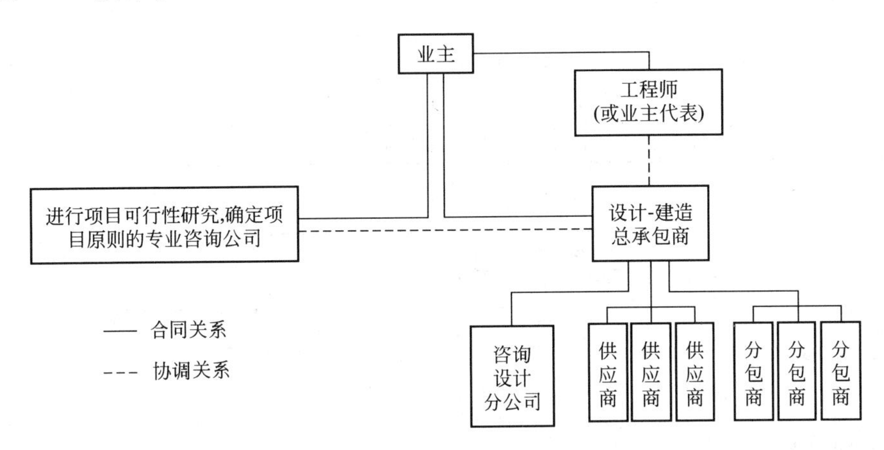

图1.1-3 DB模式中的各方关系

DB模式是业主和一个实体采用单一合同(Single Point Contract)的管理方法，由该实体负责完成项目的设计和施工。一般来说，该实体可以是大型承包商，或具备项目管理能力的设计咨询公司，或者是专门从事项目管理的公司。这种模式主要有两个特点：

1）具有高效率性。DB合约签订以后，承包商就可进行施工图设计，如果承包商本身拥有设计能力，会促使承包商积极提高设计质量，通过合理和精心的设计创造经济效益，往往达到事半功倍的效果。如果承包商本身不具备设计能力和资质，就需要委托一家或几家专业的咨询公司来做设计和咨询，承包商进行设计管理和协调，使得设计既符合业主的意图，又有利于工程施工和成本节约，使设计更加合理和实用，避免了设计与施工之间的矛盾。

2）责任的单一性。DB的承包商对于项目建设的全过程负有全部的责任，这种责任的单一性避免了工程建设中各方相互矛盾和扯皮，也促使承包商不断提高自己的管理水平，通过科学的管理创造效益。相对于传统模式来说，承包商拥有了更大的权利，它不仅可以选择分包商和材料供应商，而且还有权选择设计咨询公司，但需要得到业主的认可。这种模式解决了项目机构臃肿、层次重叠、管理人员比例失调的现象。

DB模式的缺点是业主无法参与建筑师、工程师的选择，工程设计可能会受施工者的利益影响。

（3）建造—运营—移交模式(Build-Operate-Transfer，BOT模式)

BOT模式的基本思路是：由项目所在国政府或所属机构为项目的建设和经营提供一种特许权协议作为项目融资的基础，由本国公司或者外国公司作为项目的投资者和经营者安排融资，承担风险，开发建设项目，并在有限的时间内经营项目获取商业利润，最后根据协议将该项目转让给相应的政府机构。BOT方式是20世纪80年代在国外兴起的基础设施建设项目依靠私人资本进行融资、建造的项目管理方式，或者说是基础设施国有项目民营化。政府开放本国基础设施建设和运营市场，授权项目公司负责筹资和组织建设，建成后负责运营及偿还贷款，规定的特许期满后，再无偿移交给政府。BOT模式的各方关系如图1.1-4所示。

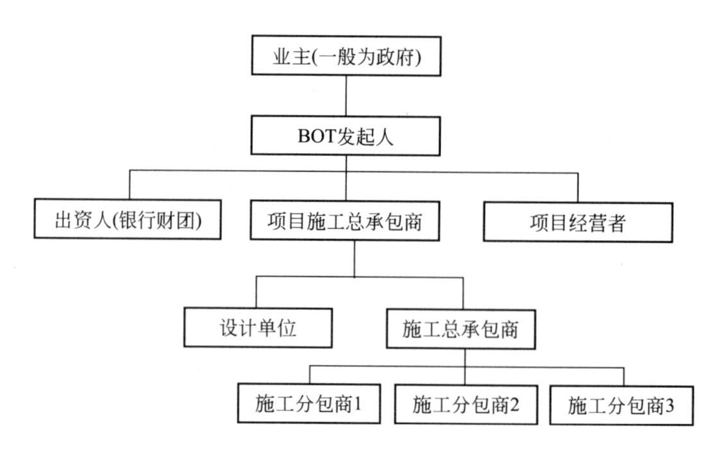

图1.1-4　BOT模式中的各方关系图

BOT模式具有如下优点：

1）降低政府财政负担。通过采取民间资本筹措、建设、经营的方式，吸引各种资金参与道路、码头、机场、铁路、桥梁等基础设施项目建设，以便政府集中资金用于其他公共物品的投资。项目融资的所有责任都转移给私人企业，减少了政府主权借债和还本付息的责任。

2）政府可以避免大量的项目风险。实行该种方式融资，使政府的投资风险由投资者、贷款者及相关当事人等共同分担，其中投资者承担了绝大部分风险。

3）有利于提高项目的运作效率。项目资金投入大、周期长，由于有民间资本参加，贷款机构对项目的审查、监督就比政府直接投资方式更加严格。同时，民间资本为了降低风险，获得较多的收益，就更要加强管理，控制造价，这从客观上为项目建设和运营提供了约束机制和有利的外部环境。

4) BOT 项目通常都由外国的公司来承包，这会给项目所在国带来先进的技术和管理经验，既给本国的承包商带来较多的发展机会，也促进了国际经济的融合。

BOT 模式具有如下缺点：

1) 公共部门和私人企业往往都需要经过一个长期的调查了解、谈判和磋商过程，以致项目前期过长，投标费用过高。

2) 投资方和贷款人风险过大，没有退路，使融资举步维艰。

3) 参与项目各方存在某些利益冲突，对融资造成障碍。

4) 在特许期内，政府对项目失去控制权。

4. 工程总承包管理的工作程序

结合我国铁路建设特点，铁路工程总承包应建立业主项目管理体系，其中包括总承包各方的信用管理和评价、招标与评标体系、项目管理程序文件、工程保险机制等。在推行总承包模式中应建立“铁道部—铁道部工程管理中心—项目业主管理团队—工程咨询单位—工程总承包商”的管理体制，采用“小业主、大咨询”的管理方式，加强合同管理。

《建设项目工程总承包管理规范》(GBT 50358—2005)中对工程总承包管理的工作程序做出了如下规定：工程总承包项目管理的基本程序应体现工程总承包项目生命周期发展的规律。其基本程序如下：

(1) 项目启动：在工程总承包合同条件下，任命项目经理，组建项目部。

(2) 项目初始阶段：进行项目策划，编制项目计划，召开开工会议；发表项目协调程序，发表设计基础数据；编制计划、采购计划、施工计划、试运行计划、财务计划和安全管理计划，确定项目控制基准等。

(3) 设计阶段：编制初步设计或基础工程设计文件，进行设计审查，编制施工图设计或详细工程设计文件。

(4) 采购阶段：采买、催交、检验、运输、与施工办理交接手续。

(5) 施工阶段：施工开工前的准备工作，现场施工，竣工试验，移交工程资料，办理管理权移交，进行竣工决算。

(6) 试运行阶段：对试运行进行指导和服务。

(7) 合同收尾：取得合同目标考核证书，办理决算手续，清理各种债权债务；缺陷通知期限满后取得履约证书。

(8) 项目管理收尾：办理项目资料归档，进行项目总结，对项目部人员进行考核评价，解散项目部。

1.1.2 单价承包模式和总价承包模式

2007 年 11 月 1 日，国家发改委等九部委第 56 号令公布了《标准施工招标文件》和《标准施工招标资格预审文件》，要求在全国的工程建设中执行。为了进一步使铁路招投标工作走向科学化、制度化、规范化，铁道部根据该文件，结合铁路项目建设管理特点，于 2008 年 12 月 25 日发布《关于印发铁路建设项目单价承包等标准施工招标文件补充文本的通知》(铁建设［2008］254 号)，并要求在铁路建设工程招标中统一使用。该文件发布了铁路建设项目单价承包、总价承包和工程总承包的标准施工招标文件补充文本，对铁路建设项目单价承包和总价承包招标文件做出了规定；后又发文要求自2010年7月1日起，发布招标公告的铁路建设项目一律在施工图的基础上进行施工招标。这里结合欧美发达国家实践和铁道部的相关文件论述单价承包模式和总价承包模式的主要内容。

1. 单价承包模式

(1) 单价承包模式的基本概念

单价承包模式是按照工程项目的工程量进行承包，即按照工程单价承包的一种承包方式，其中工程量的计算办法事先说明或按照国家规范进行确定。单价承包模式以单价合同为基础，单价承包的方式可细分为按分步分项工程单价承包、按最终产品单价承包以及按总价投标和决标并依单价结算工程价款三种承包方式。

(2) 单价表

单价承包方式中单价表是一个重要的文件。单价表是采用单价承包方式时投标单位的报价文件和招标单位的评价依据，通常由招标单位开列分部分项工程名称(例如土方工程、石方工程、混凝土工程等)，交投标单位填列单价，作为标书的重要组成部分。也可先由招标单位提出单价，投标单位分别表示同意或另行提出自己的单价。考虑到工程数量对单价水平的影响，一般应列出近似工程量，供投标单位参考，但不作为确定总标价的依据。

(3) 单价合同

1) 单价合同的基本概念

单价合同是指投标人就招标文件中列出的分部分项工程确定各分部分项工程费用的合同，实际总价则是按实际完成的工程量与合同单价计算确定，合同履行过程中无特殊情况，一般不得变更单价。这类合同的适用范围比较宽，其风险可以得到合理的分摊，并且能鼓励承包商通过提高工效等手段节约成本，提高利润。这类合同能够成立的关键在于双方对单价和工程量计算方法的确认。对于发包方来说，单价合同可以缩减发包人在招标阶段的工作量及准备时间，并可鼓励承包方通过提高工效等手段从成本节约中提高利润。

FIDIC《土木工程施工合同条件》严格适用于单价合同(工程量单价)。

2) 工程单价

在工程建设中，随着工程类型、位置、风俗和个人喜好的不同，单位也是变化的。在美国并没有官方的建设工程标准计量方法(而英国和加拿大有)，而是使用约定俗成的工程计量单位。例如：土方开挖和材料填充(在适当部位)的单位是立方米；混凝土浇筑的单位也是立方米；钢筋加工(在适当的部位)的单位是磅、吨等。一般的计量单位是主要工程材料在买卖中使用的单位。但在某些建设工程中，例如钢结构和木结构中，这些计量单位有时并不是工程报价计量和成本核算的最好单位，尤其是劳动密集型工程。因此工程计量方法的说明是单价合同必需的组成部分。为了避免相关人员的误解，需要规定基本的计量规则。

单价是平均价格，即任何工程子项的单价是通过该子项的总费用除以总工程量来计算的。由于每个工程项目的独特性以及影响子项成本的变化条件，一个具体子项的单价会随项目不同而不同。造价工程师会借鉴过去不同条件下已完工程的该项单价的实践经验来估算某项单价。

这里对北美国家土木工程中常用的单价合同与其他使用英语国家的房屋建筑和土木工

程合同作个区别。

北美国家土木工程的单价合同常常是以工程子项的近似工程量为基础的，由设计师计算工程量并列入单价表。之所以要签订单价合同，是因为业主虽然知道自己想要什么工程，但他却不知道准确的工程数量，以及因为现场条件无法事先精确估算工程量。尽管如此，由于已经知道工程的性质和近似工程量，业主就没有必要采用成本加酬金合同形式。在单价合同下完成的工程总是不像房屋建筑那样由数目庞大的不同子项组成；相反，它是由相对较少的不同子项组成的大型工程，工程量常常很大，例如管道、下水道、道路和水坝等工程，有时大型工程的基础和现场工程会单独采用单价合同，而其上部结构则采用另外的合同形式。例如，由于受地质信息限制，不能精确估计打桩工程量，因此，投标人是按照含有近似工程量的单价合同形式投标，并计算打桩工程合同总额，当工程完成后进行计量，承包商将根据工程量和单价获得工程款。

对于大量工程子项能够精确计量的大型房屋建筑合同，被称为工程量合同，通常不需要现场计量工作，主要有以下原因(除地下工程外)：首先，地上房屋建筑部分的工程量能根据图纸精确地预估；其次，完成计量的专业人员在工程计量方面技能熟练；最后，工程计量国家标准可作为计量和互相理解的基础。尽管如此，对于工程量合同，双方都有在工程完工时进行复测的权利，但往往没有必要行使，或者仅在少量子项上使用。

3）单价合同中承包商的职责

① 承包商的主要职责

承包商首要的职责是按照合同完成工作和按照约定的方式获得工程款。在单价合同中，需要根据对已完工程的计量来确定支付工程款的数目，除此之外，单价合同与典型的总价合同非常类似。但对于具有每个子项的工程，一个独立的总价取决于子项的单价和完成的工程量。当实际工程量与合同规定的工程量有重大变更时，承包商(和业主)有权对任何单价寻求变更。可是问题在于，如何对构成工程量的重大变更达成一致。因此在单价合同中最好有明确的条款，说明工程量变更超过多大幅度，才能变更单价。在已发行的单价合同标准文件中包含了这样的条款，在招标文件的空白处，由业主或设计师填写实际的数据，或者在签订合同时与承包商达成一致并填写到合同文件中，最常选的数据是15%。因此如果这个数据写入到招标文件并得到认同，当任何已完工程子项的工程量超出合同规定的15%时，该子项的单价将会降低，反之，单价将会提高。这个新单价将由代表业主的设计师或成本顾问与承包商谈判确定。单价合同的这项条款使得设计师或顾问谨慎和精确地计量合同工程量变得非常重要，以避免与承包商谈判新单价，因为承包商往往处于谈判中的有利位置。

② 工程计量

对实际工程量计量的确认是单价合同履行中需要注意的问题。单价合同的执行原则是，工程量清单中的分部分项工程量在合同实施过程中允许有上下的浮动变化，但分部分项工程的合同单价不变，结算支付时以实际完成工程量为依据。因此，采用单价合同时按招标文件工程量清单中的预计工程量乘以所报单价计算得到的合同价格，并不一定就是承包方圆满完成合同规定的任务后所获得的全部工程款项，实际工程价格可能大于原合同价格，也可能小于合同价格。

施工进程中，满足支付要求的工程计量往往由承包商和业主双方的代表完成。常常遇到的一个问题是：谁来主导工程量的计量。除非合同中另有明确的说明，承包商当然有权派遣自己的代表参加现场的工程计量，但会被认为不公平。

工程必须根据合同规定或明确隐含的方法来精确计量，因此工程计量国家标准是有用的。有时，包含子项工作内容描述的工程量清单实际上并不能进行工程的精确报价，例如，模板工程包含在混凝土里；以体积计量的大面积土方机械挖掘，和为浇筑基础混凝土需要的表面人工挖土或基底找平并不相关。单价合同的工程子项清单必须由熟悉建筑材料、方法和成本，并且熟悉估价和成本核算的人员来准备。如果承包商签订了一份包含子项计量错误或遗漏的单价合同，并且以后计量方法和它产生的结果被证明对他不利，而且是固定总额时，承包商就没有有效的权利提出索赔。

4）单价合同中业主的职责

① 业主的主要职责

单价合同中业主的职责在很大程度上与更为常见的不含工程子项清单的总价合同一样，根据合同付款的义务，提供所需要的信息，任命一位设计师作为自己的代表监督双方合同的履行。当承包商没有正确履行时，业主也有权自己完成工程，并且根据特定状况和合同规定，最后终止合同。几乎在所有方面，业主在单价合同中的职责和总价合同是相同的。

② 变更工程及其单价确定

单价合同的显著特点是在合同规定的限制幅度内业主有权变更工程量，幅度常常是合同工程量加上或减去15％。超出幅度部分，合同规定需要对单价进行重新谈判并作出调整。如果业主要求完成工程量清单项目以外的额外工程，单价合同通常规定按照成本加酬金方式完成这些额外工程。为此，单价合同的标准形式常包含成本加酬金合同标准形式中必要的和相同的合同条款。

对于单价合同中业主指示的额外工程，由业主和承包商商定计价方法和付款方法。因此业主可以选择这样的单价合同：建筑物的基础和框架按照合同单价完成和支付(如模板工程、混凝土工程和钢筋工程)，此外，合同可能含有许多现金补助，或称暂定金额来覆盖工程的其他部分，包括粉刷和服务等。工程的这些部分或许可以通过总价或单价分包合同完成，甚至希望通过成本加酬金分包合同完成。

5）单价合同的特点

概括地说，业主在单价合同中的主要优势是他能以更小的风险实施工程。虽然在业主由于工程或现场性质不能告诉投标人准确的工程量时，可以选择成本加酬金合同，但这对业主风险较大。在北美，单价合同常预先假定一个土木工程项目不需花费较多的时间和费用就能迅速完成计量，在这类合同中，工程的特定部分需要按总价计价，而其他部分以单价计价。

业主在单价合同中的劣势在于近似工程量严重不准确的可能性以及远超过预估的花费，尤其是它们与承包商的“不平衡报价”结合的话，情况会更糟。这种合同类型下完成的工程往往会产生不可预见性：如不合适的地质条件需要更多的土方开挖和回填；地下水层需要降水设备来保持工作面干燥，这些类似的意外事件都是不可预见的，也不可能在合同中注明每一个意外事件。未注明的意外事件不得不由业主和设计师通过承包商来处理，同时双方协商费用。这时，业主有两种选择：更换承包商或以较高的价格由现有承包商来完成意外事件所带来的工程量。这两种选择都会给业主带来费用的增加。

相比其他同类合同，单价合同中承包商唯一的优势就是不需要工程计量就能投标并排除了伴随的风险，同时在工程量估算不准确或发生其他意外事件时，可以利用不平衡报价获得收益。

2. 总价承包模式

(1) 总价承包模式的基本概念

总价承包模式是按照工程量清单报价加一定的总承包风险费承包工程的一种方式，在该模式中招标人提供拟建工程项目工程量清单，投标人对工程数量和单价均进行填报，按照由此确定的总价签订合同。总价承包模式以总价合同为基础。

(2) 总价合同

1) 总价合同的基本概念

总价合同是指招标人根据初步设计或者施工图设计提出招标项目工程量清单，由投标人根据工程量清单和施工图进行报价，报价中包含一定额度的总承包风险费。在合同实施过程中，除根据合同约定可调的费用外，合同总价保持不变，采用合同总价下的工程量清单方式进行验工计价。

2) 总价合同中业主的职责

① 业主的主要职责。在有关总价合同的标准合同文本中，业主的主要职责一般包括：提供工程相关资料和现场通道；按照协议和合同条款支付工程款。除了终止合同之外，其他事情由代表业主的设计师来完成，业主通过设计师签发指令给承包商。在 FIDIC 土木工程合同条件中，业主需要提供为完成其义务的合理资金安排的证据、现场勘查、支付费用、提供所有信息和服务等，以便于承包商行使权利、履行义务。

② 工程缺陷弥补。业主的权利通常大于自己的义务。例如，如果承包商没有改正不合格工程，业主有权命令工程停止；如果承包商没有按照合同条款履行义务，业主可以在取得设计师许可的情况下自行修复，并向承包商索赔。为了保证业主的利益，业主一般会要求承包商提供履约担保，或选择一个实力较强、信誉较好的承包商。

3) 总价合同中承包商的职责

① 以合同总价完成工程。在总价合同中承包商最主要的责任是按照合同协议规定的工期和合同文件完成工程项目，其权利是以双方同意的方式、合理的时间取得合同价款。总价合同要求承包商提供和完成合同文件中可以“合理推断并产生预期结果所必需的工作”。

② 承担投标风险。通过签订总价合同，业主可以转移自己所有的风险，让承包商在合同规定的时间内完成工程，并可以供业主使用。而投标人为了规避风险，可能会在报价时对每个风险增加费用，从而抬高报价。必须在这两者间寻找平衡，因此在总价合同中常设置意外事件发生时业主支付额外费用的合同条款，这样投标人在投标时不考虑这些风险，意外事件发生后可以用风险费用来补偿损失。

③ 工程变更。虽然总价合同的一个显著特征是它的固定特性，但是绝大多数的总价合同都包含一个在不影响合同效力时业主可以做出工程变更的条款。有了这个条款，业主就可以做出变更，而承包商必须完成所有的有效变更。但是变更必须在合同的总体范围内，也就是业主的变更不能超出合同范围和本质。需要注意的是，虽然在合同有效前提下为业主提供了一定的工程变更权利，但同时也要求业主对双方同意的变更支付额外费用。

4）总价合同的特点

① 承包人承担绝大多数风险，包括工程数量和价格风险。总价承包合同一经签订，承包人会面临较大的风险：一是价格风险，包括人、材、机及设备价格上涨风险；二是工程量增加风险，由于铁路工程普遍工期紧，常采用初步设计招标，发包人提供的工程量清单不免有遗漏；三是自然环境等不可预见因素影响增加费用的风险。

② 对发包人、承包人双方的业务水平要求较高。为了降低风险，发包人在招标前尽量翔实地做好招标文件，包括招标范围、工程量清单、评标办法采用的降造系数及合理标的价等。而承包人投标前则需对工程进行实地考察，尽可能考虑到投标期对合同执行过程中可能存在的工程量、物价及地质条件变化等不利因素造成的费用增加风险。所有这些工作都要求双方具有较高的业务水平。

③ 部分开口合同，工程价款结算简单。签约合同价不等于合同最终结算价格，存在业主对建设标准、建设规模、建设工期重大调整和不可抗力引起的调价因素；合同执行过程中，只要发包人不改变合同约定的承包范围，合同总价基本就是最终的结算价款，结算程序及工作量大为简化。

④ 发包人更容易控制工程造价。施工总价承包合同条件下，发包人会在合同条款中明确规定可以调整工程价款的内容或项目，因此承包人索赔机会大大减少，风险分配不均衡，承包人需要考虑额外风险费用，发包人更容易控制工程造价。

通过对单价承包模式和总价承包模式的分析可以看出，这两种承包模式各有其优缺点，需要根据实际情况选择使用。目前在铁路建设项目中采用总价承包模式的居多，也有工程采用单价承包模式。

1.2 标准化管理

1.2.1 标准化管理概述

1. 标准化管理的相关概念

（1）标准

根据国际标准化组织（ISO）的规定：标准是由有关各方根据科学技术成就和先进经验，共同合作起草、一致或基本上同意的技术规范或其他公开文件，其目的在于促进最佳的公众利益，并由标准化团体批准。

我国《标准化工作指南第1部分：标准化和相关活动的通用词汇》（GB/T 20000.1—2002）中对标准的定义是："为了在一定范围内获得最佳秩序，经协商一致制定并由公认机构批准，共同使用的和重复使用的一种规范性文件。"并做出注释："标准宜以科学、技术的综合成果为基础，以促进最佳的共同效益为目的。"该定义包含了4个方面的含义：

1）标准的目的是为了获得最佳秩序，促进最佳的共同效益。所谓的秩序是指有规则、有条理、井然有序的状态。最佳秩序体现在多个方面。如产品质量、安全等方面。其中"最佳的共同效益"是从整个国家和整个社会效益角度来衡量，而不是从一个地区、一个部门、一个企业来考虑。

2）标准在产生过程中要"经过有关方面协商一致"。就是制定标准要发扬技术民主，有关方面要协商一致。如制定产品标准，要经过生产部门、用户、科研、检验等部门参加共同讨论研究，协商一致，这样制定出来的标准才具有权威性。"协商一致"并不是没有异议，而是有关的关键方对标准中的实质性问题普遍接受。

3）标准的本质特征是统一的、由有关部门批准、共同遵守、共同使用和重复使用。《中华人民共和国标准化法》规定，我国标准分为强制性标准和推荐性标准。强制性标准必须严格执行，推荐性标准由企业自愿采用。

4）标准产生的客观基础是“科学、技术和实践经验的综合成果”。这就是说，标准产生的客观基础有两个：一是科学成果；二是实践经验的总结，并且这些成果与经验都要经过分析、比较和选择，综合反映其客观规律性的成果。

（2）标准化

标准化是以制定和贯彻标准为主要内容的全部活动过程。国际标准化组织（ISO）规定：标准化主要是对科学、技术和经济领域内的问题给出解决办法的活动，其目的在于获得最佳秩序，一般来说，包括制定、发布与实施标准的过程。

我国《标准化工作指南第1部分：标准化和相关活动的通用词汇》（GB/T 20000.1—2002）中对标准化的定义是：为在一定范围内获得最佳秩序，对实际的或潜在的问题制定共同的和重复使用的规则的活动。同时，给出了该定义的两个注释，即：

1）上述活动主要包括制定、发布及实施标准的过程。

2）标准化的主要作用在于为了其预期目的改进产品、过程和服务适用性，防止贸易壁垒，并促进技术合作。

该定义包含以下方面的含义：第一，标准化是一项活动，该活动包括制定、发布和实施标准的过程。这个过程不是一次性完成的，而是一个不断循环、螺旋式上升的运动过程。每完成一个循环，标准就上升到一个新的水平。第二，标准化活动的对象是“实际的或潜在的问题”。这些实际的或潜在的问题主要是指与产品、过程和服务的质量相关的问题。第三，标准化的作用是为了预期目的改进产品、过程和服务适用性，防止贸易壁垒，并促进技术合作。这些目的包括品质控制、适用性、环境保护、健康、安全、产品防护、经济效能等。

（3）工程建设标准化

就是在工程建设领域内，对建设活动制定、发布及实施标准的过程。通过工程建设标准化，从技术上实现对各类建设工程的科学管理。

（4）标准化管理

对管理工作中重复性的事物以科学理论、技术成果和实践经验为依据，选择最优方案，通过简化、协调、统一、优化，升华为标准，使无序的多样化的生产方式和管理活动，达到有序的规范化管理。

2. 标准化原理

标准化基本原理是指标准化工作中具有普遍意义的基本规律，它以标准化的大量实践为基础，并为实践所验证。有很多专著论述了标准化基本原理。1972年英国的桑德斯最早提出“标准化基本原理”，他主编的《标准化的目的和原理》中最早提出了标准化七条原理并进行了详细的论述。七条原理的主要内容是：

1）标准化从本质上看，是人们有意识地努力使其统一的做法。标准化不仅是为了减少目前的复杂性，而且也把预防将来不必要的复杂化作为目的。

2）标准化不言而喻是经济活动也是社会活动，应该在所有有关的相互协作下推动工作，也应该在全体同意的基础上制定标准。

3）已出版标准如不实施，就没有任何价值。

4）决定标准时的行动，实质是选择以及将其固定之。

5）标准在规定的时间内，应该根据需要重新认识和修订。

6）在规定产品的性能和其他特点时，规定必须包括关于所使用的各种方法和检验说明，以便确定该指定商品是否与规格相符。

7）关于国家标准以法律强制实施的必要性，应该谨慎考虑其标准的性质、工业化程度及其社会现行的法律和形势等各方面情况。

在国内的有关著作和文章中，还有“四原理”、“五原理”、“六原理”和“八原理”的提法，其中比较多的提法是“四原理”，即统一原理、简化原理、协调原理与优化原理。

统一原理就是为了保证事物发展所必需的秩序和效率，对事物的形成、功能或者其他特性，确定适合于一定时期和一定条件的一致规范，并且这种一致规范与被取代的对象在功能上达到等效。简化原理就是为了经济有效地满足需要，对标准化对象的结构、形式、规格或其他性能进行筛选提炼，剔除其中多余的、低效能的、可替换的环节，精炼并确定出能满足全面需要所必要的高效能的环节，保持整体构成精简合理，使之功能效率最高。协调原理就是为了使标准系统的整体功能达到最佳，并产生实际效果，必须通过有效的方式协调好系统内外相关因素之间的关系，确定为建立和保持相互一致、适应或平衡关系所必须具备的条件。优化原理就是按照特定的目标，在一定的限制条件下，对标准系统的构成因素及其关系进行选择、设计或调整，使之达到最理想的效果。在这四个原理中，统一是目标，协调是基础，简化和优化是统一、协调的原则和依据。

要注意，标准化与标准不同，标准化包括制定标准、实施标准、修改标准、再实施标准……是一个往返循环、螺旋式上升的循环过程。通过制定标准和修改标准，将前人经验进行总结、并形成通用、先进、成熟标准，实施标准是用标准创造财富的过程。这是一个螺旋式上升的循环，是一个知识、管理升华的过程，每完成一个循环，标准化水平就提高一步，管理水平、管理成效将成倍增加。

3. 建设项目标准化管理与其他管理的关系

建设项目标准化管理是一个完整的概念，主要是指通过系统化、标准化原理，强调对“物、事、人”的量化管理，突出对建设项目的岗位职责、技术要求、工作程序、操作方法、工作方法和施工管理程序做出科学统一的规定，作为参与项目建设所有人员的生产活动共同遵守的准则，从而实现对建设项目全过程的管理。

（1）标准化管理与其他管理相互包容

目前项目管理中推进的各项管理，如全面质量管理、ISO 9000 质量管理体系标准、ISO 14000 环境管理体系标准、OHSMS18000 职业健康安全体系标准，采用的基本原理都是相同的，都是采用 PDCA 循环和持续改进的原理，采用的方式都是通过文件化来达到对生产过程的控制。标准化主要是对现行的管理进行系统梳理，建立健全覆盖整个项目管理全过程的标准体系。

（2）标准化管理与其他管理的区别

这里主要介绍建设项目管理标准化与 ISO 质量管理体系的不同。

1）实施主体不同

ISO 质量管理体系是组织内部的质量管理标准化，是以一个组织为载体的；而建设项目管理标准化是以项目为载体的，涉及建设单位、设计单位、施工单位等的共同合作。

2）实施对象不同

ISO质量管理体系标准化管理的对象是各种组织的产品质量，包括咨询服务、工业制造、建筑施工等各种生产过程的产品质量，目的在于实现组织质量管理工作的标准化；而建设项目标准化管理的对象是整个项目，重在实现项目的既定目标，其管理的内容除了质量管理之外，还包括费用管理、进度管理、安全管理、人力资源管理等。

3）实施方式不同

ISO质量管理体系是过程控制，强调质量管理是一个持续改进的过程，要不断去完善；而建设项目标准化管理是目标控制兼过程控制，既强调项目管理的标准化过程要不断完善，也强调项目标准化管理要注重实现项目的各项目标。

4）实施方法不同

ISO质量管理体系通过专业机构的认证方式来实现，需要经过认证，是一种第三方评价；而建设项目标准化管理是组织内部的行为，旨在通过自身的推动来实现组织项目管理能力的提升。

4. 推进标准化管理应坚持的原则

（1）统一原则

统一原则是标准化的本质，主要是运用系统原则、效益原则将同一标准化对象两种以上的表现形式合并为一种或限定在一个范围内。统一的目的在于消除不必要的多样化而造成的混乱，建立共同遵循的法则或程序。

（2）系统原则

系统原则是指在规范标准化对象时，以系统(整体)思想为指导，运用系统工程的理论和方法来研究标准化对象在系统中的最佳形式、状态、数量或作用等。运用系统思想可以实现闭环管理，即设计—实施—检查—反馈(PDCA)的循环管理，使系统达到最佳结合，实现有序发展，取得最高的经济效益或社会效益。标准体系内部和外部的有机联系以及标准化内容或方法之间的必然联系，使得标准化不能脱离系统思想，孤立地研究标准和标准化问题不可能实现系统最佳秩序和最高效益。

（3）动态原则

动态原则是指标准随着时间的推移而发生变化，依据变化情况进行管理的原则。由于标准本身具有阶段性，并在各阶段中具有不同的标准化程度，标准化呈现出动态的特性。因此，标准制定和修订时机的选择、标准内容的确定、标准的强制性与否以及标准实施和监督过程中问题的处理等，都需要研究时间因素和阶段性，考虑动态原则，运用这个原则来研究标准化的发展趋势，并具体地选择标准化的时机、方法和形式。

（4）优化原则

标准化的优化是指在某个动态阶段，为了达到最佳的标准化效果，应用最优化方法，解决如何简化、如何统一化、如何组合化、如何规范化的问题。要使事物通过标准化活动达到最佳状态，就要对事物的多样化进行优选，在优选的基础上进行简化，对烦琐的、不必要的、低功能的产品品种或管理过程进行清除。

（5）成熟原则

成熟原则是指需要规范的标准化对象应是较成熟的，并普遍使用的概念、事物、方法或程序，而不应是没有经过实践考验的新概念、新事物、新方法或新程序。标准是对重复事物所作的统一规定，这一定义说明只有对成熟的普遍事物进行规范才有意义，否则将失去标准的作用。

（6）弹性原则

标准化的弹性原则是让标准具有一定的弹性，即灵活性。标准应依据其所处环境的变化而按规定的程序适时修订，才能保证标准的先进性和适用性，避免或减少可能产生的反作用。

（7）可操作原则

可操作原则是指制定出的标准应该是可以实际进行操作的，而不是臆想出来的、抽象的、无法操作的。因为，如果不具备可操作性，则制定出的标准无疑毫无用处，标准化也就失去了意义。因此，标准的制定一定要遵循可操作性原则。

（8）效益原则

效益原则是标准化目的的具体体现，取得效益是标准化的根本目的。对事物采用标准化的方式进行某种类型的约束是为了取得效益，包括经济效益和社会效益。生产、经营和管理的规范化，表示方法与传达手段的提供、贸易壁垒的消除，都是为了取得经济效益；而人类安全、健康和环境以及社会公共利益的保障，都是为了取得社会效益。标准化的经济效益和社会效益不是对立的，它们常常是相互关联的，有时要做必要的权衡与选择，一般应使短期的经济效益服从长远的社会效益。

1.2.2　建设项目标准体系

1. 建设项目标准体系的组成

建设项目标准体系是以建设项目的目标、方针为中心，以国家的法律、法规及国家标准和铁路建设标准为依托，总结铁路建设经验而形成的标准体系，由技术标准、管理标准、工作标准三大子系统组成，如图 1.2-1 所示。

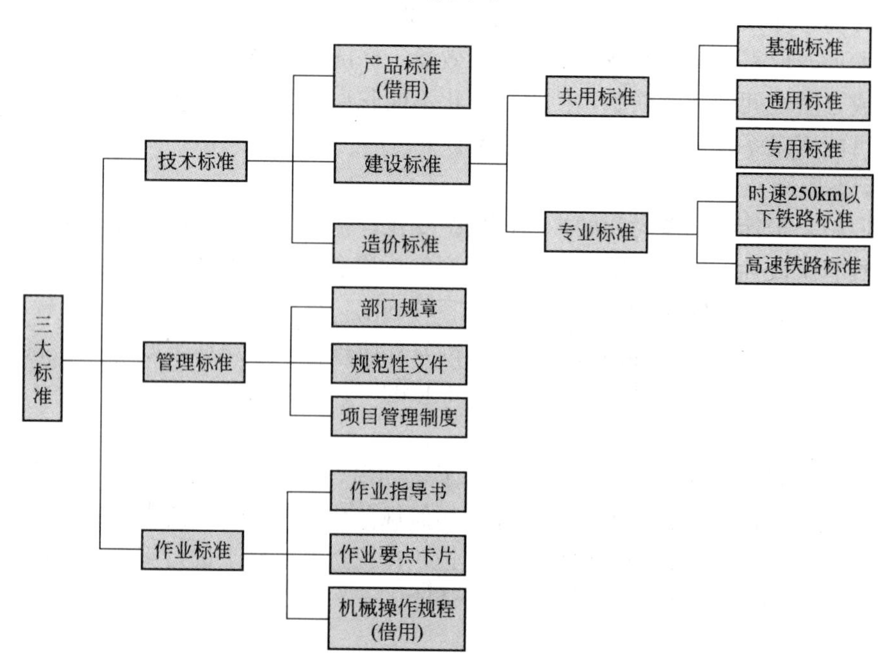

图 1.2-1　建设项目标准体系的构成

图 1.2-2 是一个立法体系示意图，从这个图中可以看出法律法规与管理标准的相互关系。

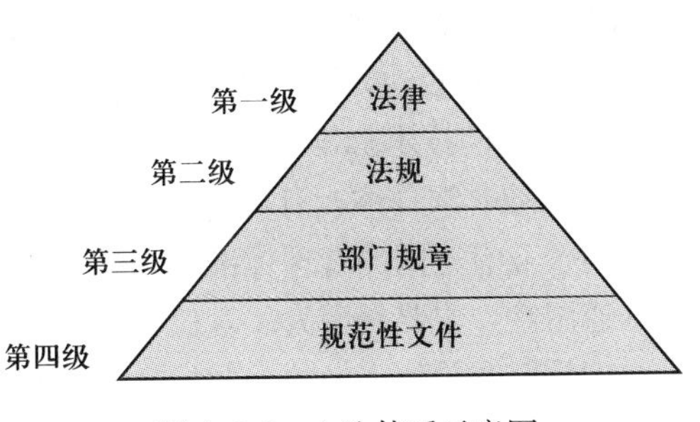

图 1.2-2 立法体系示意图

2. 三项标准的概念

(1) 技术标准

推行标准化管理，技术标准是基础、前提，标准化管理中所制定的管理标准和作业标准以及所做的各项工作，都是为了确保达到工程技术标准。

技术标准是对标准化领域中需要统一的技术事项所制定的标准，包括国家标准、行业标准、地方标准和企业标准。建设项目技术标准是建设施工和质量控制中有关技术事项的依据和标准，其主要特征是研究规定建设产品的大小尺寸、量值、性能指标等，主要是对“物”(项目实体)的规定，其执行活动覆盖了建设过程的全部环节。

铁路建设技术标准体系如图 1.2-3 所示。

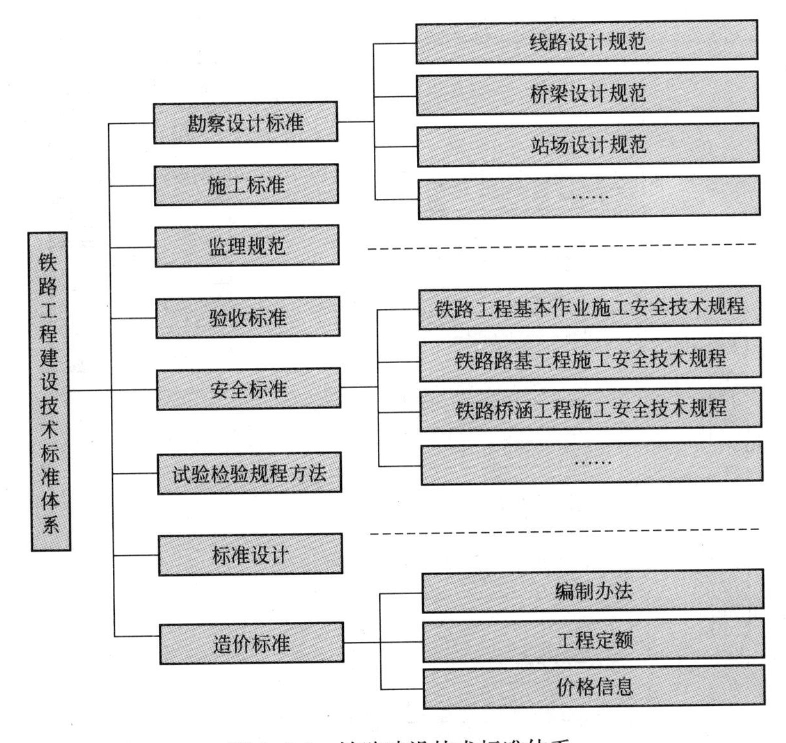

图 1.2-3 铁路建设技术标准体系

这些技术标准中有国家标准(GB)，如铁路线路设计规范、铁路车站及枢纽设计规范；有行业标准(TB)，如铁路轨道工程施工安全技术规程；企业标准，如大临标准(施工便道设置要求)、小临标准等。国家标准(GB)、行业标准(TB)由铁道部组织制定，企业标准由企业研究制定。

(2) 管理标准

管理标准是建设项目活动中需要协调统一的管理事项标准，是指导全员进行和实施与技术标准有关的各项管理活动的准则，主要是对“事”(建设活动)而言，其主要特征是研究规定各种建设活动，即“事”(建设活动)的分工范围、程序、方法及如何实现等，它必须充分满足贯彻技术标准的要求。

管理标准非常具体，有可操作性和可考核性，与单位的工作性质、劳动组织等紧密结合，不同企业有不同的管理标准，管理标准的通用性差，但对铁路建设而言，管理标准具有很强的通用性，主要是因为“六位一体”管理要求是一致的、建设单位结构是一致的、初步设计文件是一个单位审批的、招标文件及合同文本是一致的、质量验收标准是一致的、对建设单位和建设项目考核标准是一致。铁路建设管理标准的内容丰富、层次分明，既涉及建设方面的有关规章制度，也覆盖建设、设计、施工、监理等不同参建单位的工作规则和要求，可以分为两部分，第一部分是铁道部的规章制度，包括部门规章、规范性文件和项目管理制度，这是必须遵守的；第二部分为各单位依据铁道部规章制度细化后的规章制度和管理标准，是本项目或本单位的管理标准，也必须认真执行，并尽可能提高这些管理标准的可复制性。

目前，铁路建设已经构建起了一整套比较完整的规章制度体系(如图 1.2-4 所示)。

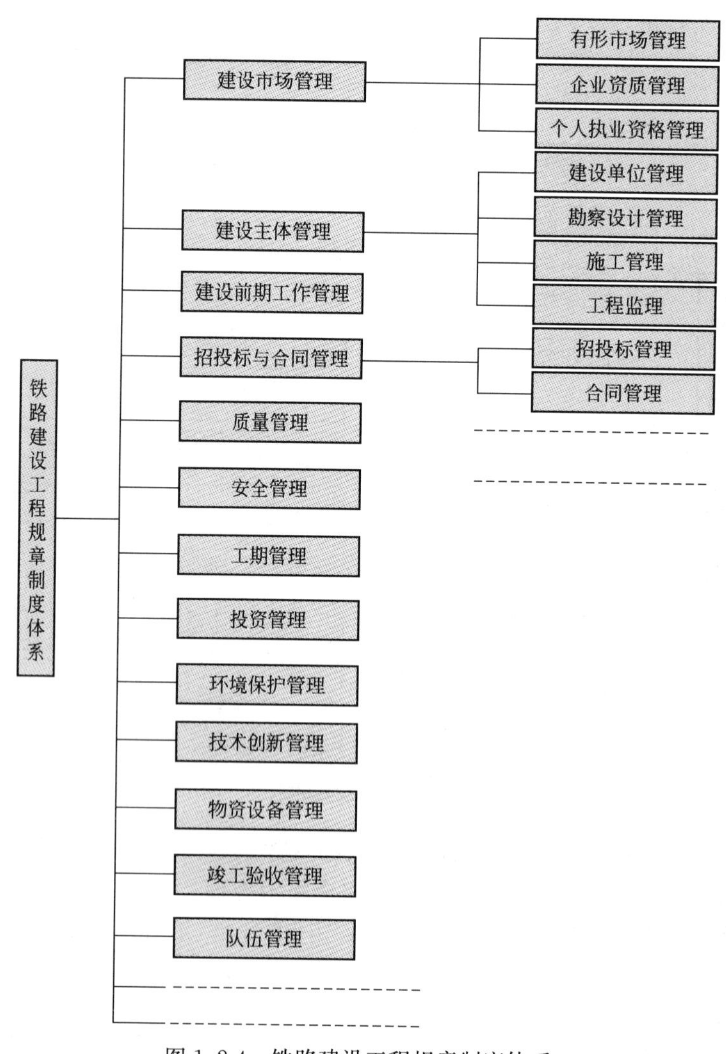

图 1.2-4　铁路建设工程规章制度体系

(3) 工作标准

工作标准是对建设活动中需要协调统一工作事项所制定的标准，主要是对“人或人群”(参建人员)的工作而言的，其主要特征是规定在建设活动中“人或人群”(参建人员)的工作范围、工作责任、权限以及工作质量所作的统一规定，它应能够保证技术标准和管理标准的贯彻执行，是为实现整个工作过程协调，提高工作质量和工作效率，对各个岗位的工作制定的标准。

工作标准分管理工作标准和作业标准。管理工作标准是管理人员的工作手册，作业标准是工人的工作标准。作业标准主要包括施工作业指导书、施工作业要点卡片，试验、测量人员作业标准，勘察作业标准，监理检查、审核工作作业标准等。上海铁路局制定的《铁路建设项目管理岗位工作指南》一套 13 本就属于管理工作标准，它包括指挥长、总工程师、各部部长以及专业工程师的工作指南。建设管理司编制的《铁路工程施工作业要点示范卡片》就属于作业标准的内容。

铁道部已经制订了《铁路建设项目施工作业指导书编制暂行办法》(建建［2009］107 号)、《铁路工程施工作业要点示范卡片》(建技［2009］185 号)等作业标准指导性文件。施工作业指导书是根据分部、分项工程施工具体要求，针对特殊过程、关键工序向施工人员交代作业程序、方法及注意事项，落实各项验收规范和标准，指导现场施工作业而制定的作业及工艺标准。作业要点示范卡片主要面向施工作业人员，针对铁路工程主要专业中的关键工序，以突出工序流程为主线，明确工序作业中的安全、质量、环保等为控制要点，以图文结合、重点突出、易懂实用为基本要求编写，示范卡片共计 208 项，其中轨道 31 项，路基 22 项，桥梁 31 项，隧道 41 项，通信 19 项，信号 29 项，电力 16 项，电牵 19 项。建设单位要指导施工单位结合工程特点编制本项目的作业标准。

推行标准化管理，主要是执行铁道部颁布的各类标准。

3. 三项标准之间的关系

建设项目标准体系的基本构成就是“物”(项目实体)的质量规范，“事”(项目管理活动)的过程规范和“人”的行为规范。三者之间的关系是技术标准是主体，工作标准制定的依据是技术标准和管理标准，没有与技术标准相匹配的工作标准，技术标准难以实现。管理标准是建设项目标准化管理的总体性的规划，管理标准只有和工作标准彼此相互对应，工作标准的职责、工作方法、工作程序明确，才能使整个项目管理工作科学、规范、有序。

三者的关系集中体现在技术标准为主体，管理标准为支撑，工作标准为保障，三项标准共同作用才能保证项目目标的实现，缺一不可。管理标准与技术标准之间并没有严格的界限，有的管理标准也有技术标准的属性，许多技术标准同样具有管理职能，之间的区别只有相对的意义。工作标准制定是依据技术标准和管理标准制定的，没有与技术标准和管理标准衔接的作业标准，建设目标将难以实现。

我国 20 世纪 50、60 年代由于沿袭苏联和东欧的管理技术，在工业企业中注重推行技术标准，忽视管理标准和工作标准，各专业各部门没有有效协调组织起来，生产的产品大都是粗工制作，残次品率高，损失浪费严重。目前铁路建设项目中最缺的是作业标准，最需要加强的是贯标。

1.2.3 铁路建设标准化管理体系

1. 铁路建设标准化管理概述

(1) 铁路建设标准化管理的概念

铁路建设标准化化管理是一个完整的概念，主要是指通过系统化、标准化原理，强调对“人、财、物、机、环”等的量化管理，将建设项目管理各岗位职责、技术要求、工作流程、操作工艺、工作方法以及管理程序等做出科学统一规定，并作为铁路建设项目管理全方位、全过程、全员参与并共同遵守的准则。

推行铁路建设标准化管理，是以建设项目为依托，以建设单位为核心，铁路参建各方广泛参与、共同推进的一项系统工程。铁路建设标准化管理主要从管理制度标准化、人员配备标准化、现场管理标准化、过程控制标准化四个方面入手，以技术标准、管理标准、作业标准为重要内容，以机械化、工厂化、专业化、信息化为主要支撑，充分体现“先进性、系统性、统一性、文化性”。

(2) 铁路建设标准化管理的总体目标

落实“高标准、讲科学、不懈怠”要求，推行统一的建设技术标准、管理标准、作业标准，建立铁道部指导、建设单位为龙头、参建各方各负其责、协同推进，体现先进性、系统性、统一性、文化性的铁路建设标准化管理体系，形成建设项目各项工作闭环管理、有序可控，使建设项目“六位一体”控制水平明显提高，把铁路工程建成精品工程、安全工程。

(3) 铁路建设标准化管理的总体要求

推行铁路建设标准化管理，必须以工程质量安全为核心。建设单位和参建单位必须牢固树立“安全第一、质量至上”的理念，切实增强工程质量和安全的责任意识、忧患意识，树立对国家、对人民、对历史高度负责的使命感和责任感，精心组织、精心设计、精心施工、精心管理，确保工程质量万无一失，使建设的每一项工程都能经得起运营的检验、社会的检验和历史的检验。

必须坚持高标准、讲科学、不懈怠。高标准，就是要以建设世界一流客运专线为目标，一丝不苟地落实客运专线及其他重大项目建设的技术标准，达到最佳的工程质量，实现最优的运营品质；讲科学，就是要坚持尊重科学、尊重客观、尊重实践，充分借鉴国内外铁路建设的成功经验，不断研究铁路建设新情况，探索高速铁路建设规律，以科学的态度、科学的方法提高我国铁路建设管理水平；不懈怠，就是要发扬永不自满、永攀高峰的精神和作风，坚持不懈、持之以恒，圆满完成每一个重点建设任务，实现铁路又好又快发展。

必须注重抓源头、抓过程、抓细节。抓源头，就是要从基础抓起，重点是健全建设标准体系，确保工程建设管理有完善的标准和规章制度，实现管理的规范化；抓过程，就是强化建设管理过程控制，加大现场检查监督力度，抓好工程建设的动态监控和验收考核，严格落实建设单位和参建单位的质量安全管理责任，确保每一个环节、每一道工序、每一项作业都实现闭环管理；抓细节，就是在工程建设全过程中突出细节控制，注重细节管理，以细节的可靠确保整个工程的质量和安全。

2. 铁路建设标准化管理的内容

(1) 铁路建设标准化管理的四个标准化

1）管理制度标准化

管理制度标准化涵盖技术、管理、作业三大标准和铁路建设工作的方方面面，是全面推行标准化管理的基础。不实现管理制度标准化，没有规章制度和标准作为依据，管理标准化就无从谈起。铁路建设管理制度包括由铁道部制订和由建设单位根据铁道部有关管理制度结合建设项目特点制订的建设管理规范性文件。管理制度标准化的目标任务是，构建结构清晰、职责分明、内容稳定、实施有规范、操作有程序、过程有控制、结果有考核的铁路建设管理制度和工作标准。

2）人员配备标准化

管理制度要靠人去执行，再好的管理制度，没有符合条件的人去执行，实施效果也会大打折扣。人员配备标准化就是把具有相应技能、能力、知识以及协调能力，能够满足岗位设置要求的人员配置在相应的岗位上，实现岗位设置满足管理要求，人员素质满足岗位要求，使参建各方构成能够实现建设目标的工作团队。建设单位以及各参建单位人员素质决定了建设项目的管理水平和效率，是实施铁路建设标准化管理的根本。

3）现场管理标准化

建设项目现场是各种建设要素的集合，是实施铁路建设标准化管理的载体和重点，现场管理标准化就是将现场管理工作内容具体化、定量化，把现场布置要求、检查内容和检查方法等工作标准落实在现场，以实现现场文明施工、规范施工、规范管理。

4）过程控制标准化

过程控制标准化就是将工程实施过程中的每一个步骤和流程控制具体化、定量化所形成的过程管理工作标准，落实到每一个环节、每一道工序、每一项作业，从而形成闭环管理，确保工作成果达到工作标准的要求。

（2）四个标准化之间的关系

2009年，铁道部研究下发了《关于推进铁路建设标准化管理实施意见》（铁建设［2009］154号），提出了铁路建设标准化管理体系框架，明确了建设项目不同管理层次在管理制度、人员配备、现场管理、过程控制标准化中的主要工作内容。在这四个标准化管理方面，管理制度标准化是前提，人员配备标准化是保障，现场管理标准化和过程控制标准化是关键，四个方面的标准化工作相辅相成、缺一不可。

3. 铁路建设标准化管理体系的框架

见附录铁路建设标准化管理体系框图。列出了铁路建设项目标准化管理体系框图、管理标准化框图、人员标准化框图、现场管理标准化框图和过程标准化框图（过程1和过程2），共五个图。

4. 建设项目不同管理层次的工作重点

从铁路建设标准化管理体系框图中可以看出，四个标准化的主要内容、要求以及建设项目不同管理层次的工作重点。

（1）管理制度标准化方面

管理制度涵盖技术、管理、作业三大标准和铁路建设工作的方法面面，是全面推行标准化管理的基础。

1）管理制度标准化的主要内容

建设单位应根据铁道部《铁路建设管理办法》（部令第11号）等有关建设管理的规章、

规范性文件以及《铁路建设项目管理指南(建[2007]72号)》，结合建设项目实际，制订建设管理制度，并依据国家和铁道部文件及时进行修订。管理制度要明确管理目标，提出工作要求，细化工作程序，落实人员责任，完善考核制度。铁路局要尽快制定或修订铁路局《铁路建设管理办法》，理顺建设管理体制，明确职责分工，规范建设管理工作。

2）实行管理制度标准化的要求

建设单位要认真组织学习管理制度，使建设单位人员熟悉制度、自觉执行制度，将制度作为建设管理的依据，特别是建设单位领导应带头执行制度；将管理制度分类汇编成册，发放到建设管理人员和各参建单位，不涉及保密的铁道部、铁路局、项目管理机构管理文件应全部上网，方便查询；加强对制度执行情况的监督，将执行制度纳入工作人员考核范围，严格追究不执行制度人员的责任，形成以执行制度为荣的工作环境；征求勘察设计、施工、监理单位对建设单位人员执行制度的意见，将制度标准化建设和执行情况作为建设单位年度工作的主要内容。

3）建设项目不同管理层次在管理制度标准化方面的工作重点

建设单位要严格执行铁道部颁布的管理办法，结合项目实际，依据国家和铁道部相关规定，以《铁路建设项目管理指南》(建[2007]72号)为蓝本，完善内部管理、勘察设计、招标及合同、计划财务、工程管理、质量安全管理、物资设备管理等各项管理制度，细化各项管理工作流程。

勘察设计单位要严格遵守铁路建设项目勘察设计管理办法及相关规定，依据铁道部《铁路建设项目施工现场设计配合管理暂行办法》(铁建设[2009]47号)，完善项目管理制度和勘察设计工作流程及责任制，制定设计交底、配合施工管理实施办法、变更设计实施细则、配合人员责任和工作守则、配合施工考核办法等规章制度。

施工单位要严格遵守铁路建设项目施工管理规定及施工技术标准，组织项目部按照建设项目要求，建立起全过程、全方位、全覆盖的施工现场管理、技术管理、质量管理、安全管理、物资设备管理等管理制度，制定切实可行的考核标准，编制施工作业指导书、施工作业要点卡片等作业标准，并结合采用“四新”成果和现场实际，不断完善和更新。

监理单位要组织现场监理机构根据铁道部规定、建设项目特点、建设单位管理制度和企业内部管理制度，制定现场监理机构的工作制度，明确工作内容、工作权限和岗位职责，建立考核激励机制；根据批准的实施性施工组织设计和施工作业指导书，编制监理实施细则；按标准化管理要求将监理工作进行分解，对检查内容、检查方法、检查程序进行细化，并纳入监理人员工作手册。

(2）人员配备标准化方面

1）人员配备标准化的主要内容

建设单位要按照铁道部《关于规范铁路建设项目管理机构的指导意见》(铁劳卫[2007]170号)和《铁路建设项目管理机构管理办法》(铁建设[2007]177号)规定，组建项目管理机构，配齐管理人员。铁路局应根据建设项目情况，为建设项目配备具有一定铁路建设管理经验和专业知识、懂业务、会管理、有事业心的领导班子和工作人员；客运专线公司要选配具有一定铁路建设管理经验和专业知识、懂业务、会管理、有事业心的中层干部和工作人员。建设单位要以铁道部建设主管部门下发的《铁路建设项目管理工作手册(试行)》为基础，明确指挥长、总工程师、部门负责人以及各专业工程师在铁路建设各个阶段的岗位职责、工作内容、工作方法、工作程序、工作要点以及应掌握的专业知识和管理知识。

2) 实行人员配备标准化的要求

建设单位要建立学习培训制度，定期组织建设管理人员学习管理和业务知识；积极选派人员参加铁道部和铁路局组织的培训班，并结合项目特点，开展专业培训活动，切实提高建设管理人员对建设单位标准化管理的认识和实施标准化的能力，提高建设管理人员的业务素质和拒腐防变的能力。结合项目情况，逐步配备注册岩土工程师、注册造价工程师和注册建筑师。建设任务重的铁路局，要有计划地做好建设人才培训、培养和储备工作，对有一定建设管理经历的人员要进行新知识培训，对有专业知识但缺乏实践经验的人员要进行现场培训，对少量高端人才可采用引进方式解决。

3) 建设项目不同管理层次在人员配备标准化方面的工作重点

建设单位管理机构设置和人员配置是决定项目建设水平的关键，建设单位要按照铁道部《关于规范铁路建设项目管理机构的指导意见》(铁劳卫［2007］170号)和《铁路建设项目管理机构管理办法》(铁建设［2007］177号)规定，组建项目管理机构，根据项目管理需要，选择有责任心、懂业务的建设管理人员，通过培训提高建设管理人员素质与业务能力并进行考核。要督促各参建单位严格按照投标承诺和合同约定设置现场管理机构，配齐配强现场管理人员。

勘察设计单位要按规定及时组建建设项目勘察设计团队，组建现场设计配合机构，选派主持或参与该项目施工图设计的主要技术人员常驻现场配合施工；要通过岗前培训提高设计配合人员素质，对配合人员的工作成效进行考核。

施工单位要根据工程类型、规模、特点和施工难易程度等，按照精干高效原则和扁平化管理要求设置项目部、配备管理人员，按照架子队模式组建作业队，加强对技术人员、作业人员的岗前培训，并按照考核办法对员工进行考核。

监理单位要按照监理管理标准化实施方案和监理合同约定设置现场监理机构，配备具有良好的职业道德和专业技术水平、具备一定的组织协调能力、能独立解决现场问题的专业监理工程师及其他监理人员，并根据监理规划和工程进展情况适时调整。

(3) 现场管理标准化方面

1) 现场管理标准化的主要内容

建设单位要依据《铁路建设项目现场管理规范》，结合本项目特点，建立文明工地建设工作标准；依据《铁路工程技术资料管理规程》建立设计、施工、监理内业资料管理工作标准；依据《关于积极倡导架子队管理模式的指导意见》制定建设项目劳务用工管理标准；根据《工地实验室建设标准》等规定制定试验室管理标准。

建设单位要依据铁道部下发的现场管理规范标准指南，积极吸收其他项目的先进现场管理经验、成熟施工工艺，组织设计、施工、监理单位编制路基、桥梁、隧道、站场、轨道以及房屋、四电集成施工作业指导书，通过样板工程对施工作业指导书进行优化。

2) 实行现场管理标准化的要求

建设单位要熟悉工作标准，严格执行工作标准，依据工作标准进行现场管理。建立定人、定期、定岗、定责、定点的检查制度，推行建设单位主管人员和监理人员逐公里进行检查、逐项目验收签认的制度，定期召开现场管理分析会解决存在的问题；督促监理单位细化监理规划、监理细则；督促施工单位按劳务用工有关规定使用劳务，定期对劳务用工情况进行检查，杜绝违法分包；组织对安全质量控制要点防范措施执行情况进行检查；督促施工单位按照现场工作标准和施工作业指导书组织施工，对不按现场工作标准和施工作业指导书施工的，要追究施工单位和监理单位的责任。

3）建设项目不同管理层次在现场管理标准化方面的工作重点

建设单位要加强与地方及有关部门的协调，落实资金到位、征地拆迁、三电和管线迁改、重要建筑材料调查等问题；做好现场布局、施工组织编制等项目组织管理工作，组织确定项目总体生产布局，检查制(存)梁场、铺轨基地、轨道板(枕)场、拌合站、施工便道等大临设施设计、建设是否满足生产需要并做到经济、合理；编制指导性施工组织设计并实行动态管理，对实施性施工组织设计进行审查；加强现场监督检查，对设计单位做好施工图交付、设计技术交底、现场地质资料核对确认，依据设计配合工作细则实施现场配合工作进行检查；提出现场管理和文明工地的管理要求，对施工单位现场布置、施工设备配置、物资材料采购使用、技术工作、试验室工作、质量工作、安全生产、环境保护、文明施工等现场管理情况进行监督检查；督促监理单位按检查标准实施检查并验证各项问题的整改情况，保证现场管理标准化的实现。

勘察设计单位要按照程序进行地质勘探、检验、审核现场调查资料，对设计方案进行比选、论证；按照合同约定完成勘察设计工作，根据设计图纸供应协议约定的时间和批次交付施工图，做好施工图技术交底、现场地质资料核对确认、测量控制网维护等现场设计配合工作；协助建设单位落实外部协议签订，做好征地拆迁、管线迁改、交叉跨越等外部协调工作。

施工单位要将现场管理标准化作为标准化管理的重点工作之一。要按照《铁路建设项目现场管理规范》，按照以人为本、因地制宜、节约用地、满足施工需要的原则，做好施工现场布置工作；要做好现场安全防护设施、警示标志的设置和安全防护用品的配备，确保现场作业安全、用电安全、危险爆破品使用安全；要做到现场各种质量数据、原始记录真实完整，对质量现状进行分析，及时总结改进；要加强现场环境保护工作，合理设置取弃土场地，及时处理现场废物垃圾，整治道路污染；要规范管理机械设备，按照生产需要配置机械设备，加强机械设备维护，使机械设备处于良好状态；要加强物资材料管理，严把物资材料进场质量关，规范物资材料保管工作；要加强技术管理，组织做好施工图现场核对、施工技术调查、施工技术交底和工程测量等工作；要按照《工地试验室建设标准》和施工需要，建立工地试验室，规范试验程序，实现专业化管理，保证抽样的规范性和试验结果的准确性；要完善文明施工管理制度，建立文明施工的行为标准，实现文明施工目标。

监理单位要按照监理管理标准化实施方案，将现场质量安全监理作为监理工作的核心，严格按规定建立监理试验室，做好原材料、构配件、设备进场质量检验、验收，按规定频次数量进行质量检测；要加强对大临工程和施工单位试验室的检查，监督检查施工单位现场标准化管理制度及实施情况，检查施工现场及文明工地建设，并督促整改；要对施工复测进行监督审核，对工艺试验进行监督；要按照《监理规划》、《监理实施细则》实施巡查和旁站监理工作。

(4) 过程控制标准化方面

1) 过程控制标准化的主要内容

建设单位应结合建设项目特点，建立建设项目管理的目标体系、责任体系、分级控制系统和评价评估体系，按照计划、组织、指挥、协调、控制等基本环节，将质量、安全、工期、投资效益、环境保护和技术创新分解细化为最佳匹配的实施目标，实现“六位一体”管理要求；完善建设项目质量管理体系和质量管理制度，按照创建精品工程的要求，完善项目质量控制标准；建立项目安全管理体系，按照实施安全工程的目标，制定安全生产管理标准；科学合理安排工期，按照精细管理的方法，建立工期管理标准；以主人翁的态度，建立征地拆迁、合同管理、施工图审核、变更设计、验工计价等工作标准，严格控制投资；按照建设环保铁路的要求，建立环保工程管理标准，加强环境保护管理；坚持科技创新，按照铁道部总体技术创新规划，建立项目技术创新工作标准。建立过程控制动态调整机制和应急预案，保证过程控制工作的实施效果。

2) 过程控制标准化的要求

建设单位要认真贯彻“六位一体”管理要求，以管理标准和工作标准作为实施管理工作的准则，以铁道部建设主管部门下发的《铁路建设项目管理工作程序(试行)》为基础，制定工作的流转程序，使工作人员熟悉掌握工作标准、工作程序，带头执行工作标准和程序，按照目标管理、分级管理、持续改进和闭环管理的方式，依据工作标准和程序实施管理，对建设过程实现有效控制。

3) 建设项目不同管理层次在过程控制标准化方面的工作重点

过程控制是建设单位管理的重要内容。建设单位要按工作流程办事，办事要符合法律法规和标准要求，每一件事都要有责任人，都要形成闭环管理；要组织勘察设计、用地预审申报、环境评价报批等前期工作；要以指导性施工组织设计为基础，将“六位一体”管理要求分解为具体要求，通过合同转化为参建单位的实施目标，并对目标实施进行监督；要对施工作业指导书、设计配合工作细则、监理细则实施情况进行监督；要加强对实施性施工组织设计、施工方案和施工工艺的管理，加强对变更设计过程管理，加强质量、安全、投资等过程控制。

勘察设计单位要将建设单位确定并纳入勘察设计合同的质量目标、安全目标等过程控制目标贯彻到勘察设计工作中；要根据现场变化及时完善勘察设计工作；要规范现场设计配合工作流程，实现设计配合工作程序标准化、规范化，并及时完成变更设计；要参加建设单位指导性施工组织设计的编制和调整，参与重大施工技术方案研究，协助解决有关问题，提出优化建议，并根据确定的施工组织设计和施工技术方案优化施工图设计；要参与或配合质量、安全事故调查，按规定参加分部、分项工程验收和竣工验收。

施工单位要将过程控制作为重点工作之一，要将建设单位确定并纳入施工合同的质量目标、安全目标等过程控制目标进行细化，贯彻到整个施工过程，落实到每项工作、每道工序；要根据建设单位指导性施工组织设计编制实施性施工组织设计，根据批准的实施性施工组织设计编制现场施工组织进度计划和施工作业计划，优化资源配置，按计划组织实施；要落实质量责任制和程序性文件，实现全员质量管理，对影响质量的要素实行重点管理；要落实安全管理责任制和应急预案，分析影响安全的要素，配备安全设施，严格执行安全作业程序；要严格按照施工图和作业标准进行施工，推广符合现场实际、作业人员易记好用的应知应会卡片，真正将各种管理要求和措施融入到作业标准中，落实到作业人员的操作中；要严格施工过程考核、评定工作，做好工程自验，做好工艺工法的过程控制和创新等工作。

监理单位要将建设单位确定并纳入监理合同的质量目标、安全目标等过程控制目标进行细化，分解到各个监理工作阶段、各个监理环节和每个监理人员，按照持续改进和闭环管理的方式进行管理，实现每一项监理工作、每一个监理程序的标准化；要审核实施性施工组织设计、关键施工技术方案和专项施工方案，对验工计价工程数量进行审核；要监督和检查施工单位质量、安全保证体系运行情况，对施工行为进行监控、督导和评价，对工程实体质量实施监控，组织检验批、分项、分部工程质量检查验收，参与单位工程质量检查验收，使施工行为符合规程规范，工程质量符合验收标准。

1.2.4 铁路标准化管理的四化支撑

1. 四化支撑概述

推行铁路建设标准化管理，必须以现代化管理手段作支撑。光有好的标准、好的管理，没有相应的实施手段作支撑，很难实现标准化管理目标。机械化、工厂化、专业化、信息化等手段是规模化、现代化生产的发展趋势，在铁路工程项目上应用广泛，具有标准化管理的共同属性，应作为推行标准化管理的支撑手段大力推广。

在机械化方面，面对庞大的铁路建设任务，不靠机械化是不行的，也是不可想象的。无论是施工企业，还是设计、监理企业，在项目建设过程中都需要运用大量的机械和设备，特别是施工企业，要根据项目的实际需要和标准化的要求，配齐配足机械设备，加强机械设备的维修保养管理，提高利用率和工作效率。

在工厂化方面，要按照设计先行、标准统一的原则，对于能够工厂化制作、现场安装的构配件，以及桥梁、无砟轨道板、混凝土、钢构件、水沟盖板等作业，要全面实现工厂化生产。随着铁路建设规模不断扩大，标准不断提高，现场作业向工厂化作业发展是个大趋势，比如桥梁、无砟轨道板、混凝土、钢构件等，这些过去在现场生产的产品，现在很多都实行了工厂化生产。

在专业化方面，要大力推进路基、隧道、桥梁、轨道、四电、站房等工程的专业化施工；积极组建不同工种的专业化队伍，加快推进专业化、小型化架子队建设。铁道工程本身具有很强的专业性，建设实践中也形成了一整套专业分工与合作的模式。随着客运专线建设的全面推进，专业化施工的要求更为迫切。比如高速道岔、无砟轨道、大吨位桥梁架设、路基填筑、四电工程等，施工工艺和质量精度要求严格，没有专业设备、专业队伍和专门管理，是难以达到技术标准的。

在信息化方面，要加快建设项目管理信息系统建设，及时将建设过程的进度、安全、质量及施工负责人等相关信息纳入管理信息系统，提高动态管理建设项目水平，为落实质量终身负责制和实行“可追溯”制度创造良好条件。

2. 机械化

(1) 机械化的概念

所谓机械化是指在建设项目施工中广泛使用机械化方式施工，以提高工作效率。机械化是专业化的重要保障。

(2) 推行机械化的工作要点

在机械化方面，铁道部相关部门和设计单位要加快修订机械化施工的设计规范、定额标准和施工指南，研究制定机械设备系统配套的办法和措施；施工单位要按投标承诺配置机械和设备，加强机械设备的维修保养管理，提高利用率和工作效率。

要分专业按工作面配备成套机械设备，以高标准机械化程度提高工效。路基工程按平行施工单元配备成套设备，桥梁工程按施工工序配备成套设备，长大隧道、重点及难点隧道工程根据地质条件，主要工作面配备成套设备，无砟轨道按平行施工单元配备成套设备。

在以下三个方面要注意：一是参建单位要按照投标承诺配置各种机械和设备，要讲诚信、守合同；二是要推广使用新设备、新工艺，切实加强机械设备技术创新和管理，有效提高工作效率；三是要认真研究设备的配套成龙，努力做到既能满足施工需要，又不闲置浪费，提高设备利用率和企业效益。

3. 工厂化

(1) 工厂化的概念和特点

工厂化，主要是指施工企业在建设项目现场实行的集中生产和管理的一种生产方式，是工厂化生产的简称。

工厂化生产有以下特点：一是集约性。利用既有的社会工厂或现场设置的临时工厂，实行集中封闭式生产，减少临时设施和临时用地，避免对外界产生干扰，保护周边环境，促进文明施工。二是可靠性。通过完善的规章制度、明确的职责分工、专业的技术培训、统一的组织管理，先进的生产工艺、严格的检测手段，保证作业安全、规范、有序，保证产品质量和工程质量。三是高效性。采用统一的工作标准和工作流程，充分利用机械设备的优势，减少技术管理人员、作业人员及辅助人员，提高劳动效率，降低生产成本。

(2) 工厂化的意义

1) 工厂化生产是经济社会发展的客观要求。当前，国家把节能降耗、保护环境、节约用地等作为转变经济发展方式的突破口和重要抓手。在铁路建设中推行工厂化生产，有利于集中统一安排生产用料，把施工材料的损耗降到最低限度；有利于减少粉尘、噪声、废水、废气排放等污染，改善现场施工环境和条件，保护好沿线的生态环境；有利于优化生产力布局，减少现场原材料堆放场地、生产制作车间和相应的电力、供水、道路等临时设施，尽可能节约用地，进一步体现铁路占地少、能耗低、有利环保的比较优势，更好地满足经济社会发展的需要。

2) 工厂化生产是加快铁路建设的现实需要。随着铁路建设规模持续增长、建设标准大幅提升，对建设项目组织管理创新提出了更高的要求。在铁路建设中推行工厂化生产，有利于改进施工生产流程，把现场变为“装配车间”，减少工序干扰和交叉作业，统一质量和标准，降低安全风险；有利于推动技术创新和工艺革新，通过采用先进工艺和专业化设备，实现规模化、流水线生产，保证建设工期；有利于整合建设资源，优化现场施工组织，减少施工作业人员，降低协调管理难度，有效控制建设成本，进一步提高投资效益，以较少的投入实现最佳的效益。

3) 工厂化生产是促进企业长远发展的必然选择。在铁路建设中推行工厂化生产，有利于企业摆脱传统落后的“手工作坊式”生产模式，按照大生产的管理方式进行生产流程再造，提高标准化作业水平和劳动组织效率；有利于企业强化质量、成本、环保、节能等工作，加快技术创新和产品研发，提升产品质量和竞争实力；有利于企业积极运用现代管理手段，全面提高综合发展实力；有利于推行“架子队”劳务用工模式，打牢企业管理基础，为长远发展创造条件。

4）实施工厂化管理是推行建设项目标准化的主要步骤。实施工厂化管理，能够做到分工明确、职责到人，强化对工序的控制，有效提高工作效率，使产品质量处于受控状态；能够强化物资材料的管理，按需进行定时、定点、定量供应和控制，保证原材料质量，避免浪费现象，有效节约成本；能够实现规模化、规范化生产，保证物料置放统一规范，营造良好作业环境。实行工厂化生产和管理，对于强化源头控制、过程控制和细节管理，对于保证建设工期，提高工程质量，保障安全作业，促进环境保护和技术创新工作，都具有明显的优势。

（3）实施工厂化的工作要点

1）要有正确的设计导向。实现工厂化生产，涉及铁道部的政策引导和参建各方的共同努力。铁道部要在工程定额编制、通用图编制等方面体现工厂化的需求。铁路建设中，设计是龙头、是先导，所以推广工厂化生产首先必须从设计做起。各设计单位在考虑工程措施、技术方案、大型临时设施布局和机械设备配置时，须认真贯彻“施工生产能工厂化的则工厂化，工厂能大则大，社会工厂能利用则利用”的原则，详细安排每一道工序、每一个产品的生产。比如，在路基方面，改良土拌合、级配碎石拌合应尽量按厂拌考虑，少用或不用路拌方式。在桥梁方面，桥梁形式比选上，尽量采用简支梁，减少连续梁或其他特殊结构梁；施工方法比选上，尽量采用预制梁，减少或取消移动模架现浇梁。设置预制梁厂时，对于近距离内有隧道且隧道以外仍有较多桥梁的，要考虑架桥机通过隧道的措施；对于近距离内有大跨特殊结构梁且制约架桥机通过的，可考虑采用门式墩、钢梁或满堂支架等快速施工的措施，尽量延长架桥机架梁的距离。在隧道方面，除多采用一些TBM施工方法外，可研究在中间排水沟、电缆沟槽等方面采用预制管槽。在混凝土生产方面，所有工程的混凝土均应考虑集中拌合供应。在无砟轨道方面，在经济指标基本相同的前提下，可考虑优先选用板式无砟轨道。在设备选型方面，优先选用成套设备，减少现场加工件数量和安装作业量。

2）要有合理的规划布局。工厂化生产是一项系统工程，要统筹规划、合理布局。建设、施工单位在编制指导性和实施性施工组织设计时，要把工厂化作为一个子系统和一项重要内容，统一纳入建设项目标准化管理和施工组织设计中，做到同部署、同安排、同检查。要注重工厂化布局的合理性，比如，在桥梁预制厂的选址上，要结合项目的实际情况，尽可能设在桥梁较为集中、运输相对便利的地段，充分考虑供应半径，努力降低运输成本。在混凝土供应上，集中拌合站要相对均匀，避免使用单个搅拌机生产混凝土。

3）要有统一的标准要求。目前铁路建设项目现场设置的临时工厂，如预制梁厂、拌合站、钢筋集中加工等，有的还没有统一的标准和要求，各个项目现场的做法也不尽一致。各建设项目尤其是新上项目，建设、施工单位要严格按照标准化管理要求，在综合考虑生产布局、占地数量、项目规模、运距半径等因素的基础上，研究提出工厂化生产的实施方案和相关措施。要优先考虑利用社会工厂，将大批量、技术含量不高的构配件委托社会专业工厂生产，解决现场技术、管理人员和技术工人缺乏的问题；对于必须通过现场工厂化制作的预制件及构配件，要按标准化工厂的要求进行设置，确保把全线新设临时工厂的标准统一起来，这项工作建设单位要牵头。铁道部有关部门可考虑制定实行工厂化生产的通用图，并相应修订部分工厂化产品的定额。

4）要有明确的生产范围。搞工厂化生产不能“一哄而上”，不能小而全，要合理确定工厂化生产的范围和内容，协调有序推进。目前，无砟轨道板、大型预制梁、混凝土拌合站、钢筋加工制作等普遍实现了现场工厂化生产，这些需要坚持下去并进一步完善，但是对桥梁栏杆、人行道步板、沟槽及盖板、防撞墙、线路防护栅栏、钢结构件等，基本上还是现场“小作坊式”生产制作而成，工厂化程度不高、生产效率偏低、产品质量无保障，满足不了工期要求，后一步可考虑将这些通用构件或半成品，通过社会工厂、企业自有工厂，或现场预制厂来生产加工。在此强调两点：一是防护栅栏、沟槽及盖板等工厂化预制，原则上尽量利用既有制梁厂等空间，体现节约用地的要求；二是不管是利用社会工厂，还是现场新建工厂，都要满足规模化、流水线生产的需要，提高生产效率，保证产品质量。

4. 专业化

施工企业实现专业化的过程，也是推进标准化管理的过程，专业人员的培训与配备、专业设备的使用和管理、专业生产过程的控制等，都与标准化管理的要求一致。要督促施工单位结合项目实际，大力推进路基、隧道、桥梁、轨道、四电、站房等工程的专业化施工，建立不同种类工程的专业化队伍，尤其是架子队的组建，不能大而全，一定要专业化、小型化，以实现机动灵活、专业突出、创立品牌的目标。

在专业化方面，要大力推进路基、隧道、桥梁、轨道、四电、站房等工程的专业化施工；积极组建不同工种的专业化队伍，加快推进专业化、小型化架子队建设。

(1) 专业化的内涵

广义上讲，专业化是指根据社会化大生产的分工，不同产业或行业针对产品类型及生产过程的不同按专业特点进行生产和管理的一种组织方式。引申过来，铁路建设专业化是标准化管理的一个重要支撑手段，是参建各方围绕技术、人员、设备、协作四大要素对工程项目全过程进行的专业化施工和专业化管理。

铁路工程专业化施工，主要指铁路施工企业根据铁路行业的技术特点，按照工程项目不同专业、工种和工序，组织相应的专业设备和专业人员，在施工现场进行的专业化生产活动。它既包含施工主业经营方向的内容，又包含施工现场的专业化作业活动，如桥梁、隧道等大专业的统一组织，又如混凝土施工、隧道掘进等工种(工序)的专业组织。

铁路工程专业化管理，主要指铁路参建各方以工程施工活动为对象的管理活动。它既包含施工企业以工程施工主业为标志的专业化管理，又包括建设、设计、监理、施工单位现场组织机构以工程建设为主的专业化管理，还包括各项目管理机构、铁路局有关部门的专业分工管理。

专业化施工与专业化管理，两者相辅相成、缺一不可。没有专业化管理，专业化施工就会失去方向，得不到更好的发展；没有专业化施工，专业化管理就失去了根基，没有实施的载体。因此，抓专业化，既要抓施工，又要抓管理；既要抓施工单位，更要抓建设、设计、监理单位。

(2) 推行专业化的意义

实施专业化，能够提高生产效率，实现规模效益，增强目标细分市场的占有率，发展企业核心竞争力。当前，在铁路建设中大力推行专业化，是落实标准化管理的重要手段，是加快建设、确保工程质量的重要举措，也是适应经济社会发展和企业长远发展的根本要求，具有十分重要的意义。

推行专业化，是适应经济社会发展的形势需要。调整国家产业结构、促进经济发展方式转变，是当前我国经济社会持续健康发展的重点任务。铁路作为国家的重要基础设施，涉及专业门类多、技术要求高，在铁路建设中推行专业化，是促进经济发展方式转变的形势需要，对于有效提升铁路建造技术水平，加快我国工业化和现代化步伐，促进经济社会又好又快发展，具有重要意义。

推行专业化，是大规模铁路建设的现实需要。当前铁路建设规模持续增长，建设标准大幅提升，对铁路项目组织方式提出了更高的要求。推行专业化施工和管理，有利于统一协调组织，统一质量标准，保证施工安全；有利于推动技术创新，实现流程化、规模化生产，提高生产效率，保证建设工期；有利于资源优化配置，降低生产成本，实现投资效益最大化。

推行专业化，是施工企业长远发展的客观需要。专注于核心业务求发展，是企业成长最基本的战略，也是企业长远发展的必由之路。管理大师彼德·德鲁克指出：系统地把注意力集中在生产率上的公司，几乎肯定可以取得竞争优势，并且会很快获取市场优势。推行专业化，企业才能够集中最有效的资源，打造自己的核心竞争力，建立稳固的竞争优势，实现企业长远发展目标。

(3) 如何推行专业化

近年来，很多单位在专业化施工和管理方面进行了积极有益的探索，取得了一些经验和成效，但与大规模高标准铁路建设的形势相比，与国内外同行业的先进施工和管理水平相比，还有较大差距，需要持续加强和改进。在铁路建设中推行专业化，一是抓专业化施工，二是抓专业化管理。

1) 大力推进专业化施工

施工企业是专业化施工的主体。各施工单位应首先思考两个问题：一是搞不搞，二是怎么搞。从企业利益、社会发展等方面分析，企业肯定要搞专业化，这一点没有听到什么分歧意见。那么怎么搞是关键问题。推进专业化施工要有长远观点和战略思考，必须统筹规划、有序推进，急功近利不可行，一蹴而就不可能，光算眼前的经济账更不可取。

2) 在专业队伍建设方面

结合铁路施工企业的组织结构，从以下方面进行建设：

一是总公司层面。应统筹研究规划施工队伍专业化问题，根据市场需要，结合本单位的发展战略和技术、人才特点，可考虑所属工程局的专业划分或有所侧重，也可组建专业化工程局。目前看，工总、建总两大总公司的隧道、大桥、电化、房建工程局在本专业上已经走在了前列，在技术创新、管理创新上起到了引领作用。当然，综合工程局也各有所长。总公司应逐步培育工程局各自的优势，从而形成既有综合优势、又有专业特长的良好局面。

二是工程局层面。这一级是专业化施工的主体，应按照总公司的规划发展优势专业，可考虑培育或设置一些专业化的子公司。目前有些工程局下属的专业子公司，业务水平明显高人一筹，这是一个好势头。没有设专业子公司或专业子公司太少的工程局，要将培育专业化子公司、提升专业化施工优势，作为一个战略性问题进行研究。当然，一个工程局不可能设几十个专业化子公司，面面俱到也并非好处多多，还是要根据企业的具体情况确定。

三是工程队(架子队)层面。这一级必须是专业化的。“没有金刚钻，揽不了瓷器活”。比如隧道、桥梁、轨道、通信、信号、电气化和路基填筑等，均应有多个专业化队伍。当然，一个工程队(架子队)应当以一个大专业为主，同时兼顾一些其他的专业，但决不能搞成小而全的作业队，否则就不能称其为专业化队伍。

四是施工作业层面。也就是工班这一级，要培养各个工种(工序)的技术能手，并长期安排在同一个岗位上工作，如混凝土捣固工、机械司机、机械修理工、混凝土喷射手等，这些技能人员的技术水平和作业水平，对于保质量、保安全，甚至是降成本、保工期等均具有重要作用，有时可能起决定性作用。因此，长期合同工也好，农民工也好，只要是技术能手，就要想办法坚决留在企业。

3) 在技术工艺创新方面

各施工单位要以建设项目为依托，以科技创新、技术革新为重点，积极运用“四新”成果，大力开展施工工艺、设备机具、施工技术等方面的攻关，通过采用先进适用的工序、工艺和工法，统一编制专业工程施工作业指导书和现场作业卡片，详细安排每一个专业、每一道工序的施工，全面提高专业化施工水平。比如，隧道较多的项目，要以加强超前地质预报、强化复杂地质处理手段等为重点，认真借鉴其他项目的创新成果，并紧密结合本项目实际，有针对性地开展技术攻关，不断改进施工工艺，提高不同地质条件隧道施工水平，确保隧道施工质量安全；桥梁较多的项目，要重点围绕桩头切割、管桩焊接、大体积混凝土降低水化热、混凝土养生及防止表面龟裂、大跨度桥梁线性控制及合拢技术或工艺等课题，集中组织力量进行攻关和创新，切实提高桥梁专业化施工水平。

4) 在机械设备配置方面

推进专业化施工，既要有专业化的施工队伍，又要有先进成熟的施工技术和工艺，还要有与之相配套的机械设备。各施工单位要根据企业经营规模和生产任务情况，结合现有设备缺口和新增设备需求，配齐与专业化施工相配套的机械设备：对路基、桥梁工程的装运、压实、钻孔、混凝土生产浇筑等常规施工机械设备，鉴于国内生产厂家较多、社会保有量较大，可考虑以调配调剂、社会租赁、新购等方式予以解决；对客运专线施工所需的大型制、运、架设备，隧道施工用的TBM掘进机、盾构机、钻孔台车、衬砌台车，以及电气化施工用的接触网作业车、电气化放线车等设备，因其专业性很强、制造周期较长、供需矛盾突出，可以提前订货，避免出现供货紧张现象，以满足现场施工的需要。此外，还应配齐专业化施工所需的各种小型机具、设备及仪器。

(4) 各参建单位专业化管理的重点

各参建单位要按照标准化管理的要求，切实抓好人员选配、机构设置、工作分工、专业培训等基础工作，认真落实各自管理责任，形成整体推进合力。总的原则是，选配的人员应当精通或至少了解铁路建设专业的相关知识；组织机构应按照管理的专业进行设置，但不宜过细，也不宜跨度太大；工作分工应根据个人专长确定，做到扬长避短，专业配置合理；专业培训可通过“请进来、走出去”的方式，对项目建设所有人员进行培训，适应岗位职责的需要。除这些共同的专业化管理基础工作外，各参建单位还应抓好各自的重点：

1）建设单位的核心是组织管理

主要抓好三个方面：一是按照规章制度对设计、施工、监理等参建单位实施有效管理。要坚持原则，强化协调，增强服务意识，完善工作程序，依法合规进行管理，切实发挥建设单位的龙头和核心作用，全面落实“六位一体”管理要求。二是按照规定高标准做好建设过程中的业务工作。如在工程招标中应对施工专业和设备配置作明确规定，优选专业突出、管理过硬的施工企业，为实施专业化施工创造必要条件。在技术管理上，成立专业委员会、技术攻关组、专家治理组等，开展前瞻性课题研究，推进工程技术创新，攻克关键技术难题，集中改进工艺工法，实现技术方面的专业化管理。三是充分发挥铁路局车机工电辆和安全等专业部门的作用。始终坚持“服务运输”的建设理念，加强与路局各个专业部门的沟通协作，借助专业部门的人员、技术、管理优势，提升铁路建设专业化管理水平。同时，建设单位还要借助社会专业力量，乃至国际上某些公司的专业力量，为铁路建设提供技术支持。

2）设计单位的核心是技术工作

勘察设计是工程建设的源头和灵魂，是落实“六位一体”管理要求的重要基础。推进铁路建设标准化管理，设计单位不能置身于外，更不能消极应付，应按照部里的总体部署，结合本单位的具体工作，把标准化管理与日常管理有机结合起来，一并深入推进，与全路标准化管理同步调、同发展。设计单位推行标准化管理，抓专业化是一个重要途径，也是早见成效、快出成果的一个重要抓手。设计单位推行专业化，核心是技术，尤其是现场指挥机构（或配合组）应具有及时发现技术问题、迅速提出技术措施的能力，真正把施工现场的技术问题全面管理好、及时解决好。一是认真总结近年来铁路建设的成功经验和技术成果，进一步完善技术标准，更新专业通用图和标准图库，开发专业设计软件，建立勘察设计数据和专业协调设计平台，提高勘察设计质量和效率。二是围绕科研开发、技术措施、生产组织等工作，健全管理体系和规章制度，优化勘察设计作业程序、作业标准和监督落实机制，进一步规范勘察设计管理。三是抓好项目策划、方案论证、设计过程控制、设计文件评审、现场设计配合等工作流程标准化，提高专业化设计水平。四是抓好总体设计、专业设计原则的会审工作，加强对各专业互提资料质量和专业接口管理等环节的控制，坚持上游专业为下游专业创造条件，减少或避免差、错、漏、碰。五是项目现场指挥机构（配合组）的人员应是参与本项目勘察设计的专业人员，从长远看，现场配合人员应经验丰富、相对固定。

3）监理单位的核心是质量控制

要将发现、处理、改进质量问题作为监理专业化管理的重中之重。一是优化人才管理机制。打破传统用人模式，用制度管理、使用和留住人才，稳定监理骨干队伍，发挥专业监理工程师在现场监理中的核心作用。二是实行专业分工管理。监理人员的选配、使用要突出专业性，每个监理至少掌握一项专业技能，改变什么专业都懂、什么专业都不精的现象，提倡一专多能。三是强化现场质量监控。把工程质量达标与否作为现场监理考核最重要的依据，促使现场监理提高责任意识和质量控制水平，进一步树立监理的权威性，提升监理单位专业化管理的有效性。

4）施工单位的核心是自控能力

要坚持把提高工程质量、安全、工期、成本等控制水平作为施工单位专业化管理的重点，以专业化管理提升企业自控能力，以有效的自控确保建设精品工程、安全工程和百年不朽工程。提高自控能力需要做的主要工作有：一是组建专业齐全、精干高效的项目指挥部或经理部，配齐配强专业技术人员和施工管理人员，为开展专业化施工创造条件；二是组织专业队伍施工，尽量按工程类别划分作业单元，充分考虑施工队伍的专业特长，组建与工程任务相配套的路基、桥涵、隧道、轨道、四电、站房等专业施工队伍；三是加强机械设备管理，重点要抓好设备采购选型、设计复查、驻厂监造验收、现场安装调试、人员岗前培训、日常监管检查等工作，落实专人负责的管、用、养、修制度，为开展专业化施工提供设备保障；四是实行物资专业管理，对各专业施工所需的机具、料具、器具、材料等，要实行专人管理和配送。通过抓好每一个专业、每一个环节的管理，从整体上提升企业的自控能力。

5）铁道部有关部门

应采取市场引导、政策措施等手段，积极推进铁路建设专业化，加快做好以下工作：一是强化和指导不同层次管理人员、专业技术人员的培训工作，提高专业队伍素质；二是研究制订推进专业化的具体措施，比如在市场开放、招标投标等方面，如何推动和鼓励专业化队伍；三是研究制定推进专业化的相关标准，为参建单位开展专业化施工和管理提供指导。

总之，实行专业化管理是一项系统工程，在推行专业化管理过程中，要注意以下几个问题：一是要有效利用参建单位的现场指挥机构和人员，一个项目完成后，该项目的机构和人员可整体或部分转移到另一个项目；二是施工单位的现场项目经理、副经理和主要部门负责人应提倡实行职业化发展；三是专业化管理应与信息化建设一并考虑，以增加必要的手段，适应管理跨度增大的需求。

5. 信息化

(1) 信息化的内涵

在《2006～2020年国家信息化发展战略》(中办发［2006］11号)中，信息化表述为：信息化是充分利用信息技术，开发利用信息资源，促进信息交流和知识共享，提高经济增长质量，推动经济社会发展转型的历史进程。

(2) 铁路建设信息化的意义

1）推行信息化是建设不朽工程的必然要求

中央领导反复强调“高铁安全至关重要”、“确保质量和安全是对高铁最重要的要求”。大规模铁路建设也应牢固树立“高铁质量高于一切、安全高于一切”的理念，实现建设世界一流高速铁路的目标。大力推进信息化，广泛采用计算机、网络、通讯等现代信息技术，不仅能有效提高施工过程现场控制水平，还能通过“信息流”实现管理的数字化、可视化、实时化，增强管理工作的预见性和主动性，提高工作效率、工作质量和管理能力，实现对项目实时、准确、全面的监控，保证建设各个环节、各个流程的质量安全责任、标准和要求得到落实，为建设精品工程提供可靠的技术支撑。

2）推行信息化是有效控制投资和预防腐败的内在要求

新一轮铁路建设投资大，资金安全管理和使用严格，社会关注度高。推进信息化手段，细化建设投资管理，强化建设投资控制，能促进工程建设依法合规，保证资金高效、安全使用；也能准确有效对设计、咨询、监理、施工、物资供应等环节的资金流向实施监控，这对深化惩防体系建设，防止铁路工程建设资金挪作他用及虚假验工、倒卖物资、套取现金等违法违规问题的发生，预防滋生腐败窝案、串案起到积极作用。

3）推行信息化是促进建设与运营管理结合的现实需要

铁路建设推行信息化，有利于加强过程控制、及时生成工程档案，能够与运营相关信息系统紧密结合，实现信息共享，更好地落实服务运输的理念，及时向运营管理单位移交准确、完善的工程信息资料，为构建数字铁路和提高运营管理智能化水平奠定良好基础。

4）推行信息化是铁路实施“走出去”战略的迫切要求

信息化水平的高低将决定我们能否适应国际高速铁路建设市场激烈竞争的要求。随着京津、武广、沪宁的示范效应日益凸显，不少国家与中国达成了合作建设高速铁路的意向，工总和建总已经中标承建了很多国外铁路工程。铁路建设“走出去”步伐的加快，迫切要求设计、施工、监理企业以信息化的手段展示建设成果和技术水平，以信息化手段开展设计、咨询、投标等工作，以提高竞争力。

总之，信息化是当今社会发展的一个大趋势，是企业生存发展的一种推动力，也是实施铁路建设标准化管理的重要手段之一。

（3）推行铁路建设信息化的关键点

加快推进铁路建设信息化，必须认真贯彻落实《铁路信息化总体规划》，应当坚持“先进、实用、简便、全覆盖”的原则，统筹规划，分步实施，全面推进，力求实效。

1）要立足先进

所谓先进，主要指铁路建设项目管理信息系统的规划、建设要超前，要有明确的发展方向和超前思维，综合应用当今世界先进信息技术和科技手段，有效提升信息化的前瞻性和先进性。一是更新观念。要把先进性作为铁路建设信息化的目标和方向，以此调整工作思路，进行规划、建设和应用。二是为构建数字化铁路打好基础。《铁路信息化总体规划》明确提出了“建成铁路地理信息系统，构建数字化铁路”的总体目标，铁路建设信息化必须在精测网建设，以及隧道、桥梁、路基、轨道等主体工程地理信息系统的构建上下工夫，为构建数字化铁路奠定坚实基础。三是大力推进智能化。要推进规范化建设、规范化管理，进一步提升智能化在铁路建设、管理、运营中的作用。《铁路信息化总体规划》提出了“全面实现铁路运输调度指挥智能化”的目标。铁路建设信息化要与智能化相融合，通过信息手段，强化建设过程控制，提升管理水平，确保高速铁路安全运行，满足智能化运营管理要求。四是广泛应用现代先进技术。推进铁路建设信息化，要广泛应用计算机、互联网、远程控制、自动化、智能机器人、现代通信等多种先进可靠技术和智能工具，切实提高工程建设这个传统生产领域的信息化、智能化水平，确保工程质量和施工安全，不断提高建设管理水平。

2）要讲究实用

所谓实用，主要指铁路建设信息化不能追求大而全，要适应铁路工程点多、线长、面广、环节多及现行管理特点，采用现代信息技术，能够落实到参建企业、落实到施工一线、落实到具体岗位，真正解决具体问题。重点是四个方面：一是大力推进协同办公系统、视频会议系统、调度系统应用，着力提高工作效率、工作质量，节约管理成本。二是强化隧道、桥梁、地下工程等风险工程施工信息化管理，加大安全视频监测监控系统的建设、应用，积极开展隧道超前地质预报资料的传输和专家判识，加强施工作业人员安全管理系统的研发、应用，切实提高安全控制能力。三是加大信息技术、智能化装备在混凝土拌合浇筑、精密测量、路基检测、无砟轨道生产铺设、四电设备调试等方面的应用，进一步提高信息化对工程质量的保障能力。四是完善信息系统投资统计、物资采购管理、资金管理功能，严格控制投资，规范资金管理，确保把建设资金管好、用好。

3）要力求简便

所谓简便，主要指信息系统不仅要功能强大，能够减少人工劳动和重复劳动，而且系统软件简明易懂、操作简便、大众化程度高，使用者愿意用、主动用，而不是被迫去用。比如，施工企业之所以愿意通过“QQ”软件来开展一些信息化管理工作，是因为它使用方便、成本低，计算机、手机上均可使用。信息系统要达到简便、好用的要求，不是一蹴而就的，但必须朝着这个方向发展、努力，否则就没有生命力，就起不到对标准化管理的支撑作用。铁道部机关有关部门和信息系统软件研发单位要加强信息系统使用情况的调研，深化对现有信息系统有效性、针对性、先进性的评估与检查，结合大规模铁路建设实际和标准化管理要求，及时废除过时的、落后的、不适应现场需要的部分，多研究开发简便、实用、有效的管理软件，尤其应按照落实可追溯制度的要求，加快改进完善信息系统各模块功能，解决好数据采集与实际工作不匹配、静态资料数据量大等问题。建设、设计、施工、监理单位和参建人员，尤其是管理、技术人员要坚持使用信息系统，在使用中发现问题，并及时与软件研发单位沟通，确保发现的问题能够及时改进。

4）要做到全覆盖

所谓全覆盖，就是指铁路建设信息化要以建设管理和工程项目为重点，建设覆盖所有管理机构和项目实施全过程的信息系统，实现互联互通、资源共享、高效运作，保证项目有序推进、管理到位。一是针对建设管理的各个环节、各个流程、各项内容，规划建设覆盖铁道部—铁路局(铁路公司)—项目指挥部三级管理机构的管理信息系统，实现不同层次、同一层次不同部门、不同层次相同部门均能互联互通，同时，要预留设计、施工、监理、咨询等相关参建单位与项目管理机构信息交换、信息共享的接口，满足全方位管理的需要。二是针对工程项目建设前期、中期、后期等全过程，以工程质量、安全、投资控制为重点，突出工程项目建设流程，构建覆盖项目全体参建单位的信息系统，满足项目建设全过程受控的需要。建设项目管理信息系统要在通用性、简便性、互联互通和信息共享等方面下工夫，要尽快实现铁路建设三级管理机构信息系统的联网运行。

1.2.5 铁路标准化管理的具体实施

1. 标准化项目部

根据铁道部有关标准化管理的规定，标准化项目部也需要从管理制度标准化、人员配备标准化、现场管理标准化和过程控制标准化四个方面进行规范。以上海铁路局为例，标准化项目部的构成见图 1.2-5。

（1）管理制度标准化

制度是项目管理的规范性文件，实行施工企业项目部管理制度标准化，主要目的就是通过制度形式，明确界定施工企业在铁路建设项目全过程管理中必须遵循的管理要求，提供科学成熟、简洁高效的管理模式，为最终实现既定目标提供行动指南。管理制度既是对国家相关的法律法规、铁道部有关的建设管理规章和办法、铁路局及项目管理机构有关管理规定与要求的贯彻与细化，也应该是施工企业项目部构建职责分明、管理科学、高效运

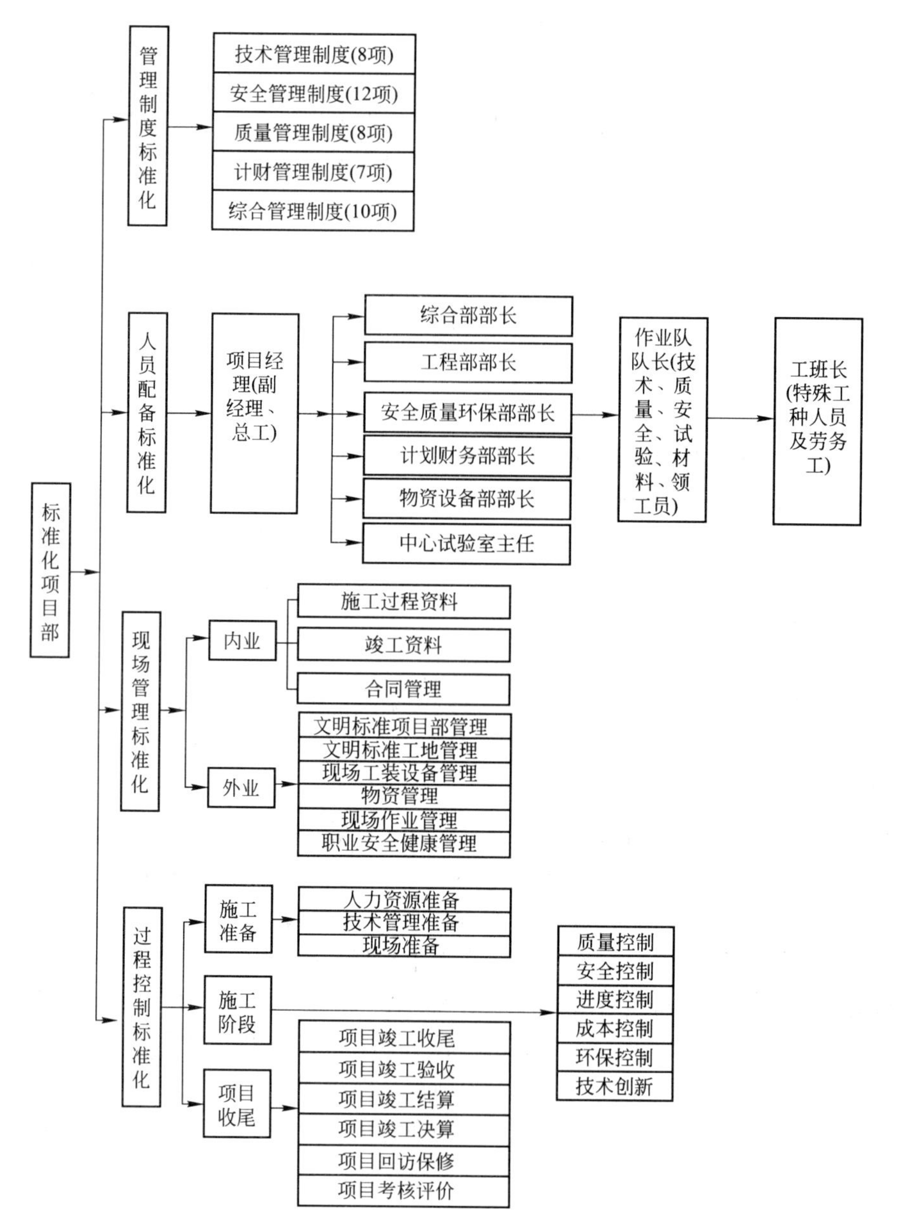

图 1.2-5　标准化项目部框图

作平台的自发要求。

从建设单位角度出发，可以将管理制度分为技术管理、质量管理、安全管理、计财管理、综合管理五类，对施工企业项目管理基础制度建设提出要求，明确在铁路建设项目管理中施工企业必须建立的基本制度，每项制度应包含的内容和应达到的管理要求。

技术管理制度主要是指在基础技术管理工作中必须建立的一些制度，包括工程测量、施工图现在核对、施工技术交底、开工报告申请、编制作业指导、专项施工方案及专家论证审查、变更设计管理、基础技术资料管理等制度。

质量管理制度主要是为确保工程的质量得到有效控制而制定的一系列制度，主要包括材料、设备、构配件进场检验及存储管理、工程质量试验、样板引路、质量检查申报与签认、隐蔽工程检查、成品保护、质量事故报告和调查处理、质量回访保修等制度。

安全管理制度是安全基础管理工作的基本依据，主要包括安全生产责任、安全生产教育培训、安全技术交底、特种作业与特殊岗位人员持证上岗、自升式架设设施与危险性较大设备设施装拆及检测与验收登记、安全检查与考核、机械与电气设备及危险岗位的操作规程和书面告知、意外伤害保险、“三同时”与“五同时”、应急救援、营业线施工安全与危险性较大施工项目、安全事故报告等制度。

计财类管理制度由计财部负责在项目部成立后立即牵头制定，并在实施过程中负责牵头按年、季、月定期检查与落实，对实施的结果进行综合评价。包括分包与劳务用工制度、验工计价管理制度、计划、统计与进度管理制度、成本核算管理制度、财务管理制度、合同管理制度、分配与奖励管理制度等。

综合管理制度包括信息管理制度、岗位责任制度、施工计划管理制度、文明施工制度、项目例会与施工日志制度、环境保护制度、架子队管理制度等。

项目部管理制度标准化要求施工企业现场项目必须按照铁道部、建设单位的要求建立相关基本制度，项目部应结合自身管理实际对基本制度进行细化、补充，但基本条款内容项目部必须遵守。

(2) 人员配备标准化

人员素质决定了施工管理的水平和效率，是实行标准化管理的根本。人员配备标准化就是根据工作岗位要求配备具有相应技能、能力、知识以及协调能力的人员，实现岗位设置满足管理要求，人员素质满足岗位要求，使项目部成为实现建设目标的工作团队。

为深入贯彻铁路建设新理念，建立健全管理机构，规范施工管理，全面落实“六位一体”管理要求，实现铁路建设“精品工程、安全工程”的目标，从建设单位的角度关于项目部人员配备标准化需要明确项目部的机构设置、项目部的职责、人员配备标准、培训教育以及考评办法等。

在机构设置上按照扁平化管理要求可将项目部组织机构规范为项目部、作业队和工班三层管理，并规定必须设置的关键岗位，其他岗位人员配备由各施工企业结合实际自行制定标准，要规定各部门和岗位的职责。

在项目部人员配备方面，参考《铁路建设管理办法》(铁道部令第 11 号)规定的任职条件，配置项目部主要负责人、部室负责人及其他人员，并确定主要管理人员数量和任职条件、培训和考核等方面的要求；对作业队人员的任职要求、培训等方面也要进行规定。

(3) 现场管理标准化

在项目部现场管理标准化方面重点规定项目部对施工现场的管理职能，从具体专业技术标准的角度进行描述，以铁路建设管理单位的视角，突出要求施工单位项目部对施工现场运用 PDCA 的管理方法进行有效组织，使得现场场容美观文明整洁、材料管理有序、现场作业有条不紊、内业资料规范齐全、职业健康安全和环境保护等方面得到有效保障。

对施工现场标准化管理分内业和外业两方面进行要求，其中内业部分包括竣工资料、施工过程资料、施工合同、劳务与分包管理等内容，外业部分包括文明标准项目部、文明标准工地、现场工装设备、原材料、职业安全健康、现场作业管理等内容。

上海铁路局标准化项目部现场管理框架如图 1.2-6 所示。

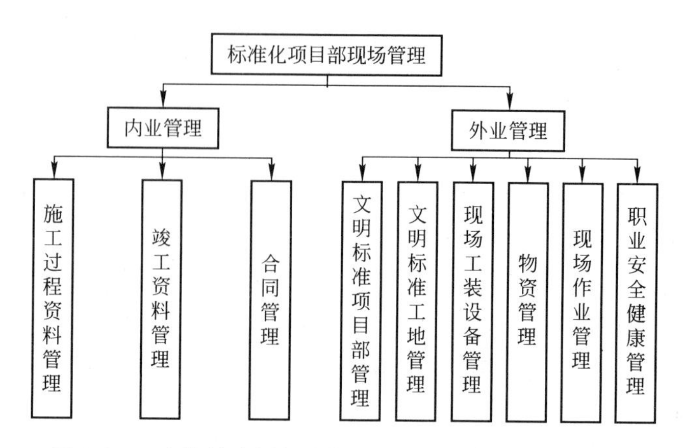

图 1.2-6 上海铁路局标准化项目部现场管理框架示意图

项目部要深入贯彻铁道部和路局“三项整治”活动关于“内业资料打假”的精神，严格执行设计和《客运专线铁路工程施工质量验收暂行标准》的要求，强化内业资料管理，力求内业资料真实、及时、准确。为实现内业资料管理程序化、规范化和标准化，在易于操作、便于掌握的前提下达到统一，以更好的保证工程质量，促进施工管理水平。

文明标准项目部管理由项目部经理负责，项目部指定部门负责牵头实施，项目部的选址必须满足安全和便于管理的要求，项目部硬件设施满足“三室五小”要求，项目部标示标牌满足“八牌二图二栏一表”要求。文明标准项目部建设完成后，报建设单位验收，积极参加建设单位组织的评比活动，持续改进，争创文明标准项目部。

项目部必须结合现场实际按照投标承诺，配齐现场工装设备，满足现场施工质量和进度要求，强化对作业队工装设备的操作、检修和保养的监督检查，确保工装设备安全正常使用和有效利用。所有使用的机械设备必须坚持“两定三包”(即定人、定机、包使用、包保管、包保养)制度，各类设备操作人员要做到“三好”(管理好、使用好、养修好)、“四会”(会使用、会保养、会检查、会排除故障)，及时、准确地填报各种记录，坚守岗位，确保机械正常运行。

项目部指定部门负责工装设备的统一管理(包括自有、租赁的机械设备)，按配备方案及时合理选配，按要求对进场的机械设备进行验收并报监理审批；负责向有关人员和操作人员进行安全技术交底；负责建立设备台账，及时登记进出场情况；定期组织机械设备的安全大检查一次。项目经理对特殊重要工装设备定期组织检查。

项目部配备专人负责物资的计划、供应、点验、收发、保管、使用、节约和核算等工作，严格按照物资进场验收流程把好物资进场关，认真填写物资使用情况登记表，实现物资使用的可追溯性，保证每件物资都能查到工程使用部位、进场验收人、进场检测试验人、现场施工人等信息，确保物资使用各个环节的质量责任都得到落实。

项目部必须建立职业健康安全体系，严格遵守《建设工程安全生产管理条例》和《职业健康安全管理体系》等标准体系，建立职业健康安全方针、策划实施和运行、检查和纠正措施、管理评审以及持续改进等模式。

其中的标准化工地管理和现场作业管理见标准化工地和标准化作业部分。

(4) 过程控制标准化

项目部过程控制管理是将标准化的管理贯穿于整个建设过程，按照“六位一体”管理要求，形成施工项目过程管理标准，并在项目实施过程中，严格按照这个标准进行管理，以达到建设管理过程得到有效规范和控制的目的。项目部过程控制管理框图如图1.2-7所示。

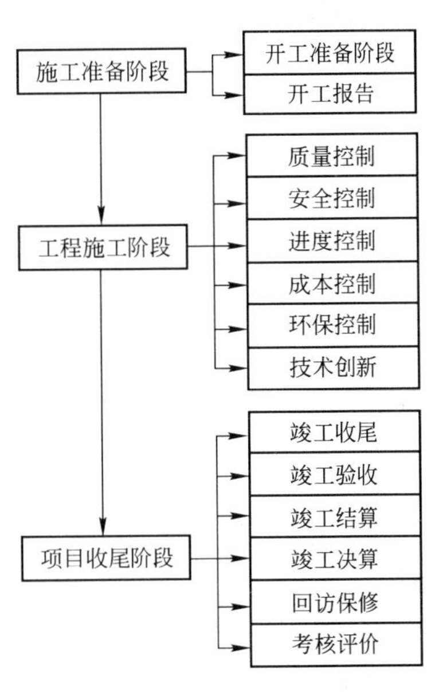

图1.2-7 标准化项目部过程控制框图

从建设单位角度出发，过程控制标准化按照工程施工进展的逻辑顺序，分开工准备、工程施工、项目收尾三个阶段，从“六位一体”管理要求出发，对施工企业项目过程控制管理提出要求。明确在铁路建设项目管理中，施工企业必须在质量、安全、工期、投资、环境保护和技术创新六方面确立的过程控制目标，并按照建立目标、组织保证、过程基础管理要求、评价评估要求、考核管理这几个方面提出明确要求，从而形成过程闭环管理，确保动态过程受控，以实现精品工程、安全工程的目标。施工单位项目部应在基本要求的基础上，结合工程项目实际和企业自身的管理模式，补充细化相应的控制管理措施。

2. 标准化作业

现场作业标准化是以企业现场安全生产、技术和质量活动的全过程及其要素为主要内容，按照企业安全生产的客观规律与要求，制定作业程序标准和贯彻标准的一种有组织的活动。现场作业标准化是确保现场作业任务清楚、危险点清楚、作业程序清楚、安全措施清楚、安全责任清楚，人员到位、思想到位、措施到位、执行到位、监督到位的有效措施，是生产管理长效机制的重要组成部分。现场施工作业指导书是开展现场作业标准化的具体形式。

开展现场作业标准化应本着“全面推进、积极实施、持续完善”的工作方针，密切结合各单位工作实际，做好与现有安全管理、技术管理、工作管理机制的衔接和融合，紧抓安全和质量两条工作主线，实现对现场作业的全过程、全方位管理和控制，不断提高现场作业的安全水平和工作质量。各单位都要将现场标准化作业工作纳入到安全生产长效管理机制当中，从实际出发，制定适合本单位具体情况的管理体制和工作机制，落实管理责任，切实保证现场作业准化工作深入、广泛、有效地开展。开展现场标准化作业工作切忌照搬照抄，脱离实际，给正常安全生产工作造成负面影响。不能将现场作业标准化和作业指导书与现有安全措施割裂，造成现场安全管理的混乱。

各单位应根据实际情况，建立现场作业标准化工作管理制度，明确现场作业标准化工作的开展、检查、评估、考核等工作的要求。各单位应将现场标准化作业作为各项现场工作的基本形式，所有现场作业均应遵循标准化作业的基本原则。所有的现场作业，均应编写现场施工作业指导书，并在指导书的指导下开展工作。各单位应建立现场作业标准化工作评估和持续改进的机制，定期对现场作业标准化工作及施工作业指导书执行情况进行统计、分析、评价，及时提出整改意见和措施，修正和完善作业指导书，不断提高现场作业标准化工作管理水平。各单位应建立现场作业标准化工作的考核制度，并纳入单位安全、工作质量考核体系，定期发布考核结果。

3. 标准化工地

项目部必须对施工场地进行规范场容、保持作业环境整洁卫生，创造有序生产的条件，减少对居民和环境的不利影响。由项目经理负责组织实施。

工地场地文明标准由项目部工程管理部牵头，项目部安全质量环保部、物资设备部和综合管理部共同参与，编制工地场地总平面布置图，报项目经理批准后由作业队队长具体负责实施。内容包括工地临时生产生活设施、场地彩门彩旗等方面的要求。

施工运输道路文明标准由项目部工程管理部牵头，安全质量环保部参与，编制施工运输便道方案，报项目经理批准后由作业队队长负责具体实施。内容包括：选线原则、路面标准等方面的内容。

现场各种材料堆放与布置的文明标准由项目部工程管理部牵头，安全质量环保部、物资设备部和综合管理部共同参与，编制材料堆放平面布置图，报项目经理批准后由作业队队长负责具体实施。内容包括：存放原则、堆放管理等方面要求。

现场施工机械使用停放的文明标准由项目部物资设备部牵头，工程管理部和安全质量环保部共同参与，制定施工机械停放标准，报项目经理批准后由作业队队长负责具体实施。内容包括：机械固定停放布置图、清洗污水排放、机械使用过程控制、车辆行驶过程中的环保等方面的要求。

大中桥、路基、隧道、房建、四电等工地的文明工地要求由项目部工程管理部牵头，安全质量环保部、物资设备部和综合管理部共同参与，制定大中桥现场布置、施工操作及产品质量和安全施工等方面的标准，报项目经理批准后由作业队队长负责具体实施。内容包括现场布置、洞口洞内布置、施工操作、安全质量等方面的要求。

4. 专业施工队伍管理

(1)“架子队”管理概述

架子队管理是标准化管理的重要内容。所谓“架子队”是指铁路工程建设项目施工现场的基层施工作业队伍，是以企业的管理、技术人员和生产骨干为施工管理与监控人员，以劳务人员为主要作业人员的标准化作业队。架子队管理模式可通过组建劳务工班、劳务工与员工混编班和专业劳务承包、工序劳务承包以及机械租赁等形式吸纳和使用社会资源，杜绝违法转包、违规分包，禁止以包代管。

根据《关于积极倡导架子队管理模式的指导意见》(铁建设［2008］51号)和《关于转发中铁工程总公司〈铁路工程项目实行架子队管理模式的指导意见〉和〈铁路工程项目实行架子队管理模式操作指南〉的通知》(办建设发［2009］57号)要求，建设单位应督促施工企业组建和管理“架子队”，设置劳务管理机构和人员，培训使用劳务作业人员，全面实现架子队用工管理模式，并对推行架子队情况进行监督与考核。

(2)“架子队管理”的总体要求和重要意义

1)“架子队管理”的总体要求

“架子队”是在项目经理部之下、直接管理工班的施工作业层。施工单位必须以本企业管理、技术人员和生产骨干为施工作业管理、监控人员，以内部职工、劳务企业的劳务人员或与施工企业签订合同的其他社会劳动者为作业人员，组建“架子队”。

施工企业必须依法用工。劳务用工为劳务公司提供的，承包人应与劳务公司签订劳务用工协议；劳务用工为零散用工的，承包人应与零散劳务人员签订以一定工作任务为内容的劳动合同。施工企业应设立银行专项账户，预存农民工工资保证金，并保证及时兑现农民工工资。

2）重要意义

架子队是一种经实践证明较好的施工生产组织方式，在铁路建设项目推行架子队管理模式意义重大：一是有利于更好地落实国家相关政策，加快铁路建设；二是有利于维护铁路建设市场秩序，取缔“包工头”，强化廉政建设；三是有利于促进施工企业长远发展，规范有序组织现场施工；四是有利于规范施工企业劳务用工行为，保护农民工权益；五是有利于施工企业构建内外和谐的发展环境，减少经营风险；六是有利于施工企业控制成本，提高企业经济效益。

（3）采用架子队管理模式的基本原则

1）架子队是铁路工程建设项目施工现场的基层施工作业队伍，是以施工企业管理、技术人员和生产骨干为施工作业管理与监控层，以劳务企业的劳务人员和与施工企业签订劳动合同的其他社会劳动者(统称劳务作业人员)为主要作业人员的工程队。

2）铁路建设工程施工提倡架子队管理模式，铁路既有线扩能改造(含铁路枢纽)、软土路基处理、重难点桥隧工程及其他重要结构物、铺轨架梁、四电工程以及应急工程等，原则上应实行架子队管理模式施工。

3）铁路建设单位要引导施工企业采用架子队管理模式组织铁路工程施工，在招标文件中明确使用架子队的相关内容。施工企业在参与铁路工程建设项目投标时，要在投标文件中载明劳务用工计划，载明所投标段架子队设置及数量、架子队构成及主要组成人员名单，并承诺在中标后据此安排组织工程施工和管理。

（4）架子队组建原则

1）管理有效，监控有力、运作高效，服务并满足于工程项目管理和现场作业需要的原则。根据本单位生产规模及施工专业特点，组建若干相对固定的架子队。项目部对架子队实行“人员统一管理，设备统一调配，成本内部核算，责任落实到人，材料限额发放”的运作机制。架子队要设置专职队长、技术负责人，配置技术、质量、安全、试验、材料、领工员、工班长等架子队主要组成人员。各岗位要明确职责，落实责任。架子队的管理人员、技术人员和班组长均由企业正式员工担任，施工现场的所有劳务作业人员一并纳入“架子队”进行集中统一管理。

2）固定建制与临时性建制相结合，人员弹性编制、动态化管理的原则。架子队的管理人员、技术人员和生产骨干应具有相应的业务技能，在施工过程中保持相对稳定；劳务作业人员的工种和数量根据施工组织安排及工程进度进行适时调整，人员弹性编制，实行动态管理。

3）施工管理、技术、监督等主要组成人员立足企业自培配备的原则。架子队由管理监控人员和作业人员组成。架子队的主要管理人员必须为员工，包括队长、技术主管、安全员、质量员、领工员、材料员、试验员、内业技术员等。作业人员由员工及劳务工组成，设置若干作业班组，工班长由公司员工担任，也可由经项目部审定的具有丰富操作经验的劳务工担任，不得直接使用劳务派遣公司的管理人员和包工头。

4）劳务工以成建制的合法劳务承包企业和劳务派遣公司的劳务人员为主、零散劳务工为辅的原则。公司应与优秀的劳务企业建立长期合作关系，三级子(分)公司要逐步建立相对固定的劳务基地，零散劳务工尽量少用。

5）充分体现专业化的原则(综合型架子队越少越好，专业化架子队越多越好)。架子队建设以小而精的专业化队伍为主要方向，根据项目大小、专业划分、难易程度，可以设多个架子队，既要有利于专业工序分包，兼顾施工能力，又要有利于独立运作，兼顾协作性，以架子队专业的科学性保证施工组织的有序性。应按照建设单位有关要求和投标承诺，分路基、桥梁、隧道等不同专业组建“架子队”，明确每个“架子队”的管辖范围、工程内容和人员组成等。

6）企业应为“架子队”配置满足现场需要的基本施工机具和机械设备，自行管理“架子队”的材料供应、调配事项，禁止包工包料、以包代管。

(5) 架子队组建程序

架子队组建程序可参考铁道部转发的中铁工程总公司《铁路工程项目实行架子队管理模式的指导意见》，按照下列程序组建：

1）公司根据中标工程任务、施工组织设计及项目部组建情况，确定架子队数量及人员规模，并行文成立架子队。

2）公司与劳务承包企业依法签订劳务承包合同，公司与劳务派遣公司协商确定劳务需求并依法签订劳务用工协议(或授权委托项目部签订)，零散劳务工由项目部经授权后代表公司与其依法签订以一定工作任务为期限的劳动合同。

3）项目部在工程开工前应明确架子队内部机构设置和具体管理、技术人员，将员工和劳务工编入架子队。

4）架子队根据项目部指定的施工作业任务合理设置作业班组。

(6) 架子队人员配备的具体要求

根据架子队组建原则，架子队一般由管理监控人员和作业人员两类人员组成。

1）管理监控人员的配备

管理监控人员由专职队长、技术负责人及技术(含测量、内业等)、质量、安全、实验、材料、领工员、工班长等管理、技术人员组成。

其中一般工程架子队的管理监控人员按照铁道部《关于积极倡导架子队管理模式的指导意见》(铁建设［2008］51号)的基本要求配置；重点工程架子队的管理监控人员根据项目的实际情况按照《关于积极倡导架子队管理模式的指导意见》(铁建设［2008］51号)的规定及现场管理需要配置。

2）作业人员的配备

作业人员由员工及劳务工组成，设置若干作业班组，工班长由公司员工担任，也可由项目部审定的具有丰富操作经验的劳务工担任，不得直接使用劳务派遣公司的管理人员和包工头。

作业人员的组织形式可以采用混编型、纯劳务型和劳务承包型。混编型作业人员由公司员工和劳务工组成，需要公司在现场有较多的操作工人，适用于所有工程项目；纯劳务型作业人员由劳务派遣公司和零散劳务工组成作业班组(工班长一般由公司员工担任)，须由公司配备足够的管理人员进行监管、控制，设备均由公司自备，可在一般工程项目中采用；劳务承包型是把具有相应的专业技能、自带部分常规机具设备的劳务承包企业的劳务人员编成劳务承包的作业班组，适用于大多数工程项目，具体又可分为专业劳务承包和工序劳务承包。如桩基钻孔施工、沟槽施工、土石方、材料运输等。桥梁、桥涵工程不得采用总体劳务承包，可采用分工序劳务承包。

(7) 架子队管理

1) 架子队监管人员问题。无论采取何种组织形式，架子队的队长、技术负责人、安全员、质量员、领工员等主要管理人员必须由公司员工担任，这也是推行架子队管理模式的最基本的要求。但工班长可以由公司员工担任，也可由经项目部审定的具有丰富操作经验的劳务工担任。为从根本上解决架子队的管理、技术人员和骨干技术工人不足的问题，各单位要合理引进高职、中专和技校毕业生，以满足企业发展需求。对现有的管理、技术人才，要做好培养、选聘等工作，做到人尽其才，能在合适的岗位上胜任本职工作，并保持架子队主要管理监控人员和技术工人的相对稳定。对于优秀的劳务人员，由公司根据实际需求和长远发展的需要，可考虑与其签订有固定期限的劳动合同，使其成为企业的骨干技术工人。配置架子队管理人员有困难时，也可通过社会招聘、返聘退休(退养)人员等方式临时增补。

2) 架子队的规模问题。架子队规模根据实施性施工组织设计分配的任务，负责管段工程的施工。架子队人员规模根据所承担工程的专业特点和工程量而定，并视工程进展情况弹性编制、动态管理，一般不应超过 100 人。人员规模超出 100 人时，须相应增加管理监控人员，达到每增加一个作业班组增配 1～2 名管理监控人员的要求，以满足现场管理监控的需要。作业人员根据施工需要组建成若干作业班组(劳务承包企业的劳务人员应由架子队统一编成班组，以利于管理和监控)，每班组一般为 20～30 人。

3) 劳务人员的来源问题。根据架子队的组建形式和选择范围，劳务工的来源主要有三种：劳务承包公司、劳务派遣公司和散工。在目前的市场环境和队伍状况下，劳务公司已成为各级子公司作业层人员的主要来源。好的劳务公司既是优质的社会劳动资源，也是企业施工产业发展的保证。各单位要树立相互依存、兴衰与共、共同发展的理念，加强对劳务合作企业的培养、使用和管理。二级、三级子分公司必须建立劳务承包企业和劳务派遣公司的准入制度。要选择一大批守信用、有实力的劳务合作企业，加以引导和培养，建立长期合作关系。三级子分公司要逐步建立相对固定的劳务基地。要通过一系列措施逐步解决劳务人员数量不足，质量不高的问题。

4) 劳务人员的管理问题。加强对劳务人员的管理是架子队管理的重点工作，施工现场所有劳务作业人员应纳入架子队统一集中管理，由架子队按照施工组织安排统筹劳务作业任务。劳务人员管理的重点应放在三级公司。三级子分公司要成立劳务管理中心，负责对劳务队伍和劳务工的统一管理。项目部要严格核查劳务承包企业和劳务派遣公司的资质、证照及其与劳务工签订的劳动合同，与零散劳务工签订的劳动合同须符合劳动合同法的规定，杜绝非法用工。项目部配备的专(兼)职劳务管理人员要负责对劳务企业用工主体资格、劳务人员劳动关系建立及工资发放等进行监管，并对劳务作业人员登记造册，所有劳务人员都必须进行专业技能和岗前培训，培训合格后方可上岗。要高度重视企业文化建设，在劳保、福利、待遇以及工作、生活等方面给劳务工以必要的关心，营造和谐的生产、生活氛围。要建立、健全劳务人员工资支付保障制度，落实劳务人员工伤和人身意外伤害保险，督促劳务承包企业、劳务派遣公司为劳务人员缴纳社会保险。

5）架子队现场管理问题。加强施工现场管理，确保作业过程管控到位，保证安全、质量、进度、成本可控，是架子队建设、管理的出发点和最终目的。架子队的作业人员无论采用何种组织形式，主要材料必须由项目部采购、供应，并尽可能集中加工配送（如混凝土）。对于劳务承包型架子队，项目部和架子队要特别注意在材料、技术、试验和施工安全、工程质量等方面进行重点管控。架子队要建立和实行技术交底和安全交底制度。项目部对架子队、架子队对领工员和工班长应做好技术交底工作，书面技术交底资料要归类存档备查；领工员和工班长对作业人员在作业前要做好工作和安全交底。班组作业人员应在领工员、工班长的带领下进行作业。每个班组在作业过程中须有管理监控人员进行管理和监控，技术、安全、质量、试验等人员应对施工现场、作业过程进行经常性的检查、监督。

6）架子队管理制度问题。应制定并完善架子队管理制度，严格架子队绩效考核，强化管理人员和劳务人员培训，切实管好用好架子队。如中铁五局制定了《架子队管理暂行办法》、《劳务用工管理办法》，建立了架子队施工、合同、成本、财务、薪酬、综合管理等工作制度，编制了《铁路项目架子队管理制度汇编》。针对架子队能力素质建设的需要，编制了10个管理岗位和41个工种的《岗位工作手册》。

2 铁路工程技术

2.1 高速铁路概述

2.1.1 国内外高速铁路概述

20世纪60年代以来，高速铁路在世界发达国家崛起，铁路发展进入了一个崭新的阶段。高速铁路的蓬勃兴起，在世界范围内引发了一场深刻的交通发展变革。

根据所采用的不同技术，高速铁路分为轮轨技术类型和磁悬浮技术类型。轮轨技术有非摆式车体和摆式车体两种；磁悬浮技术有超导排斥型和常导吸引型两种。其中，非摆式车体的轮轨技术是目前世界高速铁路的主流。

1. 列车速度的演变

自有铁路以来，人们就在不断致力于提高列车的运行速度。1825年出现在英国的第一条铁路，其列车最高运行速度只有24km/h，1829年“火箭号”蒸汽机车牵引的列车最高运行速度就达到了47km/h，几乎提高了1倍。19世纪40年代，英国试验速度达到120km/h，1890年法国将试验速度提高到144km/h，1903年德国制造的电动车组试验速度达到了209.3km/h。这时期英国西海岸铁路用蒸汽机车牵引的列车旅行速度达到了101km/h。1955年法国电力机车牵引的试验车组最高运行速度突破了300km/h，达到了311km/h。1964年10月，日本东海道新干线最高运行速度达到了210km/h，旅行速度也达到了160km/h。此后列车试验速度不断刷新：1981年2月法国TGV列车试验速度达到380km/h，1988年5月德国ICE把这一速度提高到406.9km/h，半年后法国人创造了482.4km/h的新纪录，1990年5月18日法国TGV-A型高速列车把试验速度进一步提高到了515.3km/h(图2.1-1)，2007年4月3日法国再次刷新了自己的纪录，TGV最新型“V150”超高速列车行驶试验速度达到了574.8km/h，创下了有轨铁路列车行驶的最新世界纪录(图2.1-2)。

图2.1-1　创造515.3km/h的法国TGV-A型高速列车试验运行实况

图 2.1-2 创下了有轨铁路行驶世界纪录的法国 TGV“V150”超高速列车试验运行实况

近年来，随着国民经济的快速发展和人民生活水平的不断提高，我国也开始重视提高旅客列车的速度。2002 年秦沈客运专线铁路上国产“中华之星”电动车组最高试验速度达到了 321.5km/h，2008 年京津城际铁路上“和谐号”动车组最高试验速度达到了 394.3km/h，2009 年 12 月武广高速铁路上“和谐号”动车组在两车重联情况下跑出了 394.2km/h 的试验速度。2010 年 9 月 28 日，“和谐号”新一代高速动车组在沪杭高速铁路跑出了 416.6km/h 的试验速度，并于 2010 年 12 月 3 日，在京沪高速铁路枣庄至蚌埠段，创造了 486.1km/h 的试验速度。图 2.1-3 为在京津城际铁路上运行的时速 350km“和谐”号动车组。

图 2.1-3 时速 350 km“和谐”号动车组

2. 高速铁路的定义及建设管理模式

高速铁路运行速度是一项重要的技术指标，也是铁路现代化水平的重要体现。高速铁路是一个具有国际性和时代性的概念。20 世纪 70 年代，日本把列车在主要区间能以 200km/h 以上速度运行的干线铁道称为高速铁路。随着高速铁路技术的发展，欧洲铁路联盟于 1996 年 9 月发布的互通运营指导文件(96/0048/EC)对高速铁路有了更确切的规定：新建铁路运营速度达到或超过 250km/h；既有线通过改造使基础设施适应速度 200km/h；线路能够适应高速，在某些地形困难、山区或城市环境下，速度可以根据实际情况进行调整。

我国把高速铁路界定为“新建铁路旅客列车设计最高行车速度达到 250km/h 及以上，既有线通过改造使基础设施适应速度 200km/h 的铁路”。应当指出的是，高速铁路不一定仅是客运专线，客运专线也不一定是高速铁路，就目前而言我国正在大量修建的客运专线铁路属于高速铁路的范畴，本书不再严格区分高速铁路和客运专线铁路。

高速铁路建设管理模式，各国因国情不同而异，大致有四种类型：一是新建高速铁路双线，专门用于旅客快速运输，如日本新干线和法国高速铁路，均为客运专线，白天行车，夜间维修；二是新建高速铁路双线，实行客货共线运行，如意大利罗马—佛罗伦萨高速铁路，客运速度250km/h，货运速度120km/h；三是部分新建高速线与部分既有线混合运行，如德国柏林—汉诺威线，承担着客运和货运任务；四是在既有线上使用摆式列车运行，在美国“东北走廊”行驶的摆式列车速度为240km/h。

3. 世界高速铁路发展概况

1964年10月1日，日本东海道新干线(东京—大阪线，全长515.4km，如图2.1-4所示)正式开通，世界铁路以崭新的方式开拓了交通运输的新篇章。

图2.1-4 日本东海道新干线

根据业内学者分析研究，世界高速铁路的发展可分为以下三个阶段：

(1) 第一阶段(20世纪60年代至80年代末期)

日本、法国、意大利和德国推动了高速铁路的第一次建设高潮。该期间建设并投入运营的高速铁路有日本的东海道、山阳、东北和上越新干线；法国的东南TGV线、大西洋TGV线；意大利的罗马—佛罗伦萨线以及德国的汉诺威—维尔茨堡高速新线，高速线里程达3198km。

(2) 第二阶段(20世纪80年代至90年代中期)

20世纪80年代末，世界各国对高速铁路的关注和研究酝酿了第二次建设的高潮。第二次建设高峰于20世纪90年代主要在欧洲形成，主要国家包括法国、德国、意大利、西班牙、比利时、荷兰、瑞典、英国和日本等。

(3) 第三阶段(20世纪90年代中期至今)

高速铁路的建设与研究自20世纪90年代中期形成了第三次高潮，这次高潮波及亚洲、北美、大洋洲以及整个欧洲，形成了交通领域中铁路的一场复兴运动。俄罗斯、韩国、中国、中国台湾、澳大利亚、英国、荷兰等国家和地区均先后开始了高速铁路新建线的建设。为了配合欧洲高速铁路网的建设，东部和中部欧洲的捷克、匈牙利、波兰、奥地利、希腊以及罗马尼亚等国家正在进行干线铁路改造，全面提速。对高速铁路开展前期研究工作的国家还有土耳其、美国、加拿大、印度、捷克等。

高速铁路作为一种安全可靠、快捷舒适、运载量大、低碳环保的运输方式，已经成为世界铁路发展的重要趋势。截至目前，全球投入运营的高速铁路近2.5万km(时速250km以上的高速铁路约有6300多千米)，分布在中国、日本、法国、德国、意大利、西班牙、比利时、荷兰、瑞典、英国、韩国及中国台湾等17个国家和地区。

2.1.2 主要技术特征

高速铁路是一个复杂的系统工程，其各子系统间既自成体系、又相互关联，既有硬件接口、又有软件联系，对整体性和系统性的要求非常高。为确保高速铁路技术体系的完整性和各子系统之间紧密衔接，应采取系统集成的模式，统一协调管理高速铁路建设。图 2.1-5 所示为高速铁路系统组成，图 2.1-6 所示为高速列车与其他子系统的主要接口关系。

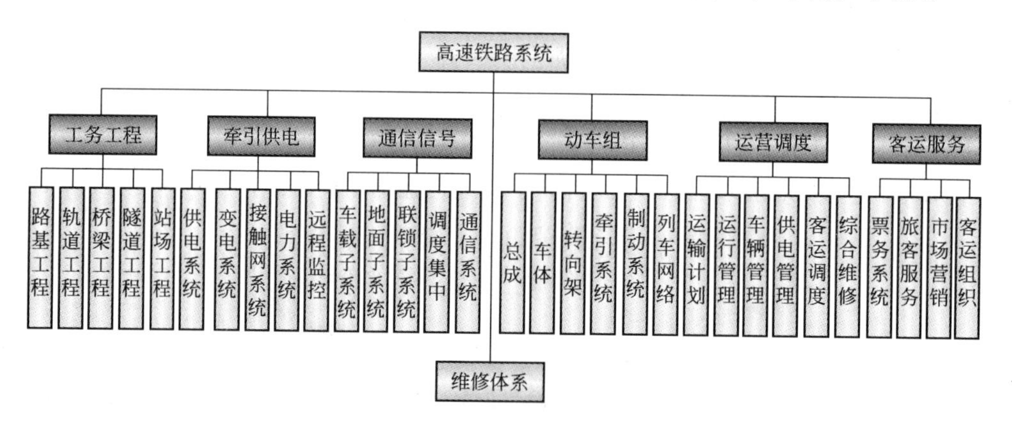

图 2.1-5 高速铁路系统组成

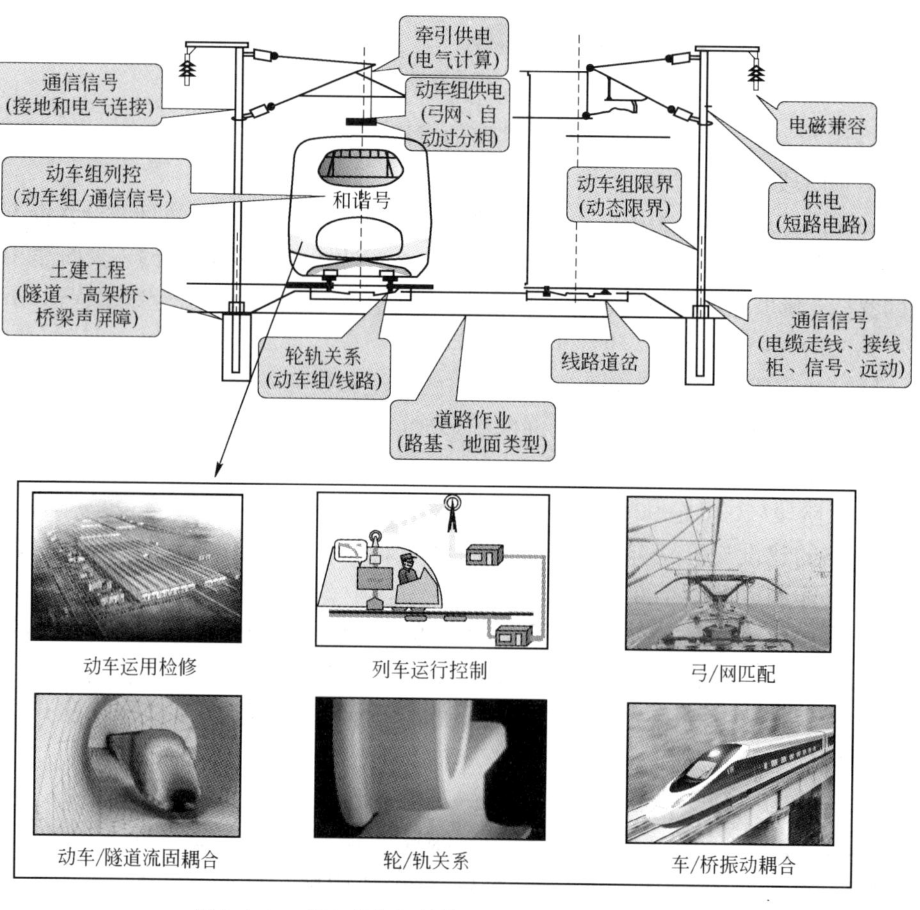

图 2.1-6 高速列车与其他子系统的主要接口关系

在轮轨接触的铁路技术中，随着速度的提高，对基础设施和移动的车辆都提出了新的要求，主要可以归结为两个方面，一方面当速度超过 250km/h 以后，空气动力特性发生显著变化，因此对车辆结构和铁路基础设施提出新的要求；另一方面由于高速运行的列车需具备持久稳定、高平顺性及安全舒适的运行条件，因此对轨下基础提出新的要求。

列车高速运行时，行车阻力、振动和机械动力噪声将大幅增加，列车与空气摩擦噪声也会有所提高。因此，对列车的结构需要重新进行头型及外轮廓设计，以改善空气流向，优化弓网关系及受电弓的位置等，同时要增加减振措施。

试验证明，高速铁路对车辆的密封性能有很高的要求(包括对车辆空调、门、窗、排污设施等方面的要求)，以满足高速运行的空气动力学特性。此外，还要求具有高性能的制动系统和较高的乘坐舒适度。

高速行驶的列车在会车时所产生的空气压力波较普速情况明显提高。因此，高速铁路在进行线路规划时，要适当加大线间距(包括站台安全距离)。通过隧道时，洞口空气阻力与高速列车在瞬间产生的巨大微气压波，对行车安全、乘坐舒适度以及环境都产生了明显的影响。因此，要适当加大隧道断面积，改善洞口形状或设置洞口缓冲结构等。

高速运行出现的高频振动，要求结构物除了满足静态荷载的条件，还必须满足高速列车动力特性要求。即除了保证“强度”这一基本要求(即使用期不致破坏)以外，更要严格控制其“刚度”。因此，保持轨道持续稳定的高平顺性，是对高速铁路工程提出的最基本要求。轨道的高平顺性又是路基、桥梁、隧道、轨道变形的最终表现，要求轨道高平顺性，必须从控制上述工程变形着手。

高速铁路特殊结构设计应进行车、线、桥(或路基、隧道)动力仿真计算，使车、线、桥(或路基、隧道)耦合动力响应符合行车安全性和乘坐舒适度要求。高速铁路路基、桥涵及隧道等主体结构设计使用年限为 100 年，无砟轨道主体结构设计使用年限不小于 60 年。我国高速铁路限界轮廓及基本尺寸如图 2.1-7 所示，曲线地段限界加宽根据计算确定。我国高速铁路列车设计荷载采用 ZK 活载，ZK 活载为列车竖向静活载，ZK 标准活载如图 2.1-8 所示，ZK 特种活载如图 2.1-9 所示。

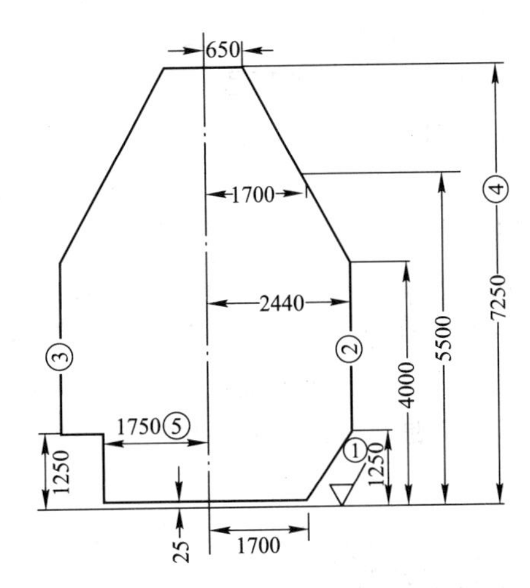

图 2.1-7 高速铁路建筑限界轮廓及基本尺寸(单位：mm)

①—轨面；②—区间及站内正线(无站台)建筑限界；③—有站台时建筑限界；④—轨面以上最大高度；⑤—线路中心线至站台边缘的距离(正线不适用)

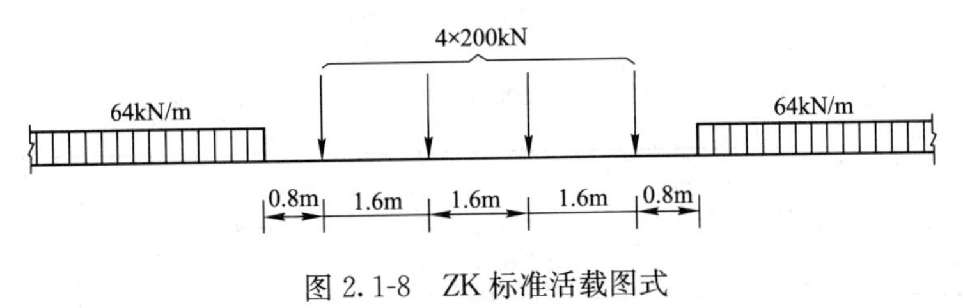

图 2.1-8 ZK 标准活载图式

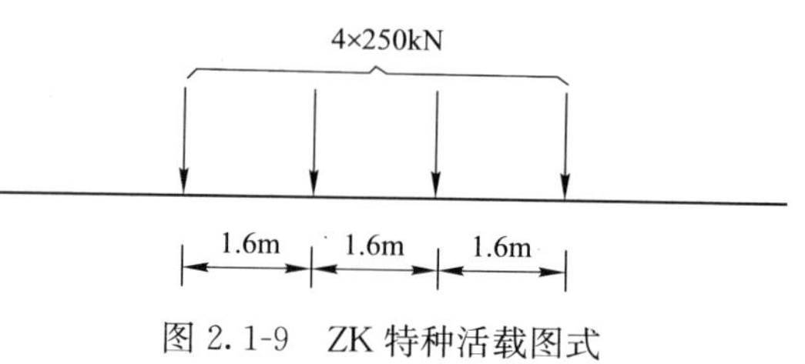

图 2.1-9　ZK 特种活载图式

此外，由于高速行车的特殊情况，高速铁路需要配置风、雨、雪、地震等自然灾害告警系统，监测信息经过通信网与调度中心直接相连，以保证高速行车的安全。沿高速线设置的跨线桥需安装坠落物告警装置。高速铁路必须全封闭、全立交，不设平交道口。由于高速行驶中列车与空气摩擦产生了大量噪声，因此，高速铁路途经人口密集的地区时，沿线需采取降低噪声的措施，安装隔声墙。

总而言之，采用轮轨技术的高速铁路具有以下四个方面的主要技术特征：

(1) 轮轨方面：持久高平顺性的轨道，轻量化、高走行稳定性的列车。

(2) 弓网方面：大张力的接触网，高性能的受电弓。

(3) 空气动力方面：流线型、密封的列车，较大的线间距和隧道断面。

(4) 牵引与制动方面：大功率的交—直—交列车和大容量的牵引供电设施，大能力的盘形、再生、涡流列车制动系统和车载信号为主的列控模式。

应当指出，快速(高速度、高密度)、舒适(高平顺性、高稳定性、高环保性)、安全(高可靠性、高耐久性)是高速铁路的三大要素，三者缺一难言高速。

2.1.3　线路平面及纵断面

高速列车首先要满足安全与舒适的要求。影响列车安全和舒适的因素很多，虽然机车车辆性能及运营方式起着很大的作用，但高速铁路的线路参数也是重要的影响因素，在设计高速铁路时必须予以重视。

在高速条件下，列车各种振动的衰减距离延长，从而各种振动叠加的可能性提高，相应旅客乘坐舒适度在高速条件下更为敏感。所以，要求线路的技术标准也相应提高。在高速铁路的线路平、纵断面设计中应重视线路的平顺性，采用较大的线路平面曲线半径、较长的纵断面坡段长度和较大的竖曲线半径，以提高旅客乘坐舒适度。以下主要结合《高速铁路设计规范(试行)》(TB 10621—2009)对相关内容进行扼要介绍，各种线路设计参数随着工程实践的不断深入会有所变化。

1. 高速铁路线路平面

(1) 平面曲线半径

高速铁路正线的线路平面曲线半径应因地制宜，合理选用。与设计行车速度匹配的平面曲线半径见表 2.1-1。位于车站两端减加速地段，可采用与设计速度和速差相适应的平面曲线半径，同时要求正线不应设计复曲线，区间正线宜按线间距不变的并行双线设计，并宜设计为同心圆。

平面曲线半径表(m)　　**表 2.1-1**

设计行车速度(km/h)	350/250	300/200	250/200	250/160
有砟轨道	推荐 8000～10000； 一般最小 7000； 个别最小 6000	推荐 6000～8000； 一般最小 5000； 个别最小 4500	推荐 4500～7000； 一般最小 3500； 个别最小 3000	推荐 4500～7000； 一般最小 4000； 个别最小 3500

续表

设计行车速度(km/h)	350/250	300/200	250/200	250/160
无砟轨道	推荐 8000～10000；一般最小 7000；个别最小 5500	推荐 6000～8000；一般最小 5000；个别最小 4000	推荐 4500～7000；一般最小 3200；个别最小 2800	推荐 4500～7000；一般最小 4000；个别最小 3500
最大半径	12000	12000	12000	12000

注：个别最小半径值需进行技术经济比选，报铁道部批准后方可采用。

(2) 线间距

线间距是指相邻两股道(区间正线地段实际为上、下行线)线路中心线之间的最短距离。由于高速列车运行时会产生列车风，相邻线路高速列车相向运行所产生的空气压力冲击波易振碎车窗玻璃，甚至影响列车运行的稳定性，所以高速线路的线间距较普通铁路有所增大。

根据国内外的研究成果，我国高速铁路区间及站内正线线间距按表 2.1-2 选用，曲线地段可不加宽。位于车站两端减加速地段，可采用与设计速度相适应的线间距。正线与联络线、动车组走行线并行地段的线间距，应根据相邻一侧正线的行车速度及其技术要求和相邻线的路基高程关系，考虑站后设备、路基排水设备、声屏障、桥涵等建筑物以及保障技术作业人员安全的作业通道等有关技术条件综合研究确定，最小不应小于 5.0m。正线与既有铁路或客货共线铁路并行地段线间距不应小于 5.3m。当两线不等高或线间设置其他设备时，最小线间距应根据有关技术条件要求计算确定。隧道双洞地段的线间距应根据地质条件、隧道结构与防灾与救援要求，综合分析研究确定。

区间及站内正线线间距 **表 2.1-2**

设计行车速度(km/h)	350	300	250
最小线间距(m)	5.0	4.8	4.6

(3) 缓和曲线

为使列车安全、平稳、舒适地由直线过渡到圆曲线或由圆曲线过渡到直线，在直线与圆曲线间必须设置一定长度的缓和曲线。缓和曲线是在直线与圆曲线之间的一段变曲率、变超高线段，其作用是在缓和曲线范围内完成曲率半径由直线上的无限大逐渐变化到圆曲线的曲率半径，曲线外股钢轨高度从直线上左右股钢轨水平一致逐渐变化到圆曲线时达到外轨超高值。在高速行车条件下，旅客对乘坐舒适度比较敏感，因而对缓和曲线的设置要求也更为严格。

缓和曲线线形很多，从研究和实测结果表明，只要缓和曲线长度达到一定要求，各种线形均能保证高速行车安全和旅客舒适度要求。考虑到三次抛物线线形简单、设计方便，平立面有效长度长、现场运用、养护经验丰富等特点，我国高速铁路仍以三次抛物线形缓和曲线为首选线形。

缓和曲线长度是高速铁路线路平面设计重要参数之一，随着列车运行速度的提高，要求缓和曲线应有足够的长度，使缓和曲线上的曲率和超高的变化不致太快，满足旅客乘车舒适的要求和确保行车的安全，但过长的缓和曲线长度会影响平面选线和纵断面设计的灵活性，会引起工程投资的增大。缓和曲线线形选定以后，就可考虑以下一些因素来确定缓和曲线长度：①车辆脱轨；②未被平衡横向离心加速度时变率(欠超高时变率)；③车体倾斜角速度(超高时变率)。我国高速铁路设计规范规定缓和曲线长度应根据设计行车速度、曲线半径和地形条件按表 2.1-3 合理选用，正常情况应选用(1)栏值。

缓和曲线长度(m)　　**表 2.1-3**

设计行车速度(km/h) / 曲线半径(m)	350			300			250		
	(1)	(2)	(3)	(1)	(2)	(3)	(1)	(2)	(3)
12000	370	330	300	220	200	180	140	130	120
11000	410	370	330	240	210	190	160	140	130
10000	470	420	380	270	240	220	170	150	140
9000	530	470	430	300	270	250	190	170	150
8000	590	530	470	340	300	270	210	190	170
7000	670	590	540	390	350	310	240	220	190
	680*	610*	550*						
6000	670	590	540	450	410	370	280	250	230
	680*	610*	550*						
5500	670	590	540	490	440	390	310	280	250
	680*	610*	550*						
5000	—	—	—	540	480	430	340	300	270
4500	—	—	—	570	510	460	380	340	310
				585*	520*	470*			
4000	—	—	—	570	510	460	420	380	340
				585*	520*	470*			
3500	—	—	—	—	—	—	480	430	380
3200	—	—	—	—	—	—	480	430	380
3000	—	—	—	—	—	—	480	430	380
							490*	440*	400*
2800	—	—	—	—	—	—	480	430	380
							490*	440*	400*

注：1. 表中(1)栏为舒适度优秀条件值；(2)栏为舒适度良好条件值；(3)栏为舒适度一般条件值。

2. * 号标志，表示为曲线设计超高 175mm 时的取值。

(4) 夹直线、圆曲线或缓和曲线与道岔间的直线段最小长度

在地形困难曲线毗连地段，两相邻曲线间的直线段，即前一曲线终点(HZ_1)与后一曲线起点(ZH_2)间的直线段，称为夹直线。理论上列车运行平稳、旅客乘坐舒适所要求的夹直线最小长度，通常按列车在缓和曲线出入口(即夹直线的起终点)产生的振动不致叠加考虑，与列车振动、衰减特性和列车运行速度有关。根据试验结果，车辆振动的周期约为 1.0s，列车在缓和曲线出入口产生的振动在一个半至两个周期内基本衰减完毕，按两个周

期计算则夹直线的最小长度为：

$$L_{\min}=2\times\frac{v_{\max}}{3.6}\approx0.6v_{\max}$$

式中 $v_{\max}$——设计速度(km/h)。

计算机模拟计算结果表明，夹直线长度为 $0.8v_{\max}$时，在夹直线起终点对高速车辆产生的激扰振动不会叠加，对行车平稳和旅客乘坐舒适性没有明显的影响。两缓和曲线间的圆曲线及正线上缓和曲线与道岔间的直线段也有类似的分析结果。我国高速铁路设计规范规定高速铁路夹直线或圆曲线最小长度一般按 $0.8v_{\max}$计算确定，困难条件下按 $0.6v_{\max}$计算确定，正线上缓和曲线与道岔间的直线段最小长度一般按 $0.6v_{\max}$计算确定，困难条件下按 $0.5v_{\max}$计算确定，并应符合表 2.1-4 的规定。

夹直线、圆曲线或缓和曲线与道岔间的直线段最小长度 **表 2.1-4**

设计行车速度(km/h)	350	300	250
夹直线或圆曲线最小长度(m)	280(210)	240(180)	200(150)
缓和曲线与道岔间的直线段最小长度(m)	210(170)	180(150)	150(120)

注：括号内为困难条件下采用的最小值。

(5) 其他

连续梁、钢梁及较大跨度的桥梁宜设在直线上；困难条件下，经技术经济必选，也可设在曲线上。隧道宜设在直线上；因地形、地质等条件限制可设在曲线上，但不宜设在反向曲线上。站坪长度应根据远期车站布置要求确定；车站应设在直线上。钢轨伸缩调节器不应设在曲线上。

2. 高速铁路线路纵断面

(1) 最大坡度

在一定自然条件下，线路的最大坡度与设计线的输送能力、牵引质量、工程数量和运营质量有着密切的关系，有时甚至影响线路走向。客货共线的铁路，线路最大坡度是由货物列车运行要求所决定。高速列车采用大功率、轻型动车组，牵引和制动性能优良，能适应大坡度运行。但各国高速铁路由于采用的运输组织模式和线路条件各不相同，采用的线路最大坡度也不大一样。我国高速铁路设计规范规定区间正线的最大坡度，不宜大于20‰，困难条件下，经技术经济比较，不应大于 30‰。动车组走行线的最大坡度不应大于 35‰。

(2) 最小坡段长度

两个坡段的连接点，即坡度变化点，称为变坡点。一个坡段两端变坡点间的水平距离称为坡段长度。从列车运行的平稳性要求出发，纵断面坡段长度宜设计为较长的坡段；但从节省工程投资的角度分析，较短的坡段能够较好地适应地形，减少工程数量，降低工程投资。因此，最小坡段长度的确定，既要满足列车运行的平稳性要求，又要尽可能地节约工程投资，使两者取得最佳的统一。我国高速铁路设计规范规定正线宜设计为较长的坡段，最小坡段长度应符合表 2.1-5 的规定。一般条件下的最小坡段长度不宜连续采用。困难条件的最小坡段长度不得连续采用。

最小坡段长度　　表 2.1-5

设计行车速度(km/h)	350	300	250
一般条件(m)	2000	1200	1200
困难条件(m)	900	900	900

（3）坡段连接

1）相邻坡段的坡度差

相邻坡段的坡度差允许的最大值，主要由保证运行列车不断钩这一安全条件确定，客货共线的铁路相邻坡段的坡度差主要受货物列车制约。由于旅客列车质量远低于货物列车，国内外高速铁路对相邻坡段的坡度差均未作规定。

2）竖曲线半径

为保证列车在变坡点的运行安全和乘客的舒适性要求，参照国外有关规范，高速铁路正线相邻坡段的坡度差大于或等于1‰时，应采用圆曲线型竖曲线连接(动车组走行线相邻坡段坡度差大于3‰时设圆曲线型竖曲线，竖曲线半径一般5000m，困难条件3000m)。竖曲线半径由旅客舒适性要求控制，即受列车运行于竖曲线产生竖向离心加速度a_{sh}限制的最小竖曲线半径为：

$$R_{sh} \geqslant \frac{v_{max}^2}{3.6^2[a_{sh}]}$$

其中，$[a_{sh}]$为乘客舒适度允许的竖向离心加速度，通过对国外高速铁路线路竖向离心加速度允许值的分析，认为高速铁路线路的竖向离心加速度允许值取$0.4m/s^2$较为合适(困难条件下为$0.5m/s^2$)。据此可导出根据舒适度要求的高速铁路线路最小竖曲线半径，经计算取整后最小竖曲线半径按表2.1-6选用。同时，由于当竖曲线半径增大到一定程度，养护维修很难达到其设置要求，因此，根据国内外养护维修经验，最大竖曲线半径一般不大于30000m；最小竖曲线长度不得小于25m。

最小竖曲线半径　　表 2.1-6

设计行车速度(km/h)	350	300	250
最小竖曲线半径(m)	25000	25000	20000

3）竖曲线与缓和曲线、圆曲线、道岔及钢轨伸缩调节器重叠设置问题

竖曲线与缓和曲线、道岔及钢轨伸缩调节器重叠有如下不利影响：

① 增加线路测设工作量；

② 影响行车安全和乘坐舒适度；

③ 增加养护维修工作的难度。

同时考虑到缓和曲线、道岔及钢轨伸缩调节器长度相对圆曲线较短，避免重叠设置容易处理，我国高速铁路设计规范规定竖曲线与缓和曲线、道岔及钢轨伸缩调节器不得重叠。

竖曲线与平面圆曲线重叠设置，同样增加线路测设工作量，对行车安全和乘坐舒适度产生不利的影响，增加养护维修工作的难度，但由于高速铁路平面圆曲线半径较大，圆曲线长度较长，一般可达1～2km以上，为避免竖曲线与圆曲线重叠设置而增加的工程投资

巨大，同时此项重叠可通过采取适当措施减轻其不利影响。因此，我国高速铁路设计规范规定竖曲线与平面圆曲线不宜重叠设置，困难条件下竖曲线与圆曲线可重叠设置，但应满足表 2.1-7 的要求。

竖曲线与平面圆曲线重叠设置的曲线半径最小值 **表 2.1-7**

设计行车速度(km/h)		350	300	250
平面最小圆曲线半径(m)	有砟轨道	7000	5000	3500
	无砟轨道	6000	4500	3000
最小竖曲线半径(m)		25000	25000	20000

(4) 其他

正线两线并行时，两线轨面高程宜按等高(曲线地段为内轨面等高)设计。正线与联络线、动车组走行线、既有线并行时，其轨面设计高程应根据路基横断面设计情况综合研究确定。

连续梁、钢梁及较大跨度的桥上纵断面设计应符合桥梁设计的技术要求。

隧道内的坡道可设置为单面坡道或人字坡道，地下水发育的长隧道宜采用人字坡，其坡度不应小于 3‰；路堑地段线路坡度不宜小于 2‰。

跨越排洪河道的特大桥和大中桥的桥头路基、水库和滨河地段、行洪及滞洪区的浸水路堤，其路肩设计高程应按有关设计规范并结合国家防洪标准设计。

站坪宜设在平道上；困难条件下，可设在不大于 1‰的坡道上；特别困难条件下，可设在不大于 2.5‰的坡道上；越行站可设在不大于 6‰的坡道上。到发线有效长度范围内宜采用一个坡度。车站咽喉区的正线坡度宜与站坪坡度一致；困难条件下，可适当加大，但不宜大于 2.5‰；特别困难条件下不应大于 6‰。

2.2 高速铁路技术

2.2.1 精密测量

高速铁路旅客列车行驶速度高，为了在高速行驶条件下保证旅客列车的安全性和舒适性，要求高速铁路必须具有非常高的平顺性和精确的几何线性参数，精度要保持在毫米级的范围以内，传统的铁路测量方法和精度已不能满足高速铁路建设的要求。适合于高速铁路测量的技术体系称为高速铁路精密工程测量，高速铁路精密工程测量控制网简称为“精测网”。《高速铁路工程测量规范》(TB 10601—2009)已于 2009 年 12 月 1 日发布实施。

高速铁路精密工程测量的内容包括四个方面：线路平面高程控制测量、线下工程施工测量、轨道施工测量和运营维护测量。

传统铁路轨道的测量方法是：初测(导线、水准)，定测［交点、支线、曲线控制桩(五大桩)］，线下工程施工测量(以定测控制桩作为测量基准)，铺轨测量。其具有如下缺点：

(1) 平面坐标系投影差大(高程投影)；

(2) 不利于采用 GPS RTK、全站仪等新技术，采用坐标法定位法进行勘测和施工放线；

(3) 没有采用逐级控制的方法建立施工控制网；

(4) 测量精度低；

（5）轨道的铺设不是以控制网为基准按照设计的坐标定位，而是按照线下工程的施工现状采用相对定位进行铺设。

相对于传统铁路工程测量，高速铁路的精密工程测量具有以下特点：

（1）“三网合一”的测量体系。

勘测控制网：CPⅠ、CPⅡ和水准基点；施工控制网：CPⅠ、CPⅡ、水准基点和CPⅢ；运营维护控制网：CPⅢ和加密维护基桩。

“三网合一”体现在以上三个控制网坐标高程的统一；起算基准的统一；测量精度的协调统一。线下工程施工控制网与轨道施工控制网、运营维护控制网的坐标高程和起算基准的统一。

（2）确定了高速铁路工程平面控制测量分三级布设的原则。

第一级为基础平面控制网(CPⅠ)，主要为勘测、施工、运营维护提供坐标基准；第二级为线路平面控制网(CPⅡ)，主要为勘测和施工提供控制基准；第三级为轨道控制网/施工加密网(CPⅢ)，主要为轨道铺设和运营维护提供控制基准。图 2.2-1 为高速铁路工程测量三级平面控制网示意图。

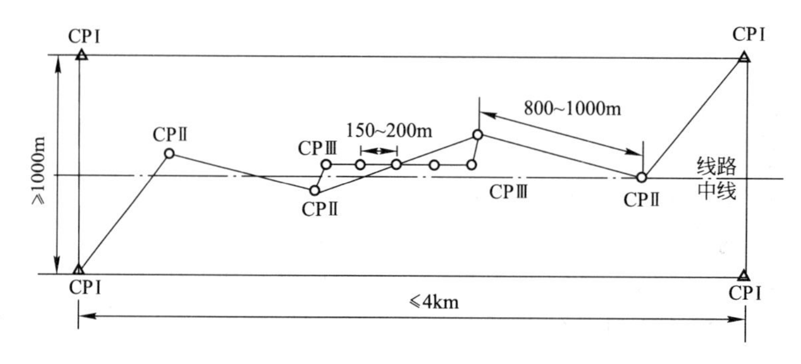

图 2.2-1 高速铁路工程测量三级平面控制网示意图

（3）提出了高速铁路工程测量平面坐标系统应采取边长投影变形值≤10mm/km(无砟)或25mm/km(有砟)工程独立坐标系。

（4）确定了高速铁路轨道必须采用绝对定位与相对定位测量相结合的铺轨测量定位模式。

（5）确定了高速铁路无砟轨道铁路工程测量高程控制网的精度等级。

（6）提出了高速铁路无砟轨道铁路工程控制测量完成后，应由建设单位组织评估验收的要求，并制定了评估验收内容和要求高速铁路工程测量平面坐标系采用工程独立坐标系统，并引入 1954 年北京坐标系/1980 西安坐标系。边长投影在对应的线路设计平均高程面上，投影长度的变形值不大于 10mm/km。高程系统采用 1985 国家高程基准。其平面及高程控制量测要求见表 2.2-1、表 2.2-2、表 2.2-3、表 2.2-4。

各级平面控制网布网要求 **表 2.2-1**

控制网级别	测量方法	测量等级	点间距	备注
CPⅠ	GPS	B级	≥1000m	≤4km一对点
CPⅡ	GPS	C级	80～1000m	
	导线	四等		

续表

控制网级别	测量方法	测量等级	点间距	备注
CPⅢ	导线	五等	150～200m	
	自由设站 边角交会		50～60m	10～20m一对点

各级平面控制网精度 **表 2.2-2**

控制点	可重复性测量精度	相对点位精度
CPⅠ	10mm	8+D×10－6mm
CPⅡ	15mm	10mm
CPⅢ导线测量	6mm	5mm
CPⅢ后方交会测量	5mm	1mm

各级高程控制测量等级及布点要求 **表 2.2-3**

控制网级别	测量等级	点间距
勘测高程控制测量	二等水准测量	≤2000m
	四等水准测量	
水准基点高程控制测量	二等水准测量	≤2000m
CPⅢ高程测量	精密水准测量	≤200m

注：长大桥隧及特殊路基结构施工高程控制网等级应按相关专业要求执行。

高程控制网精度 **表 2.2-4**

控制点类型	可重复性测量高差限差	相邻点高差限差	水准测量等级
水准基点	$4\sqrt{L}$	$4\sqrt{L}$	二等水准
CPⅢ控制点	$8\sqrt{L}$	$8\sqrt{L}$	精密水准

2.2.2 路基沉降控制

高速铁路设计规范要求，无砟轨道路基工后沉降应符合扣件调整能力和线路竖曲线圆顺的要求，工后沉降不宜超过 15mm；当沉降比较均匀且竖曲线圆顺时，允许的工后沉降为 30mm。过渡段沉降差应小于 5mm，不均匀沉降造成的折角不应大于 1/1000。

路基沉降变形主要包括四个方面：列车行驶中路基面产生的弹性变形；长期行车引起的基床累积下沉；路基本体填土压缩变形及地基的压缩下沉。大量的调查表明，路基沉降是由土性、压实度、饱和度、环境和外载等多方面因素综合作用的结果，但主要是由路基本身和地基的排水固结变形引起的。地基的沉降变形与地基土的性质和地基处理方法有关，而路基本体的变形通常与填料的性质、填料含水量和压实系数有关，地基的沉降变形直接影响到路基的变形。基床累积下沉是由列车通过道床传递到基床面的动荷载引起的，主要发生在基床部位，特别是基床表层。设计时若能限制列车荷载在基床表面产生的动应力在基床填料的临界动应力以内，则累积下沉量在经过一段时间行车后(例如一年)能够逐渐趋于稳定而不会继续发展的。

1. 高速铁路无砟轨道对路基的要求

由于地域不同，路基填料也千差万别，针对高速铁路对填料及压实标准的高要求，一方面要在施工中积累资料，同时需要开展大量的室内外试验研究工作，研究制定填料适用性试验方法与判别标准，建立一套适合我国地域特点，适用于路基设计，施工的填料分类。这就要求在勘测设计阶段和施工前对土源进行详细判别。

工程实践表明，采用优质的填料可以减少路基的后期沉降，且有较高的安全储备，能保证路基稳定。国内外对高速铁路的路基沉降观测结果也表明，采用级配良好的粗颗粒填料可大大减少路堤的后期沉降。铁路路基填料的分类主要依据土类和小于 0.075mm 细颗粒含量两个指标来划分，并考虑与压实要求相关性质和适用条件分成 A、B、C、D、E 五个组，如表 2.2-5 所示。其中，D 组为高液限粉土、粉质黏土、黏土，很少用作填料：E 组为有机土类，不能作为填料。

我国铁路路基填料分类组别 **表 2.2-5**

填料	A 组	B 组	C 组
碎石类	级配良好的碎石、含土碎石	级配不好的碎石、含土碎石，细粒含量为 15%～30%的土质碎石	细粒含量大于 30%的土质碎石
砾石类	级配良好的粗圆砾、粗角砾、细圆 砾、细角砾，级配良好的含土粗圆砾、含土粗角砾、含土细圆砾、含土细角砾	级配不好的粗圆砾、粗角砾、细圆砾、细角砾，级配不好的含土粗圆砾、含土粗角砾、含土细圆砾、含土细角砾、细粒含量为 15%～30%的土质粗圆砾、土质粗角砾、土质细圆砾、土质细角砾	细粒含量大于 15%～30%的土质粗圆砾、土质粗角砾、土质细圆砾、土质细角砾
砂类土	级配良好砾砂、粗砂、中砂，含土砾砂、含土粗砂、含土中砂	级配良好细砂，级配不好的砾砂、粗砂、中砂、细粒含量大于 15%的含土砾砂，含土中砂，含土粗砂	级配不好的细砂，含土细砂，粉砂
细粒土			低液限粉土，粉质黏土，黏土

路基填料和压实质量是控制路基沉降的关键因素，填料选择和压实质量控制不好，将会加大路基的工后沉降或路基与结构物之间的不均匀沉降。国内有关高速铁路及高速铁路的规范已对无砟轨道路基填料及压实标准进行了严格的限定：基床表层采用级配碎石，基床底层采用 A、B 组填料或改良土；基床以下的路堤应优先选用 A、B 组填料和 C 组的块石、碎石、砾石类填料，当选用 C 组细粒土填料时应根据土源性质进行改良后填筑。设计施工中应严格限制填料粒径，特别是 A、B 组填料。

沿线土质较差地段宜首选远运粗粒土填筑路基，其次是物理改良和级配改良，并慎用、少用化学改良土，化学改良土的水稳定性对路基本体压密沉降的影响程度很难预见，且填筑质量难以保证，因此从经济效应 、工期效应 、环保效应等方面考虑都不宜大量采用。

铁路路基压实质量是保持线路稳定与平顺，保证列车能高速、安全运行的重要条件，而控制和检测压实质量的标准、方法和设备，则是保证压实质量的重要措施。高速铁路铁路路基质量检测参数主要包括地基系数 K_{30}，动态模量 E_{vd}，空隙率 n(或压实系数 K)，变

形模量 E_{v2} 四项指标。

虽然地基系数值 K_{30} 是反映路基土强度及变形关系的参数，但试验的荷载—沉降曲线是一次加载得出的，其沉降包括了填料的弹性变形和塑性变形。变形模量 E_{v2} 的荷载—沉降曲线是在逐级加载后，逐级卸载，再二次加载得出，可认为其沉降(变形)消除了填料的塑性变形，测试结果离散性小，更能反映路基土的真实强度，比地基系数 K_{30} 更科学、更合理。静态变形模量 E_{v2} 和地基系数 K_{30} 都是采用小于 300mm 的静态平板载荷试验仪，通过在压实填土表面作静压试验测得，二者反映的都是静态应力作用下土体抵抗变形的能力，而铁路路基承受的是列车运行时产生的动荷载，采用 E_{vd} 可以有效地反映列车在高速运行条件下产生的动应力对路基的真实作用状况，是高速铁路路基质量检测的发展方向。表 2.2-6 是高速铁路路基填筑质量检测参数 K_{30}、E_{v2} 与 E_{vd} 三项指标的对比情况。

K_{30}、E_{v2} 与 E_{vd} 三项指标的对比 **表 2.2-6**

项目	K_{30}	E_{v2}	E_{vd}
载荷板直径	300mm	300mm	300mm
预加载	0.01MPa(以前 0.035MPa)	第二次加载	三次冲击荷载
与地面接触耦合	一般	好	差
加载等级	0.04MPa	不少于 6 级	动态施加脉冲宽度 18ms
加载控制	当 1min 的沉降量不大于该级荷载沉降量的 1% 时加下一级荷载	120s 后加下一级荷载	
最大荷载或终止试验加载的标准	总沉降量超过 1.25mm 或荷载强度超过估计的现场实际最大接触压力，或达到地基屈服点	0.5MPa 或沉降大于 5mm	7.07kN
计算公式	$K_{30}=\sigma_s/1.25$ σ_s 为 $\sigma-s$ 曲线上 $s=1.25$mm 所对应的荷载	$E_{v2}=0.225/(\alpha_1+\alpha_2\sigma_{0max})$ σ_{0max} 为最大平均标准应力，α_1，α_2 为待定系数	$E_{vd}=22.5/s$，s 为实测荷载板下沉幅值

2. 路基工后沉降

路基的工后沉降，是指轨道工程铺设后在路基荷载和列车荷载作用下，路基发生的剩余沉降，即最终形成的总沉降量与路基竣工铺轨开始时的沉降量之差。

在自重(包括轨道结构)和列车荷载的长期作用下，铁路路基避免不了会产生一定的下沉变形，铁路路基沉降组成及其相互关系如图 2.2-2 所示。就时间而言，路基沉降可分为路基在填筑过程中至竣工验收前所产生的沉降，以及路基在铺轨完成后所产生的沉降即所谓工后下沉。路基施工沉降是在路基施工过程中产生的沉降，不会影响实际的工程实施，因为总要填筑到设计标高后，才会进行铺轨工程的施工。由于工后沉降是指铺设无砟轨道后出现的，因而不能通过路基工程本身克服的沉降，将会对后期的运营产生较大的影响，是路基沉降的重点控制对象。高速铁路路基沉降控制的主要目的是控制路基的工后沉降，以确保高速列车的行车安全，尽量满足旅客对舒适度的要求，并减少日常维修工作。

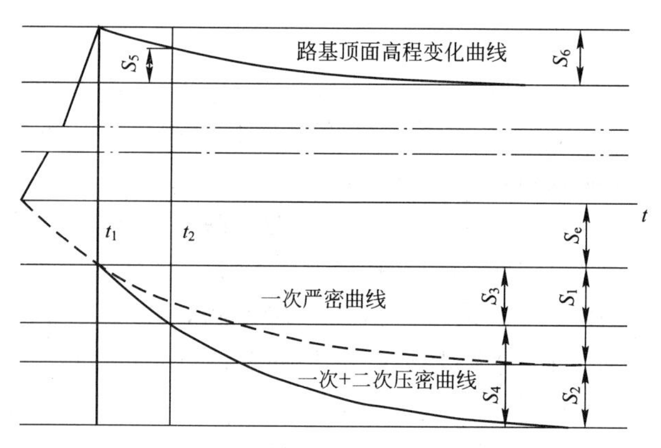

图 2.2-2 铁路路基沉降组成及其相互关系

(1) 工后沉降控制标准

在汲取国外沉降控制经验的基础上，围绕线路运营、结构允许变形，从路基竣工后扣件可调整的总沉降量，20m 结构长度范围内的不均匀沉降、路基与桥涵之间差异沉降形成的错台，以及轨道结构单元之间形成的折角等多方面对路基变形都作出了严格规定，如表 2.2-7 所示。

路基工后沉降控制标准 **表 2.2-7**

设计速度(km/h)	轨道结构类型	一般地段工后沉降量(mm)	过渡段工后沉降量(mm)	沉降速率(mm/a)
250	有砟轨道	100	50	30
300/350	有砟轨道	50	30	20
250/300/350	无砟轨道	工后沉降≤15mm；长度大于 20m 沉降比较均匀路基，工后沉降量≤30mm，且 $R_{sh} \geqslant 0.4V_{sj}$。 路桥、路隧间差异沉降≤5m，折角≤1/1000		

(2) 路基工后沉降组成分析

1)路基填土在自重及上部荷载作用下产生的压密沉降，这部分沉降与路堤填料和压实质量有密切关系，国外高速铁路的经验和实测资料表明，路堤填土压实压密沉降主要是与路基填筑施工的压实密度相关，该部分沉降一般在路堤竣工后一年左右时间内完成，若施工组织安排合理，并有一定的放置工期，路基本体的压密沉降可不计入工后沉降；2)路基基床在动荷载作用下的弹性变形和累积塑性变形，这部分沉降与列车轴重、运行密度、轨道结构以及基床表层质量有关，由于高速铁路对路基基床结构提出了特殊要求，在列车动荷载作用下一般小于 5mm；3)地基在轨道、路堤自重及列车作用下的残余沉降，这部分是工后沉降的主要组成部分，特别是当地基为软弱黏性土时，沉降量大，完成时间长，如果不采取有效的控制措施，下沉量高达数十厘米，时间长达数十年。

(3) 控制工后沉降的主要途径

高速铁路路基沉降控制的主要目的是控制路基的工后沉降，以确保高速列车的行车安全，尽量满足旅客对舒适度的要求，并减少日常维修工作。

同普通铁路、高速公路相比较，客运专线路基工后沉降控制标准要严格得多。在路基工后沉降控制设计中，除传统的软土、松软土地基外，还需对可能发生较大沉降变形或不均匀沉降的进行加固处理。高速铁路路基沉降控制，体现在以下几个方面。

1）施工控制

路基施工是路基沉降控制的主要内容，列车的高速运行必须建立在线路高平顺的基础上，沉降主要通过施工进行控制，通过验算分析，综合确定加固措施，确定施工工艺和参数。路基基床以下路堤一般采用大型机械法，按照基底处理（CFG 桩和 PHC 管桩处理）、分层填筑、摊铺碾压、路基整修等步骤施工。对于高速铁路而言，不同的地质情况、不同的施工条件，会有不同的路基施工方案；但通过计算，都必须有效地控制路基沉降。

2）时间控制

即使在施工中已针对沉降进行了严格的控制，但在预压土预压完毕的一段时间内还是会有相对较大的不均匀沉降，之后才变成速率较小的均匀沉降，所以路基填筑完成或施加预压荷载后应有不少于 5 个月的观测和调整期。经过评估路基工后沉降不能满足设计要求时，应延长观测期或采取必要的加速或控制沉降的措施。

3）措施控制

当路基沉降控制依然无法达到设计要求，评估不能通过或者因为工期紧张等原因不能满足线上施工和铺板时，可以采用一定的措施加速沉降或稳固地基基础。常用的方法有垫层法、强夯法、水泥搅拌桩等。

（4）工后沉降的控制步骤

1）施工前的控制措施

① 制定控制标准

制定控制标准是进行工后沉降控制的基础，在施工前应根据设计规范要求的沉降值以及具体可能采用的施工工艺制定好沉降控制标准。

② 加强地质普查

在施工前根据设计文件，除对设计进行加固外（粉喷、碎石、CFG、压填片石、换填普通土等）软土地段地质情况进行核查外，还应对其他地段进行地质调查，并要求所有路基基底均应进行贯入试验，当试验值不能满足基底要求时，应及时与设计部门联系，采取相应的基底加固措施，以确保路基基底承载力满足设计要求。

2）施工过程中的控制措施

① 制定施工工艺标准

根据工后沉降的设计及规范要求，结合施工单位的施工机械、填料、施工方法等，首先进行试验段的填筑，尤其是地基处理、过渡段施工等应进行试验，根据试验参数，制定合理的确保填筑质量的施工工艺标准，在路基填筑施工过程中必须严格按照制定的工艺标准实施。

② 加强路基基底处理

根据设计，对软土路基地段按照要求进行加固处理，注意在加固过程中必须严格按照设计施工。加固范围必须满足设计要求，路基基底加固完成后，必须找有资质的部门进行检验，基底承载力满足设计要求后方准进行路堤填筑工。

③ 做好路基综合排水

路基施工期间及完成后应立即做好综合排水系统，确保施工期间以及运营期间路基排水系统顺畅，路基不渗不冲。

④ 确保路基边坡稳定，控制边坡填筑质量

在路基填筑过程中，边坡也是一个软弱点，为确保边坡质量，在施工过程中采取超宽填筑（一般超宽50cm）、边坡夯拍，路基填高达到一定高度的，路基边坡铺设土工隔栅进行加固，路基大于2.5m的，应全部采用骨架护坡进行防护，并全部进行绿化，以确保边坡稳定，避免边坡填筑不实造成自然下沉、冲刷滑坡等现象。

⑤ 做好桥涵、堤堑过渡段的处理

由于桥涵为刚性结构物，路基为柔性，桥涵不会发生下沉现象，路基一定会产生工后沉降，因此必须做好桥涵过渡段的填筑。桥涵过渡段一般采取级配碎石进行填筑，在填筑过程中必须与路基同步施工，并严格按照规范要求进行填筑，做到强度、刚度变化的平稳过渡。

3）加强路基沉降分析与预测

① 沉降问题包括填方路堤本身的沉降、地基的压缩变形以及地基的湿陷变形，各类变形均包括沉降量与沉降过程两个方面。

② 工后沉降量的延续时间考虑在实测曲线拟合的基础上外延预估，与计算值对比分析。实测曲线的拟合常用三点法和双曲线法。为了分析沉降过程，按固结理论计算得到瞬时加载的沉降—时间曲线，按加载过程采用实际填筑高度—时间关系进行修正，由修正后的曲线预估工后沉降及其完成所需的时间。

③ 沉降分析、预测采用半经验半理论模式，根据实测资料不断调整计算参数、模型，使预测与实测尽量吻合，确保实际工后沉降满足要求。

④ 积极开展地质核查、沉降预测等专题研究，以科研成果指导沉降分析、预测。

4）做好路基沉降观测

① 路基沉降观测的主要目的是确定无砟轨道工程的施工时间及工后沉降量，确保工后沉降量满足要求。

② 地基沉降观测采用在地基表面埋设沉降板加接杆测试，路基沉降采用在路基表面埋设沉降板、观测桩测试，路堤和地基深层沉降采用钻孔埋设沉降磁环分层测试。

③ 沉降观测以二等几何水准测量高程，观测精度不低于1mm。采用精密水准仪、铟瓦水准尺。观测做到四个固定：固定观测人员；固定仪器及水准尺；固定后视尺读数；固定测站及转点。

④ 每次观测完毕，及时绘制沉降点的时间—填土高度—沉降量的关系曲线。

（5）工后沉降控制的现有技术措施

目前工后沉降控制技术大体可概括为以下几个方面的措施：

1）严格控制标准。

2）采用更有效的地基处理方法。高速铁路多采用复合地基法，并大量采用桩网结构和桩板结构。

3）大幅提高路基填筑质量标准。路基基底、填料和压实标准大幅度提高，采用级配碎石基床表层等新结构，用 K_{30}、压实系数 K、变形模量 E_{v2}、动态变形模量 E_{vd}、孔隙率 n 中的多项指标综合控制，要求严格。

4）以桥代路，路基的比例大幅度减少。路桥等不同结构物间设置过渡段。

5）大量采用无砟轨道，利用无砟轨道有效解决线路的初始不平顺、动不平顺性等问题。

6）动态监控手段的运用。高速铁路修建的过程埋设大量的变形观测元器件，对变形的情况进行监测，结合动态设计，采取有效的措施来保证工后沉降控制的有效性。

7）采用预压等手段，增加放置时间，考虑以时间换空间。

3. 路基沉降监测

（1）路基沉降监测的目的

由于路基沉降的计算与分析涉及勘测、设计、施工、质量检测等诸多环节相关联，其计算精度仅能作为估算要求，不足以满足无砟轨道路基沉降的控制要求，路基沉降的控制，应以施工过程的现场监测数据进行分析。因此，路基应根据不同的地基条件、不同的结构部位设置相应的沉降监测剖面，开展施工期间系统的沉降监测与评估分析，以满足路基沉降的控制要求。路基施工期间系统的沉降监测是轨道路基施工质量的重要前提。通过路基沉降的现场观测，一方面可监测填土施工过程中地基的稳定性，从而控制填土速率；另一方面可据以推测地基的沉降变形规律，推算路基的最终沉降并判断是否满足规范要求，及时采取沉降控制措施，保证地基的工后沉降满足要求。若在观测期内，路基沉降实测值超过设计值的20%及以上时，则需及时查明原因，必要时进行地质复查，并根据实测数据调整计算参数，对设计预测沉降进行修正或采取有效的沉降控制措施。

（2）路基沉降的监测内容及要求

高速铁路尤其采用无砟轨道技术的高速铁路，其轨道施工对路基的工后沉降要求十分严格，如果沉降控制达不到设计要求，会造成轨道板大部分甚至全面返工、列车停运的严重后果。将不能进行无砟轨道的铺设，工后沉降量是控制无砟轨道施工的重要控制条件。

路基工程施工应按设计要求进行地基沉降、侧向位移的动态观测。观测基桩必须置于不受施工影响的稳定地基内，并定期进行复合校正。观测装置的埋设位置应符合设计要求，且埋设稳定。施工中应保护好观测桩及观测装置。

根据不同的路基高度，不同的地基条件，不同的结构部位等具体情况设置沉降监测剖面，且监测范围应涵盖所有沉降发生的路基地段。沉降动态变形监测的内容包括路基面沉降监测、路基本体沉降监测、基底沉降监测、深厚层地基分层沉降监测、软土地基水平位移监测、复合地基加筋(土工格栅)应力应变监测共六个方面。路基面监测点是变形监测的重点部位，同时为评价沉降的发生与发展规律，预测总沉降量及工后沉降完成时间，还必须在路基填层中以及路基基底布置监测点。路基面的沉降观测主要通过沉降观测桩来监测；路基基底的沉降观测主要通过单点沉降计、沉降板来监测；路堤本体的沉降观测主要通过剖面沉降管来监测。

基底沉降监测与路堤本体沉降监测在一般路基(非试验段路基)地段监测点可同时布置于路基基底和基床底层顶面；分层沉降监测、加筋(土工格栅)应力、应变监测按不同的工程地质地貌单元，选择代表性地基类型工点进行；基底沉降监测与路堤本体沉降监测在一般路基(非试验段路基)地段监测点建议一同布置于路基基底和基床底层顶面。

1）沉降观测基本要求

测量仪器、设备精度满足观测进度和精度要求，并保持相对稳定。利用一台二等水准仪及水准尺配3m铟钢尺，并校正合格。成立专职技术人员组成的沉降观测小组，测试人员技术素质合格，人数足够，且保持相对稳定。

水准网布设符合测量规范，结实不宜破坏，并与施工作业面保持一定距离，以免施工影响。水准网内水准点应不少于3个。水准网应定期复核，避免误用。

为保证施工过程中沉降观测桩不被破坏，对施工负责人，工程机械司机及运输车司机进行沉降观测重要性的专项教育，运输车辆在沉降观测桩周围卸土时，设专人指挥倒车，夜间路基填筑施工时沉降观测桩要涂反光材料，确保沉降观测杆不被破坏。如果发现碰撞或丢失，立即补好。

在所有观测桩的位置插上标志旗，以提醒操作人员注意。沉降观测杆周围用打夯机夯实，并重点抽查该处的压实质量。

观测杆太高时，影响观测精度，根据设计要求控制高度，以高出路面0.5m左右为好。

埋设完的沉降板观测杆应随路基填高及时接长加高，在接长时要牢固，丝扣旋紧，消除接管误差。

2）路基沉降监测的技术要求

沉降监测剖面的设置及观测内容、元件的布设应根据不同的地基条件，不同的结构部位等具体情况，结合沉降预测方法和工期要求综合确定。路基底沉降观测断面沿线间距一般不大于200m，并要求每个断面埋设1～2个沉降板；路基面沉降观测断面的间距一般不大于50m，地势平坦、地基条件均匀良好的路堑和高度小于5m的路堤可放宽到100m，要求每断面布设3个观测桩；对地形、地质条件变化较大地段应适当加密观测断面。

外业测量一条路线的往返测量使用同一类型仪器和转点尺垫，沿同一路线进行。观测成果的重测和取舍按《国家一、二等水准测量规范》(GB/T 12897—2006)有关要求执行。

观测做到四个固定：固定观测人员；固定仪器及水准尺；固定后视尺读数；固定测站及转点。数据处理时，闭合差、中误差等均满足要求后进行平差计算，主水准路线进行严密平差，选用经鉴定合格的软件进行。

高速铁路路基沉降监测类型应根据路基填筑高度、路基结构、地基条件以及监测内容等因素确定，大致可分为7种类型，分别是：

① 一般路堤地段沉降监测(A型)；

② 一般软弱土地基路堤地段沉降监测(B型)；

③ 深厚覆盖层地基地段沉降监测(C型)；

④ 低填浅挖路基地段监测(D型)；

⑤ 过渡段路基沉降监测(E型)；

⑥ 岩溶路基沉降监测(F型)；

⑦ 路堑地段的深层沉降监测(G型)。

当路基基底或下卧压缩层为平坡时，路堤主监测断面为线路中心；当地表或下卧压缩层横坡大于20%时，在填方较高侧或压缩层厚侧还应增加监测点。

高速铁路沉降变形观测开始，最少时间为6个月，在无砟轨道铺设后12个月完成。路基沉降整个检测过程可分为四个阶段：第一阶段为路基填筑施工期间的监测，主要检测路基施工填筑期间地基土的沉降以及路堤坡脚边桩位移；第二阶段为路基填土施工完成后，自然沉落期及摆放期的变形监测，该阶段应对路基面沉降、路基填筑部分沉降以及路基基底沉降进行系统的检测，直到工后沉降评估可满足要求铺设无砟轨道为止；第三阶段为铺设无砟轨道施工期的监测；第四阶段为铺设轨道后及试运营期的监测。

(3) 合理选择观测设备

沉降观测设备常用的有沉降板、剖面沉降管、观测桩、定点式剖面沉降测试压力计等，但各种观测设备均有其优缺点。通过近几年在无砟轨道高速铁路沉降观测中的应用，剖面沉降管虽然易于保护，且能够量测出路基横断面的沉降趋势，但精度较低；沉降板、观测桩精度较高，但在施工中易被破坏；定点式剖面沉降测试压力计是一种易于保护且测量精度相对较高的新型设备，已在某些高速铁路中采用。因此在一个观测断面中应布置2种以上观测设备，这样有利于测点看护，便于集中观测，统一观测频率，更重要的是便于各观测项目数据的综合分析。

随着高速铁路对路基沉降观测要求的提高，自动化监测设备得以广泛应用。以结构沉降物位传感自动监测系统为例，对其进行简要介绍。

结构沉降物位传感自动监测系统主要由三部分构成，包括现场测量设备、数据处理中心和数据显示终端，物位计的精度可达0.1mm。其不但适用于铁路路基，在高速公路、地铁、桥梁、隧道等领域同样适用。

结构沉降物位传感自动监测系统的现场测量设备是由多个物位计结构沉降自动监测物位计、基准点物位计、液箱、设备箱、数据远程传输设备等组成。物位计是基于液面高差压力来识别结构的相对高程变化，通过气、液体管线与数据线等连接至设备箱和液箱，设备箱中有数据采集设备、数据传输设备与电源供电系统。采集的数据无线传输至数据接收设备存储。

数据处理中心是物位计结构沉降自动监测系统的核心，它具有远程传输控制功能、数据分析、修正补偿和数据管理功能、预警功能、数据存储及查询功能。数据处理中心使数据精准可靠，并由数据发布服务器发布测量数据结果。

结构沉降物位传感自动监测系统可以使用多种方式向客户提供测量结果，分别是WEP手机监测终端、WEB浏览器服务终端、CLIENT客户终端以及现场的USB连接终端，确保监测单位实时掌握现场结构沉降变形状态，适时控制施工速度或者对运营中的结构及时采取保护措施。

结构沉降物位传感自动监测系统具有如下优点：

1）高灵敏度、高精度、高可靠性、高稳定性。

2）生产过程中采取多级防护措施实现防水、防潮、防腐，适应各种恶劣环境，适合长期监测。

3）模块化封装，简化安装与测量过程，直接输出被测物理量，方便快捷。

4）采用数据远距离传输，抗干扰能力强，实现全自动远程监测。

5）精确的多参数测量数据实时记录工程进度，软件系统一键实现对测量数据的记录、分析、处理并可图像显示，使监测工作变得简单、直接。

在高速铁路路基的沉降监测控制中采用自动化监测系统，可实时测得沉降值，并可推算预测结构项目的沉降变化，保证施工质量的同时，优化施工方案以及节约成本。

此项技术在京沪高铁廊坊段路基施工、北京地铁盾构下穿京承铁路、京九铁路和京沪高铁桥梁段得到了成功应用，对信息化指导施工起到了非常重要的作用。

（4）观测元件埋设说明

1）沉降观测桩：选择ϕ20mm钢筋，顶部磨圆并刻画十字线，底部焊接弯钩，待表层级配碎石施工完成后，在观测断面通过测量埋置在设计位置，埋置深度不小于0.3m。桩周0.15m用C15混凝土浇筑固定，完成埋设后测量桩顶标高作为初始读数。

2）沉降板：由底板、金属测杆（ϕ20 镀锌铁管）及保护套管（ϕ49PVC 管）组成。钢筋混凝土底板尺寸为 50cm×50cm，厚 3cm 或钢底板尺寸为 30cm×30cm，厚 0.8cm。

① 位置应按设计测量确定，埋设位置处可垫 10cm 砂垫层找平，埋设时确保测杆与地面垂直。

② 放好沉降板后，回填一定厚度的垫层，再套上保护套管，保护套管略低于沉降板测杆，上口加盖封住管，并在其周围填筑相应填料稳定套管，完成沉降板的埋设工作。

3）测量埋设就位的沉降板测杆杆顶标高读数作为初始读数，随着路基填筑施工逐渐接高沉降板测杆和保护套管，每次接长高度以 0.5m 为宜，接长前后测量杆顶标高变化量确定接高量。金属测杆用内接头连接，保护套管用 PVC 管外接头连接。

4）位移边桩：在两侧路堤坡脚外 2m 及 12m 处各设一个位移观测边桩。位移观测边桩采用 C15 钢筋混凝土预制，断面采用 15cm×15cm 正方形，长度不小于 1.5m。并在桩顶预埋 ϕ20mm 钢筋，顶部磨圆并刻画十字线。边桩埋置深度在地表以下不小于 1.0m，桩顶露出地面不应大于 10cm。埋置方法采用洛阳铲或开挖埋设，桩周以 C15 混凝土浇筑固定，确保边桩埋置稳定。完成埋设后采用经纬仪（或全站仪）测量边桩标高及距基桩的距离作为初始读数。

5）沉降观测操作要求

① 为了观测到各部位的沉降，从路基填土开始，沉降观测也随即进行。预压地段按照相关要求在基床底层顶面设置临时沉降观测桩，非预压地段，此时基床表层的级配碎石也未填筑，在路基中心及两侧各 2m 范围内设置临时沉降观测桩。临时沉降观测桩的材质，埋置要求及观测标准与正式的沉降观测完全相同，待预压土卸载时。临时沉降观测桩随之拆除或废弃沉降板测杆随之降低，待基床表层的级配碎石铺设完成后，按照相关要求埋设正式的沉降观测桩，开始观测路基沉降。

② 沉降板随着预压土的填筑而接高，随预压土的卸载而降低，观测连续进行，剖面沉降管和位移观测桩不受预压土的影响。

③ 沉降设备的埋设是在施工过程中进行的，施工单位的填筑施工要与设备的埋设做好协调，做到互不干扰、影响。观测设施的埋设及沉降观测工作应按要求进行。不能影响路基填筑质量。

④ 观测过程中发现异常及时查明原因，尽快妥善处理。

⑤ 路基填筑过程中应及时整理路堤边桩位移及中心沉降观测点的沉降量。当边桩水平位移大于 5mm/d，垂直位移大于 10mm/d，路堤中心地基处沉降观测点沉降量大于 10mm/d 时，应及时通知项目部，并要求停止填筑施工，待沉降稳定后再恢复填土，必要时采用卸载措施。

⑥ 资料整理要求

a. 均采用统一的路基沉降观测记录表格，做好观测数据的记录与整理，观测资料应齐全、详细、规范，符合设计要求。

b. 所测数据当天及时按照沉降评估单位规定的格式输入电脑，并进行分析，整理，核对无误后在计算机内保存。

c. 按照提交资料要求及时对测试数据进行整理、分析、汇总，及时绘制路基面、填料及路基各项观测的荷载—时间—沉降过程曲线。

6）沉降观测时间、频率

合理确定观测频次。

观测频次太低，容易漏掉某些关键观测时间段；太高则导致数据起伏太大，沉降曲线不易拟合，给评估工作造成困难。一般沉降观测频次以一周左右为宜，当环境条件发生变化(如下雨、耕地浇灌、抽取地下水等)或数据异常时应及时观测。京津城际轨道交通工程在沉降观测过程中就出现下雨前后沉降出现突变的现象。

路基填筑过程中，连续填筑的路基边桩及沉降每天进行 1 次观测，在沉降量较大的情况下，每天观测 2～3 次；边桩及沉降在施工期间每天应进行一次观测，在沉降量突变的情况下，每天应观测 2～3 次。当两次填筑间隔时间较长时，每 3d 至少观测一次。当沉降速率变大时，增加观测频率。根据观测结果整理绘制“填土高—时间—沉降量”关系曲线图，分析土体的沉降和侧向位移发展趋势，判断地基的稳定性，发现异常情况及时处理。路基填筑至设计高程，在路肩设观测桩，与边桩和沉降同步进行观测。路堤经过分层填筑达到预期高程后，在预压期的前 2～3 个月内，每 5d 观测一次；三个月后 7～15d 观测一次；半年后一个月观测一次，一直观测到预压末期，根据观测结果整理绘制“荷载—时间—沉降量”关系曲线图，推算剩余沉降，判断沉降是否稳定、剩余沉降能否满足工后沉降要求，确定能否卸载。

当路堤中心线地面沉降速率每昼夜大于 10mm，或坡脚水平位移速率每昼夜大于 5mm 时，应立即停止填筑，待观测值恢复到限值以内再进行填筑。

路基填筑至设计高程后，应按设计在路肩设观测桩，与边桩和沉降同步进行观测，通过测量路肩观测桩的高程变化，确定路基面的沉降量。

沉降观测资料应及时整理、汇总分析，并提供给相关单位作为工后沉降评估的依据。

竣工验交时，沉降观测设施和观测资料应与工程同时移交给工程接收单位。

7）沉降观测资料的应用

① 提供动态设计

沉降观测资料要及时整理、汇总，当发现非正常沉降或沉降值、沉降速率超过设计、放置期间沉降不能稳定时，必须及时分析原因，提交设计单位重新评价采取的工程措施，进行动态设计。

② 控制填筑速率

沉降观测结果满足地面沉降速率(10mm/d)和坡脚水平位移(5mm/d)要求，施工组织可加快填筑速率，给填筑后的路基留有足够的沉降观察分析时间；否则，需要停工，分析原因，必要时采取卸载措施，防止地基失稳。

③ 推算总沉降和剩余沉降量

利用沉降观测实测成果的曲线推算最终沉降量及剩余沉降量的方法较多，常用的有双曲线法、修正指数函数法、对数曲线法等，每种方法由于对实测资料的利用阶段不同，对各实测曲线的适用性也并不完全一样，而且不同的地基加固方法、沉降观测时间的长短以及初始时间的选择等都会对推算精度产生影响。由于工期的限制，预压时间通常较短，现场推算时，宜采用多种方法，在预压期间每月整理观测资料，绘制沉降曲线，推算总沉降量，计算剩余沉降，与上月推算结果比较，使沉降推算精度逐步提高。

④ 合理选择评估方法

沉降评估一般采用曲线拟合法，曲线拟合又分指数曲线、双曲线、修正指数曲线、修正双曲线、三点法等多种，通过京津城际轨道交通工程、郑西高速铁路等铁路的沉降评估工作，推荐采用修正双曲线法为主要评估分析方法，同时可采用其他方法中的一种或几种进行对比分析。修正双曲线法具有较好适用性，并且可预测在未来某个时间点施加荷载后产生的沉降，同时从大量分析结果看，修双曲线法预测的结果一般偏大，而无砟轨道路基沉降要求标准高，选用修正双曲线法其结果偏于安全，是比较适宜。

2.2.3 土工合成材料

土工合成材料是土木工程应用的合成材料的总称。作为一种土木工程材料，它是以人工合成的聚合物(如塑料、化纤、合成橡胶等)为原料，制成各种类型的产品，置于土体内部、表面或各种土体之间，发挥加强或保护土体的作用。《土工合成材料应用技术规范》(GB 50290—1998)将土工合成材料分为土工织物、土工膜、土工特种材料和土工复合材料等类型。

土工织物突出的优点是重量轻，整体连续性好(可做成较大面积的整体)，施工方便，抗拉强度较高，耐腐蚀和抗微生物侵蚀性好。缺点是未经特殊处理，抗紫外线能力低，如暴露在外，受紫外线直接照射容易老化，但如不直接暴露，则抗老化及耐久性能仍较高。

土工膜的不透水性很好，弹性和适应变形的能力很强，能适用于不同的施工条件和工作应力，具有良好的耐老化能力，处于水下和土中的土工膜的耐久性尤为突出。土工膜具有突出的防渗和防水性能。

土工格栅是一种主要的土工合成材料，与其他土工合成材料相比，它具有独特的性能与功效。土工格栅常用作加筋土结构的筋材或复合材料的筋材等。土工格栅分为玻璃纤维类和聚酯纤维类两种类型。土工格栅是一种质量轻，具有一定柔性的平面网材，易于现场裁剪和连接，也可重叠搭接，施工简便，不需要特殊的施工机械和专业技术人员。

土工织物、土工膜、土工格栅和某些特种土工合成材料，将其两种或两种以上的材料互相组合起来就成为土工复合材料。土工复合材料可将不同材料的性质结合起来，更好地满足具体工程的需要，能起到多种功能的作用。如复合土工膜，就是将土工膜和土工织物按一定要求制成的一种土工织物组合物。其中，土工膜主要用来防渗，土工织物起加筋、排水和增加土工膜与土面之间的摩擦力的作用。又如土工复合排水材料，它是以无纺土工织物和土工网、土工膜或不同形状的土工合成材料芯材组成的排水材料，用于软基排水固结处理、路基纵横排水、支挡建筑物的墙后排水、隧道排水设施等。路基工程中常用的塑料排水板就是一种土工复合排水材料。

1. 土工合成材料的功能

目前，国内外对土工合成材料的功能进行了归纳和总结，其一致看法是，将土工合成材料的功能归纳为以下六大类：

(1) 过滤作用

把土工织物放置与土体表面或者相邻的土层之间，可以有效地阻止土颗粒通过从而防止由于土颗粒的过量流失而造成土体的破坏。同时允许土中的水或者气体通过织物自由排出，以免由于孔隙水压力的升高而造成土体失稳。

(2) 排水作用

有的土工合成材料可以在土体中形成排水通道，把土中的水汇集起来，沿着材料表面排出土体外。较厚的无纺织物和某些塑料排水管道或具有多孔隙的复合型土工合成材料都可以起到排水的作用。

(3) 隔离作用

有些土工合成材料能够把两种不同粒径的土、砂、石料，或把土、砂、石料与地基或者其他建筑物隔离开来，以免相互混杂，失去各种材料和结构的完整性而发生土粒流失现象。

(4) 加筋作用

土工合成材料埋置在土体中，可以扩散土体应力，增加土体模量，传递拉应力，限制土体侧向位移；还增加土体与其他材料之间的摩阻力，提高土体以及有关结构物的稳定性。土工织物、土工格栅以及一些特种合成材料如土工格室，均具有加筋功能。

(5) 防渗作用

土工膜和复合型土工合成材料，可以防止液体的渗漏、气体的挥发，保护环境或结构物的安全。

(6) 防护作用

为了消减自然现象、环境影响和人类活动对堤坡和岸坡造成的危害，常要采取适当的防护措施。岸坡防护包括河岸、湖岸、海岸等的防水流冲刷，波浪冲击等。

土工合成材料的发展，为上述岸坡防护提供了新的途径，简单地说，只要在被保护土面上覆一层有良好反滤性能的土工织物，压上一定盖重，即能有效地保护岸坡不受水流和波浪等的破坏。

2. 土工合成材料在路基工程中的应用

土工合成材料可设置于岩土或其他工程结构内部、表面或各结构层之间，具有加筋、防护、过滤、排水、隔离等多种功能。在路基工程中主要应用于以下方面：

(1) 将土工织物、土工栅格、土工格室设于软土地基和路基之间，加筋软基路堤，保证路堤的稳定性。

(2) 采用塑料排水板处理软土路基。

(3) 利用土工格栅构筑加筋陡边坡路堤，增强路堤稳定性，节省用地。

(4) 采用土工格栅和复合加筋带构筑加筋土挡墙，采用土工格栅和土工织物构筑加筋土桥台。

(5) 在地基承载力较低的地基上，采用土工网、土工格栅、土工格室结合碎石或砂砾垫层形成加筋垫层，提高地基承载力，满足桥涵等构筑物的要求。

(6) 将土工格栅和土工网铺设于桥头、填挖交界处、新老路基结合部位，处置桥头跳车和路基不均匀沉降。

(7) 采用土工格栅和土工网处理膨胀土等特殊路基。

(8) 将土工垫(三维网)应用于路基边坡上，进行路基边坡的植被防护。

(9) 应用土工膜袋进行临水路基边坡的冲刷防护。

(10) 土工织物包裹碎石形成碎石排水暗沟和渗沟，用于排除地下水。

1) 将软式透水管水平打入路堑边坡中，排除边坡内积水；将其铺设与道路中央分隔带中，进行分隔带排水。

2) 将土工膜、土工织物、土工格室铺设在路基中，进行基床加固与处理。

3）将土工格栅或土工网同锚杆结合，防护路堑边坡。

可见，软基处理加固、加筋土工程(加筋土挡土墙和加筋陡坡)、路堤边坡的植被防护、路基排水、基床加固与处理是目前铁路路基工程应用土工合成材料的主要领域。

3. 土工合成材料在轨道工程中的应用

(1) 轨道结构滑动层

滑动层为桥上CRTSⅡ型板式无砟轨道系统的组成部分，为“两布一膜”结构，即：两层土工布夹一层土工膜，其中下层土工布通过胶粘剂粘在梁面防水层或梁面上。桥上CRTSⅡ型板式无砟轨道通过在全桥连续铺设的底座与梁面间设置滑动层，减小轨道系统与桥梁间的相互作用。

(2) 轨道结构隔离层

高速铁路桥上无砟轨道道床板和底座之间设置土工布，主要起隔离作用，避免桥梁上部结构的变形将力传递致道床板中，同时改善道床板翘曲变形后的受力状态，也具有一定隔热，隔振作用。

(3) 沥青砂浆袋

CRTSⅠ型板式无砟轨道水泥乳化沥青砂浆(简称“CA砂浆”)灌注袋对灌注砂浆起到了定形定位等作用，具有操作简单、效果持久、分解无残留和成本低等优点，已成功应用于武广线、沪宁线、哈大线及广珠线等客运专线。CA砂浆灌注袋用非织造布是以聚合物为原料，利用化纤纺丝原理，聚合物被挤出、拉伸形成连续长丝，经喷丝成网后经过自身黏合、热黏合、化学黏合或机械加固方法直接黏合而制成。

4. 土工合成材料加筋技术

土工合成材料在我国铁路路基工程中已有三十多年的应用经验。实践表明，合理采用土工合成材料加筋(加固)的工程具有良好的工程效益、经济效益和环境效益，并且展现出广阔的应用前景。

(1) 土工合成材料加筋机理

1）界面摩擦作用理论

土与筋材界面存在着摩阻力，约束土体的侧向位移，增大了土体的刚度，提高了加筋土体的强度和稳定性。根据这种理论，就可以用一个摩阻力代表加筋土中筋材的作用，然后按常规无加筋的情况进行稳定计算，接触面摩擦力的大小可以根据作用在界面的正应力和接触面摩擦系数求得。

2）约束增强作用理论

在土体中加筋后，土与筋材界面之间存在剪应力，约束了土体的侧向变形，使接触面上土单元的侧向应力增大了$\Delta\sigma_3$，从而使加筋土体在未加筋前的极限应力状态下仍能处于弹性稳定状态，此时若要加筋土体达到极限平衡而破坏，必须增大主应力σ_1至被动极限平衡时的σ_{1f}，土体加筋前后的极限应力圆如图2.2-3所示。

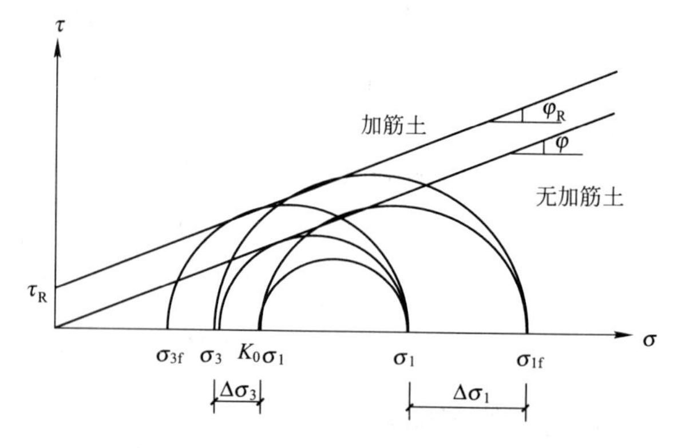

图2.2-3 土体加筋前后的极限应力圆

由图 2.2-3 土体极限应力圆可以看出，加筋土体的抗剪强度和承载能力都明显增强了，加筋土的抗剪强度 $\tau_R=\sigma\tan\varphi_R+c_R$，与无加筋土相比，相当于增大一个黏聚力 c_R，同时加筋土的承载能力增大了 $\Delta\sigma_1$。

$$c_R=\frac{\Delta\sigma_3\sqrt{K_P}}{2}=\frac{R_f\sqrt{K_p}}{2S_y}$$

$$\Delta\sigma_1=\frac{R_f}{S_y}\cdot K_p$$

式中 K_p——常数，与土的性质及筋材特性有关；

R_f——筋材的极限抗拉强度；

S_y——土体中加筋层间距；

φ、φ_R——加筋前后土体的内摩擦角。

3）张力膜理论

如图 2.2-4，当土体在荷载作用（自重和超重）下产生下沉时，铺设于土中的加筋薄膜也产生了垂向挠曲，薄膜的挠度等于接触面处土体的竖向变形。由于加筋薄膜因变形（拉伸）而产生张拉力作用，使其分担了一部分竖向荷载，从而使下层基础的负荷得以减轻。筋材挠度越大，加筋效果越好，并与筋材的埋设位置有关。当筋材下沉时，其上土层也随之下沉，由此，土层中将产生一种“拱效应”，应力被扩散，延迟了土体破坏面的出现。

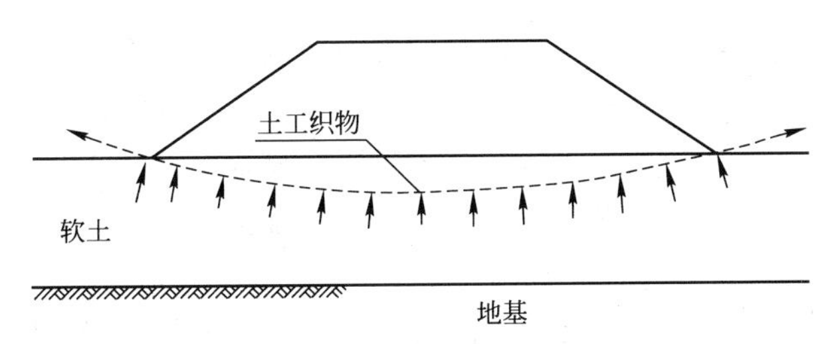

图 2.2-4 土层中的“拱效应”

4）应力扩散理论

如图 2.2-5，加筋垫层使传递到地基中的应力大为减小。因此界面上除摩擦力以外，筋材和砂垫层构成的加筋垫层也对地基承载力的提高起了良好的作用。若筋材的预应变为 2%～6%，则在安全系数的提高中，摩擦作用和应力扩散作用分别约占 15.7%和 44.7%。对于采用土工织物加筋的复合地基来说，应力扩散作用要大于土工织物的抗拉作用。

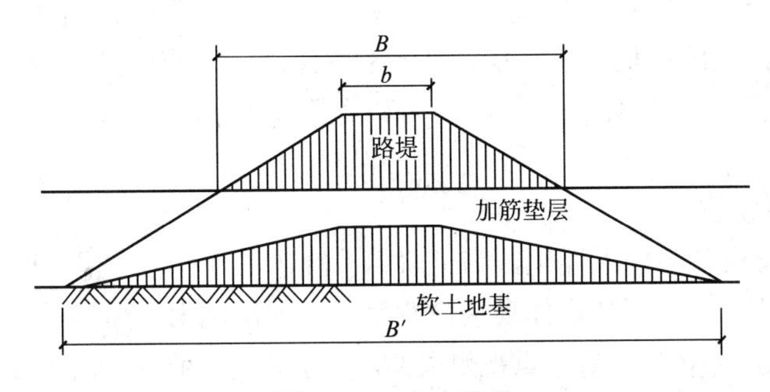

图 2.2-5 应力扩散

(2) 土工合成材料加筋技术应用

1) 路堤加筋

当路堤填料土质较差或路堤边坡较高时，改建铁路或增建二线路堤帮宽条件困难时，受地形限制需要加陡路堤边坡时，均可采用土工合成材料对路堤进行加筋补强。对这类加筋工程，通常是在路堤内自下而上铺设多层高模量的土工织物、土工格栅或土工垫等土工合成材料，来限制填土的侧向位移，以提高路堤的稳定性。

2) 软土地基加筋补强

在软土地基与填土之间铺设一层或多层具有一定刚度和抗拉力的土工织物，其上填筑一定厚度的砂垫层，然后再填筑路堤，可加速软土地基的排水固结和沉降稳定。此外，在路基沉降时产生挠曲变形，使路基底部的土工织物产生拉应力，分担了部分竖向荷载。同时作用于土工织物与地基土间抗剪阻力又能相对地约束地基的位移，从而提高了地基承载力，增加了路堤的稳定性。

3) 台背路基填土加筋

主要是利用土工合成材料与构造物之间的锚固力以及与回填土之间的嵌锁力、界面摩阻力，将结构物与回填土连为一体，以提高其整体性，减少两者之间不均匀沉降。但这种情况只有当地基具有足够的承载力，在填土自重与列车荷载的作用下，路基不致破坏而产生大的沉降时，土工合成材料加筋才会产生明显的效果。

4) 既有线基床加固处理

对基床翻浆冒泥病害整治，通常是在基床表面铺设土工膜或复合土工膜进行隔离与排水。在雨量较少地区、病害程度较轻时，亦可采用300g/m以上的无纺土工织物进行反滤和排水处理；对基床下沉外挤病害，可在基床表层内铺设土工格室，格室内填充砂砾石或合格填料土，以分散基床应力与提高基床的刚度，引排基床积水。

5) 过滤与排水

土工合成材料可以单独或与其他材料配合，作为过滤体和排水体用于暗沟、渗沟、坡面防护等铁路路基工程结构中。

6) 路基防护

路基防护主要包括坡面防护和冲刷防护。土质边坡可采用拉伸网草皮、固定草种布或网格固定撒种；岩石边坡防护可采用土工网或土工格栅；沿河浸水路基可采用土工织物软体沉排、土工膜袋进行冲刷防护。

7) 土工格栅碎石桩加固

碎石桩在软基处理中常用作提高地基承载力、降低压缩量、加速地基固结速度的措施。其加固方法有：在碎石桩外裹一层土工格栅或织物；在距桩顶一定深度范围(2～3倍桩径)内分层水平铺设土工格栅或织物等。可以显著地提高桩的承载力，尤其当桩径比较小时，效果更好。

2.2.4 大跨度特殊桥梁

高速铁路的桥梁设计突出人性化，满足适用、舒适、耐久、环保、便于维修等方面的要求，从而体现经济性。其主要特点体现为：桥梁所占的比例大，高架桥、长桥多；结构的动力效应较大；刚度大，整体性能好；重视耐久性，便于检查，维修；强调结构与环境的协调。

高速铁路的自身特性对设计也提出了新的要求：桥梁具有足够刚度(竖、向、转)，结构变形小；避免结构出现共振和较大振动；结构耐久性的要求、便于检查；力求标准化并简化规格，品种；桥梁与环境协调，满足美观、降噪、减振的要求。

时速 250km 的高速铁路简支梁和连续梁种类较多，简支梁包括单线整孔箱梁、双线整孔箱梁、双线组合箱梁，连续梁包括常用跨度连续梁和大跨度连续梁。

时速 350km 的高速铁路现浇法施工大跨度预应力混凝土连续箱梁均采用悬臂灌筑法施工，适应悬臂灌筑施工法的特点梁体采用变高度，梁底下缘按二次抛物线变化。

1. 高速对桥梁工程的要求

(1) 结构动力性能的要求

由于列车高速运行，桥梁结构承受的动力作用增大，冲击和振动强烈，有可能引发车桥共振，造成灾害。因而，桥梁结构除满足一般的强度要求外，还必须具有足够的刚度，严格限制结构变形，保证可靠的稳定性和保持桥上轨道的高度平顺状态。桥梁设计除进行一般的静力计算外，还要按动态计算方法，进行车桥相互作用的动力仿真分析，使桥梁结构具备良好的动力性能。

(2) 平顺性的要求

为了保证桥上高速列车的安全性、平稳性和旅客乘坐的舒适性，轨道结构对预应力混凝土梁部结构的徐变上拱度和桥梁基础的工后沉降，提出了更加严格的要求。

(3) 轨道的要求

由于铺设无碴轨道桥梁进行起、拨道作业时，在线路水平、高低方向上的调整量十分有限，梁缝两侧的钢轨支点由于支座横向的构造间隙、梁端竖向转角、支座弹性压缩变形以及坡道梁活动支座的水平移动等因素的影响，会产生横向和竖向相对位移，造成钢轨、扣件等局部受力。尤其梁端竖向转角的影响，造成在梁缝处的轨道局部隆起，接缝两侧的钢轨支点分别产生钢轨上拔和下压现象，上拔力大于钢轨扣件的扣压力时将导致钢轨与其下垫板脱开，当垫板所受压应力大于材料疲劳允许应力时将导致垫板发生疲劳破坏。故铺设无砟轨道的桥梁比有砟轨道的桥梁有更高的要求。

(4) 施工的要求

铁路客运专线的桥梁标准高、体量大，桥梁结构形式不同于一般铁路干线的桥梁，从而对桥梁工程施工的制架技术、施工组织和施工工艺都提出了新的要求。

(5) 养护维修的要求

铁路客运专线行车密度大，检查、维修时间有限，任何中断行车都会造成很大的经济损失和社会影响。为此，桥梁结构在构造上应十分注意改善结构的耐久性和使结构便于检查、养护及更换部件，尽可能达到少维修、容易维修。

2. 桥梁结构设计的技术特点

高速铁路行车由于具有高速度并要求高舒适性、高安全性、高密度及连续运营等特点，对高速铁路土建工程提出了极为严格的要求，包括：①竖向刚度限值，各国均用挠跨比表示，中国高速铁路桥梁竖向挠跨比限值为 1/1800～1/1000；②横向刚度限值，通常梁体水平挠度应为计算跨度的 1/4000。

各种形式的桥梁基本都可以在高速铁路中采用，高速铁路根据地形地貌、特殊地质条件、较大跨度、较小结构高度的要求，采用特殊结构的桥梁也很常见。特殊结构桥梁系指常用跨度简支梁和连续梁桥以外的其他一些结构形式的桥梁。迄今为止，国内外高速铁路桥梁中已应用的特殊结构桥梁形式主要有：拱桥、梁桥(连续梁、连续刚构、刚构连续梁桥、V形刚构)、斜拉桥、组合结构桥(简支梁或连续梁与拱组合桥、斜拉刚构组合桥、V形连续刚构——拱组合桥、连续钢桁梁柔性拱组合)等。

特殊结构桥与一般简支、连续梁结构桥相比，更能有效地满足特殊地形地貌、特殊地质条件等要求。因此，当高速铁路桥梁受到铁路桥下净空控制或因抬高线路需要增加工程投资的情况下，特殊结构桥梁可发挥重要作用，特别是当桥梁结构在美观、艺术以及在与景观协调方面有特殊要求时，特殊结构桥梁更能发挥其难以替代的作用。

高速铁路行车要求其下部结构具有较大的抗弯、抗扭刚度。整孔简支箱梁具有受力明确、外形美观、刚度大，建成后养护、维修量少及噪声小等优点，因此在各国的高速铁路建设中得到了广泛应用。

铺设无缝线路的高速铁路简支梁桥，当下部结构的设计纵向水平刚度有较大差别时，以往有人认为，个别刚度较大桥墩的存在对全桥其他桥墩及钢轨的内力会产生不利影响，但是，研究表明，桥墩设计的刚度差限值(15%)可以放宽。PC箱梁的刚度计算和挠度设计是较为麻烦的，要根据受力阶段选取弹性模量值和箱梁翼板尺寸的折减系数。当设计的PC箱梁截面较小、刚度不够大，甚至出现裂缝、挠度较大时，可以采用体外预应力技术。

桥墩台基础的工后沉降要求更加严格，墩台均匀沉降量对于有砟桥面桥梁为30mm，对于无砟桥面桥梁为20mm；外静定结构相邻墩台沉降量之差：对于有砟桥面桥梁15mm，对于无砟桥面桥梁5mm。

3. 桥梁施工技术

以新建铁路广州至珠海城际快速轨道交通工程小榄水道大桥为例，简要介绍其结构特点和采取的主要施工技术。

小榄水道大桥主跨为(100+220+100)m，是V形墩连续刚构—拱组合桥(以下简称V构拱桥)。全桥长420m，桥面宽11.6m，双线。小榄水道大桥全桥布置图和成桥效果图如图2.2-6、图2.2-7所示。

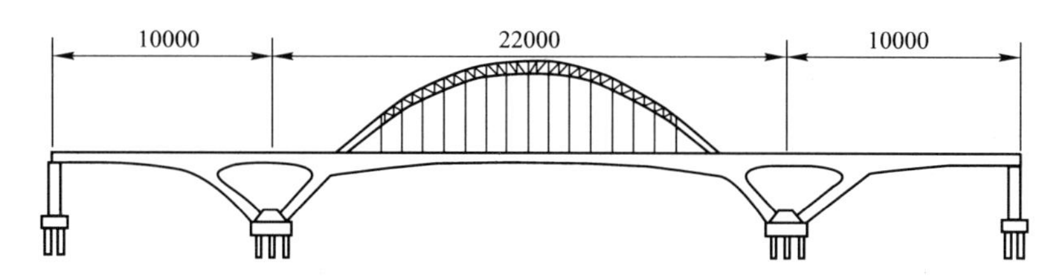

图2.2-6 小榄水道大桥全桥布置图

图2.2-7 小榄水道大桥效果图

小榄水道大桥主梁采用预应力混凝土单箱双室截面，箱梁顶面宽度为11.6m，底板宽10m。桥面横向排水坡为1.5%，由梁的翼缘向箱梁中心位置倾斜，形成V字形，将雨水由排水管排出梁外。主梁支点处梁高采用7.8m，主跨跨中和边跨支座处梁高3.8m，V构内部最小梁高采用4.8m；边跨和中跨腹板厚度由根部向跨中依次是80cm、55cm和35cm，与内腿相交区域内主梁腹板厚度局部改为120cm，呈折线变化，V构内梁段腹板厚度分80cm、55cm两种，呈折线变化；底板厚度由跨中的35cm按1.8次抛物线规律变化到根部的120cm，V构内梁段的底板厚度由跨中50cm按圆曲线渐变到根部的100cm，底板在V构斜腿与主梁固结处附近局部增厚。

V形刚构外侧斜腿与水平面的夹角为34.62°，采用单箱双室箱形截面，横桥向宽10m，高4m，横桥向壁厚1.5m，高度方向壁厚1.2m，中隔板厚1.0m；内侧斜腿与水平面的夹角为46.40°，采用单箱双室箱形截面，横桥向宽13.8m，高4.0m，横桥向壁厚2.0m，高度方向壁厚1.2m，中隔板厚1.5m。

钢管混凝土拱肋采用月牙形N形桁架，在靠近拱脚位置采用变高度哑铃形截面。上、下弦管直径为900mm，壁厚分24mm、22mm和20mm三种，为钢管混凝土结构；腹杆采用$\phi600\times16$mm的空钢管。拱肋的计算跨径$L=160$m，月牙形钢管混凝土拱下弦钢管矢高35m，矢跨比1/4.49，拱轴线为抛物线。

两榀拱肋之间共设7道横撑，靠近拱顶三个横撑为米字撑，其余四道横撑都为K字撑，各横撑由$\phi500\times12$mm、$\phi300\times10$mm、$\phi350\times12$mm、$\phi200\times10$mm的钢管组成，钢管内部不填混凝土。

吊杆顺桥向间距9m，全桥共设15对吊杆。吊杆采用PES(FD)7-73I型低应力防腐拉索(平行钢丝束)，外套复合不锈钢管，配套使用LZM7-73型冷铸镦头锚。吊杆上端穿过拱肋，锚于拱肋上缘张拉底座，下端锚于吊杆横梁下缘固定底座。

(1) 主要技术指标

荷载标准：城际客运专线，兼顾部分长途跨线客车，不办理货运业务；广珠城际快速轨道交通工程桥梁设计的列车活载图式采用0.6UIC荷载图式。静活载如图2.2-8、图2.2-9所示。

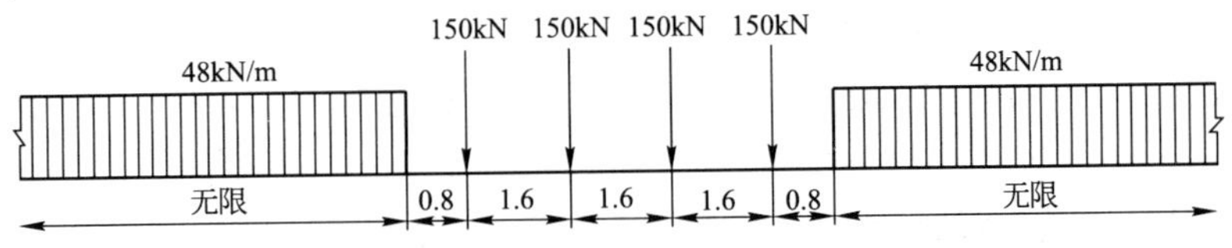

图2.2-8 广珠城际设计列车活载图式(单位：m)

线间距：双线，线间距4.4m。

线路平立面：小榄特大桥主桥对称位于29‰的人字坡上，竖曲线半径为15000m，线路平面为直线。

通航标准：小榄水道单孔双向通航，通航孔净宽180m，通航净高不小于18m。

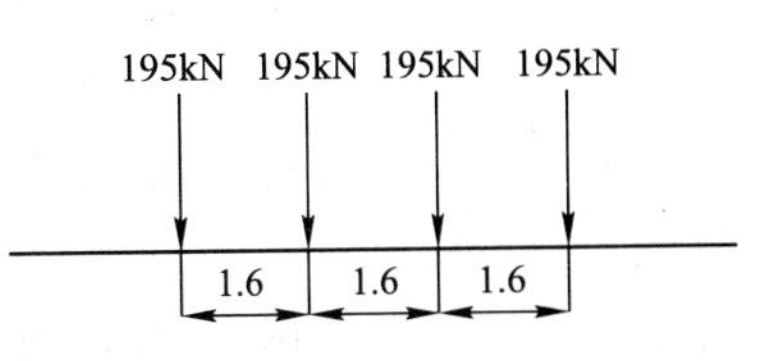

图2.2-9 广珠城际验算列车活载图式(单位：m)

地震烈度：地震基本烈度Ⅶ度。

(2) 施工方法及步骤

小榄水道大桥采用“先梁后拱”的施工方法：先采用临时支撑浇筑V形刚构内外斜

腿，并在内外斜腿间设置临时拉索，改善斜腿的受力及稳定性；待V形刚构三角区施工完成后，主梁采用悬臂施工法逐段浇筑，先合龙边跨，后合拢中跨。中跨合拢后，在主梁上搭设矮支架，拼装拱肋钢管，后竖向转体合拢。具体的施工步骤如下(图2.2-10)：

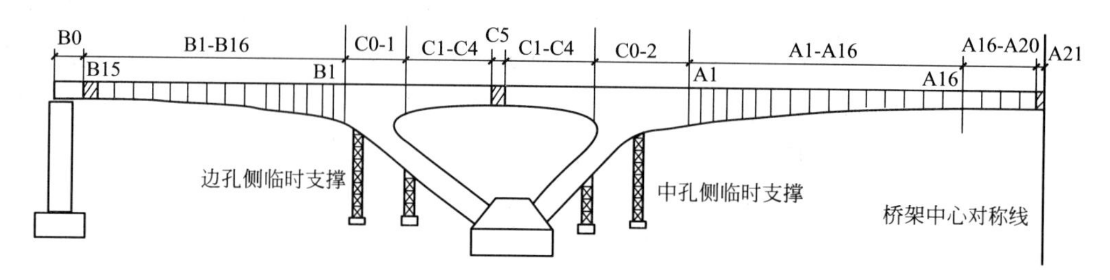

图2.2-10 小榄水道大桥施工步序示意图

1）施工主桥基础、承台及边墩。

2）于主桥中墩两侧各设两个临时墩，在支架上浇筑内外斜腿。

3）在斜腿上设临时支架，浇筑0号段C0-1、C0-2。

4）在临时支架上浇筑V构三角区C1～C5梁段。

5）安装挂篮，对称浇筑A1～A2、B1～B2节段混凝土。

6）拆除斜腿上的所有临时支架和2号、3号临时支墩，只保留1号、4号临时支墩。在边墩旁架设边孔直线梁段临时支架。

7）移动挂篮，依次对称浇筑B3～B15、A3～A15节段混凝土。

8）安装边墩支座，浇筑边孔B0节段混凝土。

9）浇筑边孔B16合拢梁段混凝土。拆除边跨临时墩、边墩旁临时支架和1号临时墩。

10）移动挂篮，浇筑中孔L A16-A20节段混凝土。

11）拆除中孔挂篮，浇筑中孔A21合拢梁段混凝土。拆除所有临时墩和临时系杆。

12）施工拱座。

13）于桥面架设临时支架，拼装拱肋钢管，安装拱肋间横撑。

14）拱肋钢管竖向转体就位。合拢拱顶，固结拱脚。

15）泵送拱肋上下弦管及拱肋缀板内混凝土。

16）安装吊杆，给吊杆施加初张力。

17）施工桥面及二期恒载。

18）调整吊杆力达到设计索力，成桥。

4. 大跨度桥梁施工测量

(1) 桥梁施工平面、高程控制网测量

特大桥、复杂大桥，在CPⅠ或CPⅡ控制点下加密的桥梁控制网精度不能满足桥梁施工测量的精度要求时，应建立独立的桥梁控制网。平面控制测量可结合桥梁长度、平面线型和地形环境等条件选用GPS测量、三角网测量和导线测量。

桥梁独立平面坐标系统应符合下列规定：

1）桥轴线(曲线桥为起端切线)应为X轴方向，里程增加方向为其正向；由X轴顺时针旋转90°的方向为Y轴正向；

2）起算里程值可自行设定，但全桥的X、Y坐标值不应出现负值；

3）平面坐标系统应与CPⅠ控制点或CPⅡ 控制点进行联测，以取得坐标换算关系。

（2）桥梁墩台定位测量

岸上墩台中心点定位可直接利用桥中线两侧的墩旁控制点按光电测距极坐标法进行测量。

水中桥墩基础采用水上作业平台施工时，用光电测距极坐标法或交会法进行墩中心点定位。使用方向交会法测设时，应至少选择三个方向进行交会。水上桥墩基础施工采用单侧(或双侧)栈桥时，则沿栈桥布设与桥中线的平行线，通过岸上桥中线控制点，沿平行线方向用直量法设置墩中心里程点，并与交会法提供的坐标比较，互差的限值为2cm，以直量法为准。

（3）桥梁竣工量测

桥梁竣工测量分两阶段进行，第一阶段是在桥梁墩台施工完毕、梁部架设以前，此时应对全线桥梁墩台的纵、横向中心线、支承垫石顶高程、跨度进行贯通测量，并标出各墩台纵、横向中心线、支座中心线、梁端线及锚栓孔十字线；第二阶段是在梁部架设完成后，此时应对全桥中线贯通测量并在梁面标出桥梁工作线位置。检查桥面平整度、相邻梁端的高差，桥梁长度和梁缝宽度。

2.2.5 大断面隧道开挖及盾构

高速铁路的隧道设计是由限界、构造尺寸、使用空间和缓解及消减高速列车进入隧道诱发的空气动力学效应两方面的要求确定的。研究表明，以上两方面要求中，后者起控制作用。当列车以200km以上时速通过铁路隧道时，空气动力学效应对行车、旅客乘车舒适度、洞口环境的不利影响已十分明显且起控制作用，因此，隧道的设计除须遵照现行《铁路隧道设计规范》（TB 10003—2005）规定及提高防灾救援要求外，还应考虑下列因素：

① 隧道内形成的瞬变压力对乘员舒适度及相关车辆结构的影响；

② 空气阻力的增大对行车的影响；

③ 隧道口所形成的微压波对环境的影响；

④ 列车风对隧道内作业人员待避条件的影响。

在高速运行的条件下，对隧道技术的要求，主要是空气动力学特性方面的。其次才是由于断面的扩大和长大隧道的增加，使得隧道施工难度增加，常常成为全线控制工期的关键工程。

1. 高速铁路隧道的特点

（1）高速铁路的隧道不同于一般的铁路隧道，当高速列车在隧道中运行时要遇到空气动力学问题，主要表现为空气动力效应所产生的新特点及现象。为了降低及缓解空气动力学效应，除了采用密封车辆及减小车辆横断面积外，必须采取有力的结构工程措施，增大隧道有效净空面积及在洞口增设缓冲结构；另外还有其他辅助措施，如在复线上双孔单线隧道设置一系列横通道；以及在隧道内适当位置修建通风竖井、斜井或横洞。

（2）隧道断面大：内净空面积达100m^2，需要开挖面积约160m^2(有仰拱)。大断面隧道的受力情况不利，尤以隧道底部较为复杂，而两侧边墙底直角变化容易引起应力集中，需要对边墙底与仰拱连接处进行加强。

（3）隧道的横断面较大，受力比较复杂，且列车运行速度较高，隧道维修有一定的时间限制，复合衬砌和整体式衬砌比喷锚衬砌安全，且永久性好，故永久性衬砌一般不采用喷锚衬砌。

(4) 隧底结构由于在长期列车重载作用及地下水侵蚀的影响下极易产生破坏，从而引起基底沉陷、道床翻浆冒泥等病害，不但增加养护维修工作量，而且严重影响运营安全，尤其是高速铁路对隧道底部的强度较普通铁路要求更高，且高速铁路隧道的断面跨度较大，因此要求高速铁路对底板厚度和仰拱、底板混凝土强度要求提高。

(5) 隧道渗漏水的危害主要会引起洞内金属设备及钢轨锈蚀、隧道衬砌丧失承载力、隧底翻浆冒泥破坏道床或使整体道床下沉开裂、有冻害地区的隧道衬砌背后积水引起衬砌冻胀开裂、衬砌漏水会引起衬砌挂冰而侵入净空。从运营安全上对隧道防排水要求提高。防水等级要求达到一级。

(6) 提出了隧道衬砌混凝土的耐久性控制要求，工程可靠性和耐久性要求高，设计使用年限要求 100 年，主体结构要求“零缺陷”。

2. 隧道施工关键技术

(1) 以确定合理的初期支护参数、控制塌方，保证隧道施工经济合理、结构安全。

岩石在开挖成洞后，由于受力结构平衡体系的破坏和应力的重分布，应及时采取支护，在隧道的设计过程中都要进行支护参数设计，如何选定既安全有效又节省的支护参数，对隧道塌方的预防起着不可忽视的作用。

隧道是一个线状的隐蔽工程，一些长大隧道往往穿越崇山峻岭，穿过多种岩类，多个构造，跨越几个地质单元，因而隧道本身就十分复杂，施工前设计阶段的地质勘察只能从宏观上分析整个隧道区的基本地质情况，对可能出现的大断层、富水洞段和高应力段没有标识，或由于设备、方法的简陋，对垂直和水平埋深较大的洞段无法进行勘察，造成局部地质资料不足，因此施工过程中的地质预测预报必不可少，由于及时跟进掌子面的地质预测预报，对可能出现的局部地段围岩破碎引起失稳、塌方和可能遭遇的断层、涌沙、涌水都能及时预测清楚，有明确的位置、桩号、规模及发展趋势标识，能及时提醒施工人员采取合理的开挖和支护方法，预防塌方的发生。

(2) 以隧道防排水施工达到预期目的、不产生渗漏水现象保证营运安全。

地下工程防水的设计和施工应遵循“防、排、截、堵相结合，刚柔相济，因地制宜，综合治理”的原则。以防为主、防排结合、因地制宜、综合治理的原则 。

对隧道防排水施工质量控制，从严格按要求对防水材料、排水设施位置及安装过程进行监督检查，严格控制防、排水设施施工工艺如防水层铺挂、焊接、止水带及止水条安设、排水管、盲沟铺设，排水板及环向盲管铺设、中心水沟安装等，并在隧道原设计防排水方案的基础上，根据不同段落地下水出水量及出水点位置，及时作出特殊的防排水措施加强方案，确保地下水排泄畅通，防水措施严密有效，保证隧道完成后不产生渗漏水现象。

(3) 以隧道净空、宽度、平面和纵面指标满足设计、施工规范要求，保证工程外观及内在质量，创优质工程。

3. 隧道施工方法

高速铁路隧道施工的最大特点是开挖断面积大，因而施工难度较大。从目前的施工技术水平出发，适合大断面隧道开挖的方法主要有以下几类：

以爆破开挖为主导的施工方法，如全断面法、台阶法、双侧壁导坑法、中壁法等；

以机械开挖为主导的施工方法，如掘进机法、盾构法、铣挖法等；

爆破与机械开挖想结合的施工方法，如 TBM 导坑超前扩挖法等。

钻爆法开挖隧道分为全断面法、台阶法、中隔壁法、双侧壁导坑法等。各种开挖方法比较见表 2.2-8。

各种开挖方法比较 **表 2.2-8**

施工方法	适用条件	沉降	工期	防水效果	拆除临时支护	造价
全断面法	地层好，跨度≤8m	一般	最短	好	无	低
正台阶法	地层较差，跨度≤12m	一般	短	好	无	低
上台阶临时封闭正台阶法	地层差，跨度≤12m	一般	短	好	小	低
正台阶环形开挖法	地层差，跨度≤12m	一般	短	好	无	低
单侧壁导坑正台阶法	地层差，跨度≤14m	较大	较短	好	小	低
中隔墙法(CD 法)	地层差，跨度≤18m	较大	较短	好	小	偏高
交叉中隔墙法(CRD 法)	地层差，跨度≤20m	较小	长	较差	大	高
双侧壁导坑法(眼镜法)	小跨度，可扩成大跨	大	长	差	大	高

(1) 全断面法

全断面法施工操作比较简单，主要工序为：使用移动式钻孔台车或多功能台架，首先全断面一次钻孔，并进行装药连线，然后将钻孔台车退后至安全地点，再起爆，一次爆破成型，出碴后对整个开挖轮廓进行初喷，钻孔台车或多功能台架在推移到开挖面就位，开始下一个钻爆作业循环，同时，利用支架全断面施作剩余初期支护工作。

在高速铁路隧道中，全断面法主要用于Ⅰ～Ⅲ级围岩采用全断面法施工时，在Ⅳ～Ⅴ级围岩采用全断面法施工时，必须辅以辅助工法，如正面喷射混凝土、打设正面锚杆等。在双线隧道中，由于开挖面积达 140～170m^2，受施工机械作业能力的限制，难以采用全断面法。

全断面法具有以下特点：

1) 开挖断面与作业空间大，干扰小；

2) 有条件充分使用机械，减少人力；

3) 工序少，便于施工组织与施工管理，改善劳动条件；

4) 开挖一次成形，对围岩扰动小，有利于围岩稳定。

全断面开挖应注意以下问题：

1) 摸清开挖面前方的地质情况，随时准备好应急措施(包括改变施工方法等)，以确保施工安全；

2) 各种施工机械设备务求配套，以充分发挥机械设备的效率；

3) 加强各项辅助作业，尤其是加强施工通风，保证工作面有足够新鲜空气。

(2) 下导洞超前法

下导洞一般超前全断面 5～10m，其循环进尺为 2～3m。具有以下优点：

1) 下导洞能起到超前地质预报作用，便于采取应急措施，防患于未然。

2) 当地下水较丰富时，利用超前下导洞降低地下水位效果好，对于大断面隧道尤为适用。

3）下导洞超前法可将爆破对围岩的扰动显著减少，扩挖时爆破临空面大，对围岩扰动也相对较小，从而控制超挖，减少混凝土等支护材料的消耗。

4）便于大型机械出碴、运料。

（3）台阶法

各国高速铁路隧道施工实践证明，台阶法已成为大断面隧道施工的主流施工方法。

台阶法施工就是将结构断面分成两个或几个部分，即分成上下两个断面或几个工作面分步开挖，根据地层条件和机械配备情况，台阶法又可分为正台阶法、中隔墙台阶法等。

综合考虑围岩等级划分中的岩性指标、岩体完整状态等。根据高速铁路大断面隧道自身的力学特征，结合以往类似工程施工经验，台阶法适用于Ⅰ～Ⅲ级硬岩地层和Ⅱ～Ⅲ级软岩地层洞口段、偏压段、浅埋段，Ⅲ～Ⅳ级硬岩地层和Ⅲ、Ⅳ级软岩地层，但应视具体情况采取超前大管棚、超前锚杆、超前小管棚、超前预注浆等辅助施工措施进行超前加固。根据工程实际、地层条件和机械条件，选择合适的台阶方式。

台阶法开挖优点很多，能较早地使支护闭合，有利于控制结构变形及由此引起的地面沉降。上台阶长度一般控制在1～1.5倍洞径，根据地层情况，可选择两步或多步开挖。

以下对常见的台阶法进行简要的介绍。

1）上下两步台阶开挖法

当隧道断面较高，地层较好(Ⅲ～Ⅳ级)时，可以用多层台阶法开挖。台阶长度一般不超过1.5倍洞径。多层台阶法通常用在单层台阶上半断面掘进的导坑尺寸较大、开挖面难以自稳的情况。必须在地层失去自稳能力之前尽快开挖下台阶，支护后形成封闭结构。

一般采用人工和机械混合开挖法，即上半断面采用人工开挖、机械出碴，下半断面采用机械开挖、机械出碴。有时为解决上半断面出碴对下半断面的影响，可采用皮带输送机将上半断面的碴土送到下半断面的运输车中。

2）短台阶法和超短台阶法

短台阶的长度约为15m。这种方法由于上、下半断面的开挖面较接近，两个开挖面作业有干扰，而且存在上半断面出碴打乱开挖循环平衡的问题。上半断面的出碴可用斜坡道、皮带输送机、装载转运机等组合形式。

优点：可缩短支护结构闭合的时间，改善初期支护的受力条件，有利于控制隧道收敛速度和量值，适用范围广。

缺点：上台阶施工干扰较大，不能全部平行作业。当上台阶石碴运输采用悬吊式长皮带输送机时，石碴跨过仰拱施工区段，可减少施工干扰。

超短台阶法的台阶长度约为3～5m，适用于膨胀性围岩和土质围岩需及早封闭断面的情况。在以全断面开挖法为主要方法的硬质围岩中，由于一部分地质条件变化而需要采用分部开挖时，也可用此法。超短台阶法施工时的上、下断面的开挖面是同时掘进的，出碴也是同时进行的。

优点：上下台阶距离小，开挖断面闭合较快，能及时地形成闭合支护体系，有利于控制围岩的变形，在城市隧道施工中能有效地控制地表沉陷。

缺点：上下断面相距较近，机械设备集中，作业时相互干扰较大，生产效率较低，施工速度较慢。

3）中隔壁台阶法

当开挖工作面地层自稳能力较差，上台阶开挖后拱脚支承在未开挖岩体上的自稳时间较短且开挖断面跨度较大时，可采用中隔壁台阶法。

采用中隔壁台阶法开挖时，上台阶开挖长度一般控制在1.5倍洞径以内，并辅之以超前小导管注浆加固围岩、留核心土环形开挖等措施。由于中隔墙的限制，一般上台阶采用人工开挖、人工出碴，下台阶采用机械开挖、机械出碴。

4）临时仰拱封闭台阶法

临时仰拱封闭台阶法是以控制地表和洞内下沉为目的，在整个断面闭合的过程中对分部开挖断面用临时仰拱闭合的方法。

开挖方法上采用上部弧形导坑开挖，留核心土，上导坑初期支护设置大拱脚，并设拱脚支承桩（钢管桩、旋喷桩等），喷混凝土30cm，设临时仰拱，无管棚支护范围设长度6m的锚杆，格栅钢架间距0.5～1.0m。

5）环形开挖预留核心土法

采用环形开挖预留核心土，可防止工作面的挤出，主要适用于单线隧道Ⅳ、Ⅴ、Ⅵ级围岩和双线隧道Ⅲ、Ⅳ级围岩，地下水处于有渗水或股水状态的情况。其开挖方法是上部导坑弧形断面留核心土平台，拱部初期支护，在开挖中部核心土。核心土的尺寸在纵向应大于4m，核心土面积要大于上半断面的1/2。

施工顺序为：人工或单臂掘进机开挖环形拱部，架立钢支撑，挂钢丝网，喷射混凝土。在拱部的初期支护保护下，开挖核心土和下半部，随即接长边墙钢支撑，挂网喷射混凝土，并进行封底。根据围岩变形，适时施作二次衬砌。

施工时要求：环形开挖进尺一般为0.5～2.0m；开挖后应及时施作喷锚支护、安设钢架支撑，每两榀钢架之间采用连续钢架连接，并加锁脚锚杆；当围岩地质条件差，自稳时间较短时，开挖前在拱部设计开挖轮廓线以外，进行超前支护。

环形开挖留核心土具有施工开挖工作面稳定性好，施工较安全，但施工干扰大、工效低等特点。其特点具体如下：

① 重视围岩的自成拱作用，根据量测调整支护参数。

② 可在上部开挖过程中及时探明地质情况，对初支进行调整，在隧道初期支护中，允许围岩进行应力调整和重分布，充分发挥围岩的自承能力。

③ 在初支不满足需要时，可由监控量测反映出来，上半断面支护可加强，化大断面为小断面。

④ 下部断面采用左右侧轮流开挖的施工方法，并将上中下断面拉开一定距离，在拱部的初期支护下，下部开挖及接腿较安全。

⑤ 开挖速度快，在空间上可使用大型机械，工艺转化较方便。

⑥ 对控制变形不利。

6）三台阶七步开挖法

三台阶七步开挖法施工，是指在隧道开挖过程中，分七个开挖面，以前后七个不同的位置相互错开同时开挖，然后分部同时支护，形成支护整体，缩短作业循环时间，逐步向纵深推进的作业方法。采用三台阶七步开挖法，应遵循“先预报、管超前、严注浆、短进尺、强支护、快封闭、勤量测”的施工原则，尽量缩短台阶长度，确保初期支护尽快闭合成环，仰拱和衬砌及时跟进，及时形成稳定的支护体系。

三台阶七步开挖一般包含上部弧形导坑开挖并施作拱部初期支护，再左右错位开挖中、下台阶并及时施作边墙初期支护；及时施作仰拱混凝土，尽早封闭成环。开挖分部平行进行，平行施作初期支护，混凝土仰拱紧跟下台阶及时闭合构成稳固的初期支护体系。

三台阶七步开挖法具有以下优点：

① 施工空间大，机械化程度高(复杂地质情况下可投入较多的劳动力)，可多作业面平行作业，施工速度快，经济效益好。部分软岩地段可以采用挖掘机直接开挖，减少对围岩的扰动。

② 在地质结构复杂多变、软硬围岩变化频繁的隧道施工中，便于灵活、及时地调整施工方法。

③ 能适应不同跨度和多种断面形式，初期支护工序简单，没有需拆除的临时施工支护。

④ 在台阶法开挖的基础上，预留核心土，左右错台开挖，利于掌子面稳定。

⑤ 这种开挖作业法吸收了上下导坑法，侧壁导坑法，台阶法甚至全断面开挖法的内在特点，是集各法之精髓的新型施工方法。

⑥ 三台阶七步开挖法满足了新奥法施工对围岩加强控制的要求。

台阶法开挖优缺点：

① 灵活多变，适用性强。凡是软弱围岩地层，均可采用台阶法，是各种不同开挖方法中的基本方法。而且，当遇到地层变化(变好或变坏)，都能及时变换成其他方法。

② 具有足够的作业空间和较快的施工速度，台阶有利于开挖面的稳定，尤其是上部开挖支护后，下部作业则较为安全。

③ 台阶法开挖的缺点是上下部作业相互干扰，应注意下部作业时对上部稳定性的影响和台阶法开挖会增加围岩被扰动的次数等。

(4) 双侧壁导坑法

双侧壁导坑法也称眼镜工法，也是变大跨度为小跨度的施工方法，其实质是将大跨度分成三个小跨度进行作业。主要适用于地层较差、开挖断面很大的大断面隧道工程。该工法工序较复杂，导坑的支护拆除困难，钢架连接困难，而且成本较高，进度较慢。

该工法主要适用于地层较差的、可采用人工或人工配合机械开挖的Ⅳ、Ⅴ级围岩地层、不稳定岩体和浅埋段、偏压段、洞口段。

双侧壁导坑法施工应符合下列规定：

1) 侧壁导坑形状宜近于椭圆形断面，导坑断面宽度宜为整个断面宽度的 1/3。

2) 侧壁导坑、中槽部位宜采用短台阶法开挖，各部距离应根据隧道埋深、断面大小、结构类型等选取。各部开挖后应及时进行初期支护及临时支护，并尽早封闭成环。

3) 两侧壁导坑超前中槽部位 10～15m，可独立同步开挖和支护；中槽部位采用台阶法开挖，并保持平行作业。

双侧壁导坑法施工的关键在于各工序的施工质量，特别是支承钢架的链接一定要紧密，要加强量测，确保施工安全。

(5) 中隔壁法(CD 法)

中隔壁法在近年来的铁路隧道和城市地下工程实践中，被证明是适用于软弱、浅埋、大跨度隧道开挖的有效方法，它可用于Ⅴ～Ⅵ级围岩浅埋双线隧道。

中隔壁法是指将隧道分为左右两大部分进行开挖，先在隧道一侧采用台阶法自上而下分层开挖，待该侧初期支护完成，且喷射混凝土达到设计强度70%以上时，再分层开挖隧道的另一侧，其分部次数及支护形式与先开挖的一侧相同。

通过隧道断面中部的临时支撑隔墙，将断面跨度一分为二，减小了开挖断面跨度，使断面受力更合理，从而使隧道开挖更安全、可靠。

采用该法进行隧道开挖时，可根据具体情况，将由中隔墙一分为二的左、右断面再在竖向分成两部或三部，从上往下分台阶进行施工。台阶长度一般为1～1.5倍洞径(此处洞径取分部高度和跨度的大值)。先开挖一侧断面的最后一步与后开挖断面的第一步间应拉开1～1.5倍洞径的距离。为了稳定工作面，须采取超前大管棚、超前锚杆、超前小管棚、超前预注浆等辅助施工措施进行超前加固。一般采用人工开挖、人工和机械配合出碴。可适当采用控制爆破，以免破坏已完成的临时支撑隔墙。

(6) 盾构法

盾构法是暗挖法施工中的一种全机械化施工方法，它是将盾构机械在地中推进，通过盾构外壳和管片支承四周围岩防止发生往隧道内的坍塌，同时在开挖面前方用切削装置进行土体开挖，通过出土机械运出洞外，靠千斤顶在后部加压顶进，并拼装预制混凝土管片，形成隧道结构的一种机械化施工方法。

1) 盾构法施工应满足的基本条件

① 线位上允许建造用于盾构进出洞和出碴进料的工作井；

② 隧道要有足够的埋深，覆土深度宜不小于6m；

③ 相对均质的地质条件；

④ 如果是单洞则要有足够的线间距，洞与洞及洞与其他建(构)筑物之间所夹土(岩)体加固处理的最小厚度为水平方向1.0m，竖直方向1.5m；

⑤ 从经济角度讲，连续的施工长度不小于300m。

2) 盾构法的优缺点

盾构法和其他隧道施工方法相比，具有如下优点：

① 安全开挖和衬砌，掘进速度快；

② 盾构的推进、出土、拼装衬砌等全过程可实现自动化作业，施工劳动强度低。

③ 不影响地面交通与设施，同时不影响地下管线等设施；

④ 穿越河道时不影响航运，施工中不受季节、风雨等气候条件影响，施工中没有噪声和扰动；

⑤ 在松软含水地层中修建埋深较大的长隧道往往具有技术和经济方面的优越性。

但对于断面尺寸多变的区段适应能力差；且新型盾构购置费昂贵，对施工区段短的工程不太经济。

3) 盾构机类型

盾构机根据工作原理一般分为手掘式盾构，挤压式盾构，半机械式盾构(局部气压、全局气压)，机械式盾构(开胸式切削盾构，气压式盾构，泥水加压盾构，土压平衡盾构，混合型盾构，异型盾构)。其中土压平衡式盾构应用比较广泛。

4) 盾构法施工步骤

盾构掘进由始发工作井始发到隧道贯通、盾构机进入到达工作井，一般经过始发、初始掘进、转换、正常掘进、到达掘进五个阶段。

其具体施工步骤如下：

① 在盾构法隧道的起始端和终结端各建一个工作井，城市地铁一般利用车站的端头作为始发或到达的工作井；

② 盾构在始发工作井内安装就位；

③ 依靠盾构千斤顶推力(作用在工作井后壁或新拼装好的衬砌上)将盾构从始发工作井的墙壁开孔处推出；

④ 盾构在地层中沿着设计轴线推进，在推进的同时不断出土(泥)和安装衬砌管片；

⑤ 及时向衬砌背后的空隙注浆，防止地层移动和固定衬砌环位置；

⑥ 盾构进入到达工作井并被拆除，如施工需要，也可穿越工作井再向前推进。

5）盾构施工参数控制

盾构采用电子计算机控制系统，能自动控制刀盘转速、盾构推进速度及前进方向，并及时反映掘进中的施工参数。这些施工参数的确定是根据地质条件情况、环境监测情况，进行反复量测、调整和优化的过程，若发现异常需及时调整，因此，对盾构施工参数的管理应贯穿于盾构掘进过程的始终。在盾构施工过程中需要加强对以下几个参数的控制：土压力、出土量、掘进速度、千斤顶推力、盾构掘进姿态。

北京铁路地下直径线工程是国内首次采用盾构的铁路工程，其是联系北京站与北京西站的重要地下铁路线工程。线路自北京站起，于崇文门大街十字路口东侧进入地下，沿前门大街、宣武门西大街往西至长椿街后拐至西便门桥、天宁寺桥、白云路桥北侧，斜穿白云路桥至小马场附近出地面到达北京西站。线路全长 9151m，隧道长 7230m。

工程盾构段长 5175m，采用 1 台 ϕ12.04m 气垫式泥水加压盾构机施工。盾构主要由推进系统、管片拼装系统、泥水循环系统、泥水处理系统等组成。盾构隧道采用管片拼装式衬砌，管片外径 11.6m，厚 550mm，环宽 1.8m，采用错缝拼装，各块间纵、环向采用直螺栓连接。

4. 隧道施工测量

(1) 隧道长度大于 1500m 时，应根据隧道横向贯通精度的要求进行隧道平面控制测量设计；隧道相邻两开挖洞口(包括横洞口、斜井口)间的高程路线长度大于 12000m 时，应根据隧道高程贯通精度的要求进行隧道高程控制测量设计。并建立独立的隧道施工测量平面、高程控制网；

(2) 隧道独立坐标系统应符合下列规定：隧道中线(曲线隧道为主要切线)为 X 轴方向，里程增加方向为其正向；由 X 轴顺时针旋转 90°的方向为 Y 轴正向；起算点的 X、Y 值可自行设定，但全隧道的 X、Y 值不宜出现负值；X 坐标值宜与线路定测里程一致；

(3) 洞外控制测量。洞外平面控制测量宜结合隧道长度、平面线型、地形和环境等条件，采用 GPS 测量或导线测量。洞外高程控制测量应根据设计精度，结合地形情况、水准路线长度以及仪器设备条件，采用水准测量或光电测距三角高程测量；

(4) 洞内平面控制网宜布设成多边形导线环，导线点应布设在施工干扰小、稳固可靠的地方，点间视线应离开洞内设施 0.2m 以上。洞内高程控制点应每隔 200～500m 设置一对。洞内平面控制网(包括洞口 3 个平面控制点)、高程控制网(包括洞口 2 个高程控制点)

应定期检查复测；

(5) 隧道竣工测量的内容是洞内水准基点隧道净空断面测量。

1) 洞内水准基点应在复测的基础上每千米埋设1个，按二等水准测量施测。小于1km的隧道至少应设1个，并在边墙上绘出标志。

2) 隧道直线地段每50m、曲线地段每20m以及其他需要的地方均应测量隧道净空断面。净空断面测量应以恢复后的线路中线为准，可采用断面测量全站仪或自动断面检测仪测绘，测点点位限差为±10mm。

2.2.6 无砟轨道施工

以CRTSⅡ型双块式无砟轨道为例，介绍其施工技术。CRTSⅡ型双块式无砟轨道由钢轨、扣件、双块式轨枕、道床板和支承层(路基地段)或底座(桥梁地段)等部分组成。

1. CPⅢ平面控制基桩控制网测设

CPⅢ基桩控制网主要为铺设无砟轨道提供控制基准，是在CPI、CPⅡ加密控制网基础上采用后方交汇法施测。为保证无砟轨道施工满足线路平顺性要求，CPⅢ控制点分布于线路两侧，纵向间距约为60m，一对点最大里程差不大于1m。

考虑现场实际情况，路基上接触网支柱没有施工的，利用接触网基础建立辅助立柱，然后按照CPⅢ基桩埋设要求布设CPⅢ控制点。

首先利用线路附近的CPⅠ、CPⅡ控制点，在线路内引出3个标准点(图2.2-11)，标准点设在两个基桩之间，并且在两个方向上能观测到2×3个基桩。

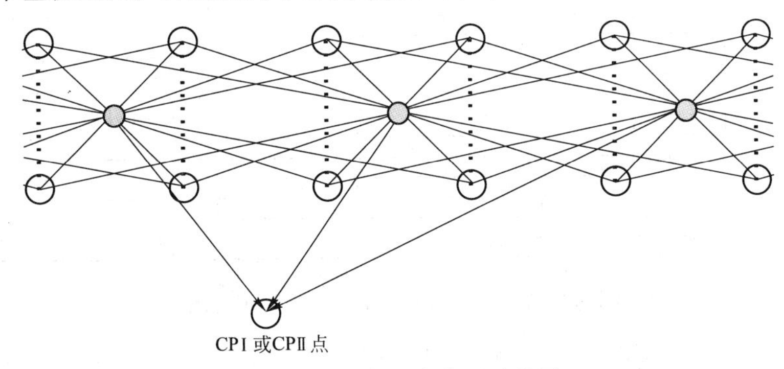

图2.2-11 标准点位置示意图

CPⅠ、CPⅡ加密基桩控制点不能满足要求的，在适当位置设置辅助点，通过辅助点、CPⅠ或CPⅡ控制点测放标准点(图2.2-12)。

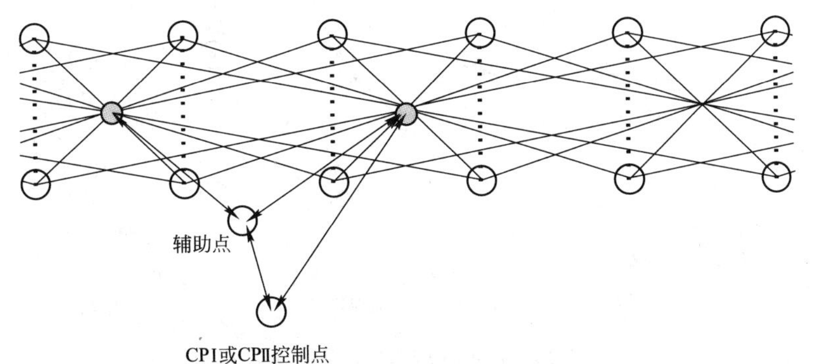

图2.2-12 辅助点设置示意图

测放标准点时进行两个测回的测量。为能够准确确定基桩，目标点之间的最大间距为150m 。利用标准点测放基桩时，至少需重叠 3～4 对 CPⅢ基桩点测量，且相互比较。

在桥梁上，考虑温度变化而产生的纵向位移影响。在测量过程中必须详细检查线路草图。如果桥梁发生了位移，应该重新测量基桩。

在基桩之间，还要进行附加的横向距离测量。测量采用双测回法，得出结果并作出比较。平面控制测量测距误差为±3mm。

2. 高程控制测量

CPⅢ水准加密高程控制测量工作应在平面测量完成后进行，往返水准测量起闭于二等水准基点。每段测量应至少与 3 个二等水准基点相衔接，以确定这些点内可能的高度变化(图 2.2-13)。

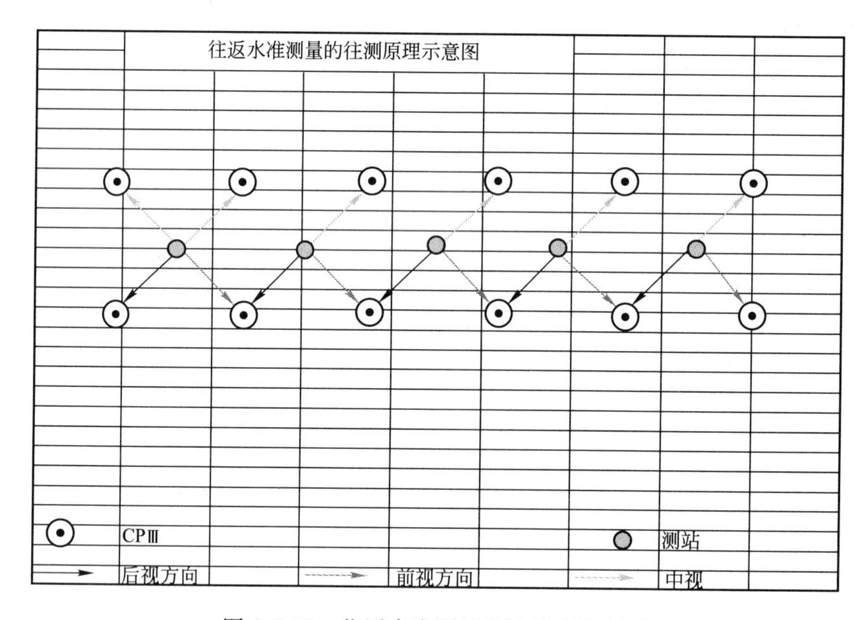

图 2.2-13　往返水准测量往测原理示意图

CPⅢ高程控制测量应在水准联测后进行严密平差，平差计算按有关精密水准测量的规定执行。

在返测时，如图 2.2-14 所示，所有在往测上作为中视的 CPⅢ观测点，现在作为交替测点。即原 CPⅢ中视观测点变为前后视观测点。

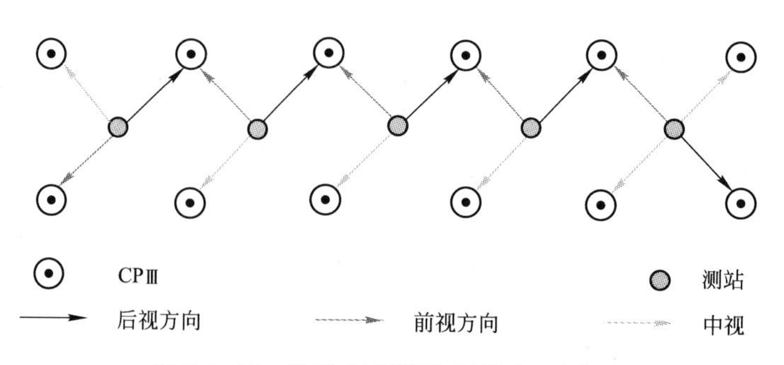

图 2.2.14　往返水准测量反测原理示意图

3. 施工工艺流程及操作要点

(1) 施工工艺流程

无砟轨道施工工艺流程如图 2.2-15 所示：

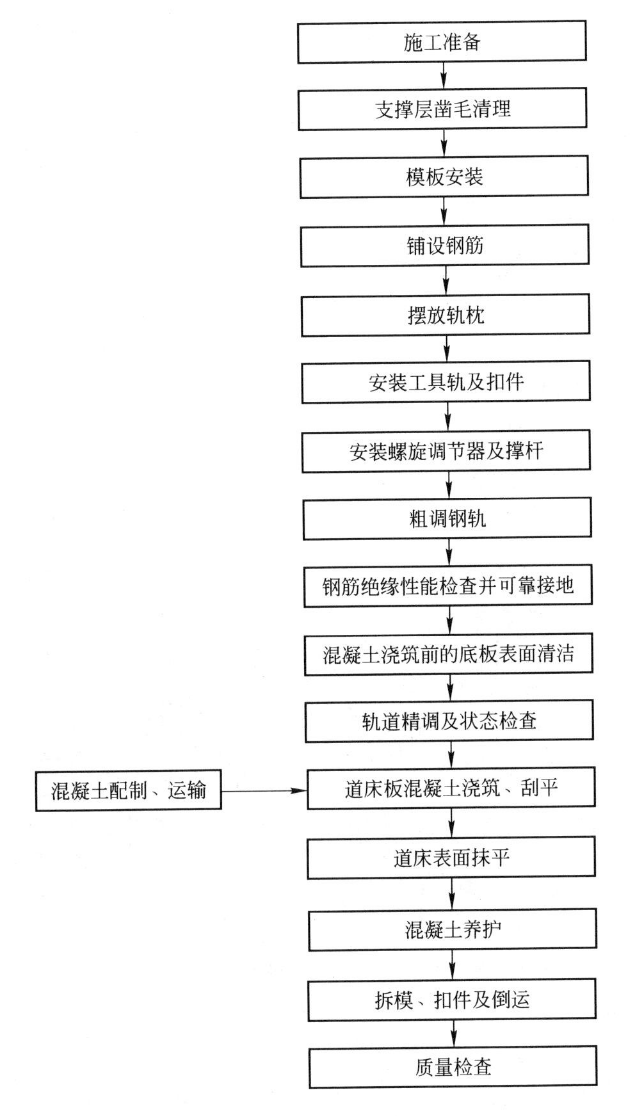

图 2.2-15 施工工艺流程图

(2) 施工工艺操作要点

1) 清理支撑层顶面，并进行凿毛处理。

2) 模板安装调整

根据设计图纸先测量放出线路的中心线及边线，将模板按先前测量放线好的位置摆放好，在底座板上模板外侧紧挨模板位置钻孔，孔内放置短钢筋限制模板下部的横向移位，模板外侧上部加丝杆支撑，通过支撑调整模板的位置，调整到限差范围内定位。

3) 铺设钢筋

先测量放出线路的中心线，根据设计图纸定出纵向钢筋在横向上的铺设位置，将 18

根纵向钢筋全部按定出的位置摆放好，纵向钢筋的搭接除接地钢筋外长度不少于600mm。

4）摆放轨枕

根据设计图纸，按设计间距将每根轨枕的位置放样出来，将双块式轨枕按放样的位置在线路上摆放好。在每根轨枕承轨槽位置安放好扣件垫板，然后将P60工具轨安放在承轨槽上，再用扣件将工具轨固定，拧紧螺栓固定工具轨与双块式轨枕。

5）安装螺旋调整器、轨距杆

钢轨组装完成后，人工每隔3根(曲线地段2根)轨枕之间的钢轨上安装一组钢轨螺旋调整器，并在螺杆下面垫上5mm厚钢板，便于轨排高低和方向调整。

安装调节器时应注意：

安装钢轨调整器前应对调整器进行检查，对螺杆和底板上的水泥污物进行清理，确保调整器零配件齐全，各项工作状态良好。对扭曲变形的应进行剔除，整配合格后方能使用。

钢轨调整器安装位置要正确，螺杆和铰接挡块必须始终位于轨道的外侧，通过竖向螺杆能够调整轨排高低，底板与轨底密贴，方向垂直钢轨轴线，不得歪斜，各部螺栓必须拧紧。螺旋调整器安装于轨枕中心线位置，通过水平调整螺栓能够对轨排进行方向调整。

图2.2-16 螺旋调整器

安装轨距撑杆、轨距拉杆：

轨排组装完成后用轨架支撑，安装轨距拉杆、轨距撑杆，利用万能道尺对每根轨距进行检验，通过轨距拉杆、撑杆的调整把轨距误差控制在1mm之内，然后把轨距拉杆、撑杆都固定牢固，以免在轨排安装过程中使轨距发生变化。

安装外撑杆：

为了保证在施工过程中控制钢轨的轨向，在道床板两侧的角钢支架上安装钢管(并有螺旋杆)撑在钢轨侧面，从而保证钢轨的轨向。

6）道床板的接地

道床板结构内位于最上层两边最外侧2根1号、18号及9号筋共三根纵向钢筋，作为接地钢筋相连。纵向上每隔大约100m的长度设置为一个绝缘绑扎节点，纵向钢筋之间相互绝缘，搭接长度不小于600mm。如图2.2-18。

图 2.2-17 轨距拉杆

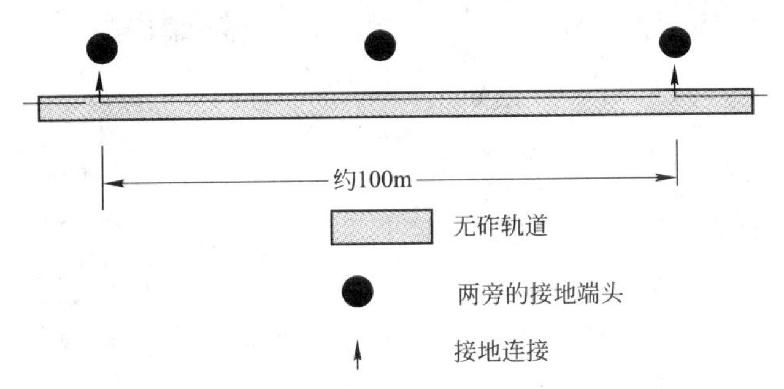

图 2.2-18 无缝连接的混凝土道床板所配钢筋的接地处理示意图

同一节点内的纵向接地钢筋通过焊接相连，相互搭接不少于 200mm，纵向焊缝长不小于 160mm，且均匀分布在搭接的两头。焊接中，热融焊条必须嵌入缝中，然后焊接；焊接方向为分别从搭接处两头往中间靠拢，如图 2.2-19。

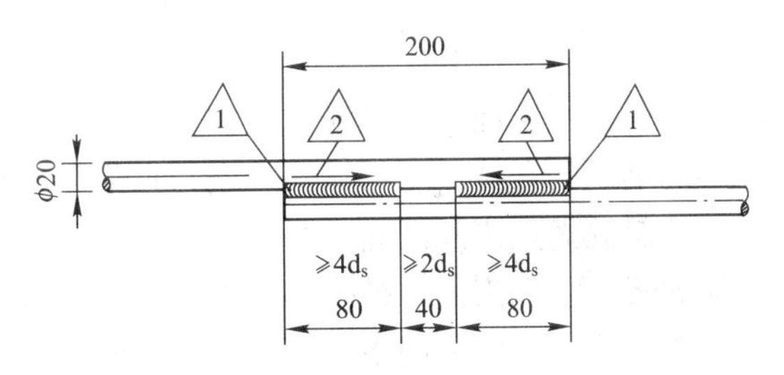

图 2.2-19 纵向接地钢筋接头

若纵向接地钢筋在轨道单元结构缝处断开，在缝前后各设置一根横向钢条与三根纵向接地钢筋焊接相连(与其他钢筋绝缘)，另在缝前后各设置一接地端头与钢条焊接相连，两接地端头可通过接地线互相连接来实现接地钢筋的导电性。

接地钢筋与接地端头的连接，在节点内中间位置(约 50m 处)布设一块横向钢条(50mm×5mm)与三根纵向接地钢筋相连，连接之处采用焊接处理，横向接地钢条与其他的钢筋的接触采用绝缘处理。而后横向钢条与接地端头相连，采用焊接，钢条的长度恰好使接地端头抵在钢模板内侧，并垂直于钢模板轨道。接地端头的螺栓孔内塞满海绵，防止后续施工时混凝土渗入孔内。

利用摇表对纵、横向钢筋的绝缘情况与接地钢筋之间的导电进行检查，合格后方可进行后续施工。

7) 钢轨粗调

钢轨粗调，轨道的轨向是运用道尺吊锤球的方法，钢轨顶面标高是采用水准仪每隔几米进行调整，粗调一般控制在5mm以内。粗调的目的就是为了加快精调的速度及稳定性。

8）钢轨精调及横向固定

在钢轨横向之间安装轨距支撑，旋转轨距支撑螺母调整轨距至限差范围内后锁定，固定横向钢轨间的相互位置。通过横向调整器，调整轨道整体的横向位置，至限差范围内后固定。完成钢轨的精调后，对轨距支撑及横向调整器加以覆盖保护，防止后续施工粘上混凝土。

9）检查轨道的几何尺寸

利用轨检小车配合全站仪测量轨道的高低、轨向、水平进行全面检查，对钢轨进行调整，调整完毕后并固定好，确保其精确(图 2.2-20)。

图 2.2-20 轨检小车进行轨道几何尺寸的检查

10）混凝土施工

混凝土施工前，对钢轨扣件位置加以覆盖，防止混凝土污染。

混凝土的振捣，采用振捣棒进行振捣，保证轨枕下方混凝土的密实。振动棒要快插慢拔，控制振捣点之间的间距，使拌合物不致漏振。掌握振捣的时间，以粗骨料不再下沉、水泥砂浆泛上到表面、被振的部位大致被振成水平状、拌合物中的气泡不再冒出来为准。在一个部位振捣的时间不应小于10s。振捣时注意要使振动棒避免直接振动钢筋、模板和预埋件，以免钢筋受振位移，模板变形(图 2.2-21)。

图 2.2-21 混凝土的浇筑

11）抹面

混凝土振捣密实后，人工用抹子对混凝土表面进行初次抹面，混凝土初凝前人工用铁抹子进行二次抹面和压光，在混凝土与轨枕交接之处进行钩边，由混凝土往轨枕块方向进行。

混凝土道床板外形允许偏差 **表 2.2-9**

序号	检查项目	允许偏差(mm)
1	顶面宽度	±10
2	道床板顶面与承轨台面相对高差	±5
3	伸缩缝宽度	±5
4	中线位置	2
5	平整度	2mm/1m

12）后期处理

混凝土施工完成后，在混凝土初凝前及时松开钢轨扣件，防止钢轨因温差产生变形时应力传递至下方轨枕上对轨枕产生影响。

轨道校准横梁的拆卸：混凝土灌筑完毕，经过养生混凝土在达到要求强度、硬化后将轨道校准横梁拆掉。将校准横梁竖轴拔起后在承载板中形成的孔，采用低收缩性的砂浆进行浇筑。拆下来的轨道校准横梁由运输车运送到前方施工位置，再次使用。

模板及钢轨的回收：道床板混凝土经养生达到要求强度后，拆除道床板侧向模板及轨枕上的钢轨、扣件等，并由运输车运送到前面的施工位置进行再次组装。

13）混凝土的养护

根据现场施工条件，在施工过程中采用覆盖土工布洒水自然养护。混凝土在养护期间重点加强混凝土的湿度和温度控制，及时覆盖减少表面混凝土的暴露时间，防止表面水分蒸发。暴露面保护层混凝土初凝用木抹子二次收面，使之平整后对混凝土表面喷洒水雾并覆盖，直至混凝土终凝。

混凝土拆模或除去表面覆盖物后，洒水养护最少 14d。在大气干燥、有风或阳光直射的情况下养护 21d 以上。在气温较高的情况下，混凝土表面必须保证有水。混凝土养护期间应注意采取保温措施，防止混凝土表面温度受环境影响(暴晒、气温剧降等)而发生剧烈变化。

混凝土养护期间，混凝土内部的最高温度不宜高于 65℃，混凝土表面的养护水温度与混凝土表面温度之间的温差不得大于 15℃；在任意养护时间内的内部最高温度与表面温度之差不宜大于 20℃；当周围大气温度与养护中混凝土表面温度之差超过 20℃时，混凝土表面必须覆盖保温。混凝土养护期间，对混凝土的养护过程作详细记录，并建立严格的岗位责任制。

4. 无砟轨道铺设测量

(1) 建立无砟轨道铺设控制网(CPⅢ)

1) 平面测量

导线测量：150～200m 1 个点，五等导线；自由设站边角交会网：60～70m 1 对点。

2) 高程测量

与平面控制点共桩，精密水准测量。

（2）无砟轨道的安装测量

无砟轨道安装测量的内容主要有加密基桩测量、轨道安装测量、道岔安装测量、轨道衔接测量、线路整理测量。

（3）轨道铺设竣工测量

1）维护基桩测量

维护基桩应根据维修检测方式布设，并充分利用已设置的基桩。利用已设置的基桩作为维护基桩时，应对其进行复测。需要增设中线维护基桩时，应检测CPⅢ控制点，并根据CPⅢ控制点进行线路中线和维护基桩测量。维护基桩的复测和增设的测量精度应不低于相应轨道结构加密基桩的精度要求，且满足线路维护要求。

2）轨道几何形态测量

轨道竣工测量主要检测线路中线位置、轨面高程、测点里程、坐标、轨距、水平、高低、扭曲；轨道竣工测量应采用轨检小车进行测量，轨检小车测量步长宜为1个轨枕间距。

2.3 普通铁路技术

2.3.1 地基处理

地基处理一般是指用于改善支承建筑物的地基(土或岩石)的承载能力或抗渗能力所采取的工程技术措施。铁路中采用地基处理技术用来加强岩土的承载能力，抵抗来自列车强大的压力及高速运行的振动，防止路基及轨道的沉降，保证列车的正常运行。

地基处理主要分为基础工程措施和岩土加固措施。有的工程不改变地基的工程性质，而只采取基础工程措施；有的工程还同时对地基的土和岩石加固，以改善其工程性质。选定适当的基础形式，不需改变地基的工程性质就可满足要求的地基称为天然地基；反之，已进行加固后的地基称为人工地基。地基处理工程的设计和施工质量直接关系到建筑物的安全，如处理不当，往往发生工程事故，且事后补救大多比较困难。因此，对地基处理要求实行严格的质量控制和验收制度，以确保工程质量。

1. 基础工程措施

（1）孔内深层强夯法(DDC)地基处理技术

孔内深层强夯法(DDC)地基处理技术，是先在地基内成孔，将强夯重锤放入孔内，边加料边强夯或分层填料后强夯。

孔内深层强夯法(DDC)技术与其他技术不同之处：是通过孔道将强夯引入到地基深处，用异形重锤对孔内填料自下而上分层进行高动能、超压强、强挤密的孔内深层强夯作业，使孔内的填料沿竖向深层压密固结的同时对桩周土进行横向的强力挤密加固。针对不同的土质，采用不同的工艺，使桩体获得串珠状、扩大头和托盘状，有利于桩与桩间土的紧密咬合，增大相互之间的摩阻力，地基处理后整体刚度均匀，承载力可提高2～9倍；变形模量高，沉降变形小，不受地下水影响，地基处理深度可达30m以上。

（2）浅基础

通常把埋置深度不大，只需经过挖槽、排水等普通施工程序就可以建造起来的基础称为浅基础。它可扩大建筑物与地基的接触面积，使上部荷载扩散。浅基础主要有：①独立基础(如大部分柱基)；②条形基础(如墙基)；③筏形基础(如水闸底板)。当浅层土质不良，需把基础埋置于深处的较好地层时，就要建造各种类型的深基础，如桩基础、墩基础、沉井或沉箱基础、地下连续墙等。它将上部荷载传递到周围地层或下面较坚硬地层上。

(3) 桩基础

按施工方法不同，桩可分为预制桩和灌注桩。预制桩是将事先在工厂或施工现场制成的桩，用不同沉桩方法沉入地基；灌注桩是直接在设计桩位开孔，然后在孔内浇灌混凝土而成。

(4) 沉井和沉箱基础

沉井又称开口沉箱。它是将上下开敞的井筒沉入地基，作为建筑物基础。沉井有较大的刚度，抗震性能好，既可作为承重基础，又可作为防渗结构。沉箱又称气压沉箱，其形状、结构、用途与沉井类似，只是在井筒下端设有密闭的工作室，下沉时，把压缩空气压入工作室内，防止水和土从底部流入，工人可直接在工作室内干燥状态下施工。

(5) 地下连续墙

利用专门机具在地基中造孔、泥浆固壁、灌注混凝土等材料而建成的承重或防渗结构物。它可作成水工建筑物的混凝土防渗墙；也可作一般土木建筑的挡土墙、地下工程的侧墙等。墙厚一般 40～130cm。世界上最深的混凝土防渗墙达 131m(加拿大马尼克三级坝)。

2. 土基加固

土基加固方法很多，如置换法、碾压法、强夯法、爆炸压密、砂井、排水法、振冲法、灌浆、高压喷射灌浆等。这里主要讲一下高压喷射灌浆处理技术。

通过钻入土层中的灌浆管，用高压压入某种流体和水泥浆液，并从钻杆下端的特殊喷嘴以高速喷射出去的地基处理方法。在喷射的同时，钻杆以一定速度旋转，并逐渐提升；高压射流使四周一定范围内的土体结构遭受破坏，并被强制与浆液混合，凝固成具有特殊结构的圆柱体，也称旋喷桩。如采用定向喷射，可形成一段墙体，一般每个钻孔定喷后的成墙长度为 3～6m。用定喷在地下建成的防渗墙称为定喷防渗墙。喷射工艺有三种类型：①单管法，只喷射水泥浆液；②二重管法，由管底同轴双重喷嘴同时喷射水泥浆液及空气；③三重管法，用三重管分别喷射水、压缩空气和水泥浆液。

3. 岩基加固

少裂隙、新鲜、坚硬的岩石，强度高、渗透性低，一般可以不加处理作为天然地基。但风化岩、软岩、节理裂隙等构造发育的岩石，须采取专门措施进行加固。岩基加固的方法，有开挖置换、设置断层混凝土塞、锚固、灌浆等。

以上地基处理方法与工程检测、工程监测、桩基动测、静载实验、土工试验、基坑监测等相关技术整合在一起，称之为地基处理的综合技术。

4. 地基处理方案确定的步骤

地基处理方案的确定可按下列步骤进行：

(1) 搜集详细的工程质量、水文地质及地基基础的设计材料。

(2) 根据结构类型、荷载大小及使用要求，结合地形地貌、土层结构、土质条件、地下水特征、周围环境和相邻建筑物等因素，初步选定几种可供考虑的地基处理方案。另外，在选择地基处理方案时，应同时考虑上部结构、基础和地基的共同作用；也可选用加强结构措施和处理地基相结合的方案。

(3) 对初步选定的各种地基处理方案，分别从处理效果、材料来源及消耗、机具条件、施工进度、环境影响等方面进行认真的技术经济分析和对比，根据安全可靠、施工方便、经济合理等原则，从而因地制宜地循着最佳的处理方法。值得注意的是，每一种处理方法都有一定的适用范围、局限性和优缺点。没有一种处理方案是万能的。必要时也可选择两种或多重地基处理方法组成的综合方案。

(4) 对已选定的地基处理方法，应按建筑物重要性和场地复杂程度，可在有代表性的场地上进行相应的现场试验和试验性施工，并进行必要的测试以验算设计参数和检验处理效果。如达不到设计要求时，应查找原因、采取措施或修改设计以达到满足设计的要求为目的。

(5) 地基土层的变化是复杂多变的，因此，确定地基处理方案，一定要有经验的工程技术人员参加，对重大工程的设计一定要请专家们参加。

2.3.2 冻土施工

温度低于0℃的含冰土。有多年冻土和季节冻土之分。长年处于冻结状态的土层称为多年冻土；如果冬季温度低于0℃土层冻结，夏季则全部融化，叫季节冻土。地球上多年冻土、季节冻土和短时冻土区的面积约占陆地面积的50%，其中，多年冻土面积占陆地面积的25%。冻土是一种对温度极为敏感的土体介质，含有丰富的地下冰。因此，冻土具有流变性，其长期强度远低于瞬时强度特征。正由于这些特征，在冻土区修筑工程构筑物就必须面临两大危险：冻胀和融沉。随着气候变暖，冻土在不断退化。

1. 冻土分类

如果土层每年散热比吸热多，冻结深度大于融化深度，多年冻土逐渐变厚，称为发展的多年冻土，处于相对稳定状态；如果土层每年吸热比散热多，地温逐年升高，多年冻土层逐渐融化变薄以至消失，处于不稳定状态，称为退化的多年冻土。

如果多年冻土在水平方向上的分布是大片的、连续的、无融区存在的称为整体多年冻土；如果多年冻土在水平方向上的分布是分离的、中间被融区间隔的称为非整体多年冻土。

又可根据冻土的地理分布，成土过程的差异和诊断特征，分为冰沼土和冻漠土两个土类。

(1) 冰沼土

冰沼土，又称苔原土，我国把冰沼土这一土壤名称，改为冰潜育土，分布于极地苔原气候区和我国黑龙江北部。它是冻土中具有常潮湿土壤水分状况，具有碳氮比>13的潜育暗色表层和pH<4.0的斑纹AB层的土壤。冰沼土土层浅薄，剖面由泥炭层和潜育层组成。

冰沼土的有机质含量低，阳离子代换量低，呈微酸性至酸性反应，营养元素缺乏。

(2) 冻漠土

冻漠土，包括高山荒漠土(Alpin desert soil)、高山寒冻土(Alpine frozen soil)。该土壤主要发育在我国青藏高原等高山区冰雪活动带的下部。一般在海拔4000m以上，冻漠土是冻土中具有干旱土壤水分状况，淡色表层，无盐积层和石膏层的土壤。

冻漠土的土层浅薄，石多土少，剖面发育弱，地表多砾石，有多边形裂隙，具有0.5～1.5cm厚的灰白色结皮层，有盐斑，结皮层下有浅灰棕色或棕色微显片状或层片状结构，砾石腹面有石灰薄膜。

冻漠土有机质含量低，一般小于10g/kg，pH8.0～8.5，强石灰反应，$CaCO_3$含量约50g/kg，石膏约5～10g/kg，易溶盐、石膏明显富集在地面结皮内，而碳酸钙则多在剖面的下层，表层的细土多被风吹失，亚表层黏粒含量相对增高。

2. 冻土层

冻土层，亦作冻原或苔原，语出自萨米语 tūndra(tundar 的属格)，意思是"无树的平原"。在自然地理学指的是由于气温低、生长季节短，而无法长出树木的环境；在地质学是指零摄氏度以下，并含有冰的各种岩石和土壤。一般可分为短时冻土(数小时、数日以至半月)、季节冻土(半月至数月)以及多年冻土(数年至数万年以上)。地球上多年冻土、季节冻土和短时冻土区的面积约占陆地面积的50%，其中，多年冻土面积占陆地面积的25%。

冻土是一种对温度极为敏感的土体介质，含有丰富的地下冰。因此，冻土具有流变性，其长期强度远低于瞬时强度特征。正由于这些特征，在冻土区修筑工程构筑物就必须面临两大危险：冻胀和融沉。中国的青藏铁路就有一段路段需要通过冻土层。需要通过多种方法使冻土层的温度稳定，以避免因为冻土层的转变而使铁路的路基不平，防止意外的发生。

3. 冻土主要性状

(1) 诊断层和诊断特性

冻土具有永冻土壤温度状况，具有暗色或淡色表层，地表具有多边形土或石环状、条纹状等冻融蠕动形态特征。

(2) 形态特征

土体浅薄，厚度一般不超过50cm，由于冻土中土壤水分状况差异，反映在非常潮湿土壤水分状况的湿冻土和具干旱土壤水分状况的干冻土两个亚纲的剖面构型上有着明显差异。

(3) 理化性质

冻土有机质含量不高，腐殖质含量为10～20g/kg，腐殖质结构简单，70%以上是富里酸，呈酸性或碱性反应，阳离子代换量低，一般为10厘摩尔(+)每千克土左右，土壤黏粒含量少，而且淋失非常微弱，营养元素贫乏。

4. 冻土施工现状

冻土是一种特殊的、低温易变的自然体，会给各类工程造成冻胀和融沉的问题。在寒季，冻土像冰一样冻结，并且随着温度的降低体积发生膨胀，建在上面的路基和轨道就会被膨胀的冻土顶得凸起；到了夏季，冻土融化体积缩小，路基和钢轨又会随之凹下去。冻土的冻结和融化反复交替地出现，路基就会翻浆、冒泥，钢轨出现波浪形高低起伏，对铁路运营安全造成威胁，其特殊性和复杂性在世界上独一无二。世界上几个冻土大国俄罗斯、美国、加拿大等都为解决冻土技术难题付出了艰辛的努力。中国在冻土研究方面起步较晚，在20世纪80年代中期以前，中国的冻土研究基本上继承了前苏联在多年冻土方面研究的经验和理论。

青藏铁路创了两个世界之最：世界上海拔最高的铁路，全线经过海拔4000m以上地段有965km；同时它也是世界铁路工程史上穿越多年冻土最长的铁路，达到了550km。在冻土区修建铁路是一个世界性技术难题，对施工技术和施工能力是严峻的挑战。

多年冻土、高寒缺氧、生态脆弱是青藏铁路建设中无法回避的三大难题，其中多年冻土尤为关键，是最难啃的一块骨头。

5. 成套冻土工程措施

通过大量试验研究和理论分析，对冻土在外界条件下的变化过程及对路基变形的影响规律有了新的认识。针对不同冻土条件，创新出一整套多年冻土工程措施：

(1) 片石气冷措施

片石气冷路基是在路基垫层之上设置一定厚度和空隙度的片石层，因片石层上下界面间存在温度梯度，引起片石层内空气的对流，热交换作用以对流为主导，利用高原冻土区负积温量值大于正积温量值的气候特点，加快了路基基底地层的散热，取得降低地温、保护冻土的效果。通过室内模拟试验和试验段工程测试分析，探索出片石气冷路基的合理结构形式、设计参数和施工工艺。确定路基垫层厚度不小于0.3m，片石层设计厚度不小于1m，一般可在1.5m，粒径0.2～0.4m，强度不小于30MPa，片石层上铺厚度不小于0.3m的碎石层，并加设一层土工布。这一措施已在沿线117km的高温不稳定冻土区加以应用。经三个冻融循环的观测分析，起到了降低路基基底地温和增加地层冷储量的作用，路基沉降变形明显减小并基本趋于稳定。这是主动降温、保护冻土的一种有效工程措施。

(2) 碎石(片石)护坡(或护道)措施

在路基一侧或两侧堆填碎石或片石，形成护坡或护道。碎石(片石)护坡空隙内的空气在一定温度梯度的作用下产生对流，寒季碎石(片石)内空气对流换热作用强烈，有利于地层散热，暖季碎石(片石)内空气对流作用减弱，对热量的传入产生屏蔽作用，从而增强了地层寒季的散热，减少了暖季的传热，达到了降低地温、保护冻土的效果。深入研究碎石(片石)护坡和护道的作用机理，确定了能够保持或抬高多年冻土上限的最佳厚度和粒径。实测表明，厚度1.0～1.5m的碎石(片石)护坡都具有很好的降温效果。通过改变路基阴阳坡面上的护坡厚度，阳坡面厚度1.6m，阴坡面厚度0.8m，可调节路基基底地温场的不均衡性。这项措施对解决多年冻土区路基不均匀变形具有重要作用。

(3) 通风管措施

在路基内横向埋设水平通风管，冬季冷空气在管内对流，加强了路基填土的散热，降低基底地温，提高冻土的稳定性。青藏铁路使用钢筋混凝土管和PVC管。现场试验研究表明，通风管宜设置在路基下部，距地表不小于0.7m，其净距一般不超过1.0m，管径为0.3～0.4m。通风管的降温效果受管径、风向及管内积雪、积沙的影响，特别是夏季热空气在管内的对流对冻土有负面影响。为解决这一问题，现场作了在管口设置自动控制风门的试验。当外界气温低时风门开启，以利冷空气进入管内；当外界气温高时风门关闭，以防热空气进入管内。

(4) 热棒措施

热棒是利用管内介质的气液两相转换，依靠冷凝器与蒸发器之间的温差，通过对流循环来实现热量传导的系统。当大气温度低于冻土地温时，热棒自动开始工作，当大气温度高于冻土地温，热棒自动停止工作，不会将大气中的热量带入地基。针对青藏铁路多年冻土特性，在工程实践中对采用热棒措施进行试验，研究了符合实际的热棒工作参数。青藏铁路有32km路基采用了热棒措施，收到了基底地温降低、冻土上限上升的良好效果。

(5) 遮阳棚措施

在路基上部或边坡设置遮阳棚，可有效减少太阳辐射对路基的影响，减少传入冻土地基的热量。在风火山试验基础上，又在唐古拉山越岭地段设置了一处钢结构遮阳棚。现场测试表明，遮阳棚效果明显，降低了路基基底的地温，提高了多年冻土的稳定性。这种措施可在一定条件下使用。

(6) 隔热保温措施

当路基高度达不到最小设计高度时，为减少地表热量向地基传递，采用挤塑聚苯乙烯等隔热材料，可起到当量路基填土高度同样的保温效果。实践表明，路基工程宜在地表以上 0.5m 处铺设隔热材料，铺设时间选择在寒季末为好。隔热保温层在暖季减少了向地基传递的热量，但在冬季也减少了向地基传递的冷量，属于被动型保温措施。所以，青藏铁路仅在低路堤和部分路堑采用。

(7) 基底换填措施

为避免和减轻多年冻土对路基稳定的影响，在挖方地段或填土厚度达不到最小设计高度的低路堤，基底采用了换填粗粒土措施，防止冻胀融沉，确保路基稳定。当基底为高含冰量冻土层时，换填厚度为 1.3～1.4 倍天然上限深度。为防止地表水下渗，换填时设置了复合土工膜防渗层。

(8) 路基排水措施

研究和实践都证明，水是冻土病害的最大根源。排水不良将造成多年冻土路基严重病害。青藏铁路设计统筹考虑了多年冻土区的防排水措施。合理布设桥涵，设置挡水埝、排水沟、截水沟等工程，以保证排水畅通。防止路基两侧积水造成冻融变形或引发不良冻土现象。

(9) 合理路基高度措施

在低温多年冻土区，路基设计高度应在合理范围内。路基达到一定填筑高度后，在一定的气温、地温条件下多年冻土上限可以保持基本稳定。但随着路基高度增加，边坡受热面增大，由边坡传入地基的热量增加，太高的路基不利于稳定。根据不同的地温分区，多年冻土路基合理设计高度为 2.5～5.0m。若不能满足这个条件时，需采取其他工程措施。

(10) 桥过渡段措施

为减少多年冻土区路桥过渡段的不均匀沉降，台后不小于 20m 范围内，按倒梯形分层填筑卵砾石土或碎砾石土，分层碾压夯实。桥台基坑采用碎石分层填筑压实，其上填筑片石、碎石、碎石土。经工程列车运营检测，没有发现明显的变形，路桥过渡段处于稳定状态。

(11) 桥涵基础措施

为减少桥梁工程施工对多年冻土的扰动，对冻土区桥梁钻孔灌注桩、钻孔打入桩和钻孔插入桩三种桩基形式开展了现场对比试验。钻孔打入桩在冻土层中打入困难，钻孔插入桩周围回填质量难以控制。钻孔灌注桩具有承载力大、抗冻拔能力强的明确优点。在使用旋挖钻机施工速度快、质量好、对冻土扰动小，因此在全线绝大多数非坚硬岩石地基的桥梁都采用了旋挖钻机成孔的灌注桩基础。对涵洞工程进行研究比较后，选用了矩形拼装式钢筋混凝土结构。这种涵洞采用明挖基坑拼装或混凝土基础，在寒季施工对冻土的热扰动小，基底冻土回冻时间短，易于控制施工质量。

在不宜修筑路基的厚层地下冰地段、不良冻土现象发育地段及地质复杂的高含冰量冻土地段，采取了修筑双柱式桥墩，以小跨度钢筋混凝土桥梁通过。在550km的多年冻土地段共修建桥梁120km。其作用有三：减少对冻土的扰动，具有遮阳作用，可兼作动物通道。沿线冻土区车站站房采用桩基架空方式，电力塔架采用了钻孔插入桩基础。

对不同设计方案研究比选，确定了合理的孔跨和桥式方案，采用钻孔灌注桩基础和双柱式桥墩，经过2～3个冻融循环的考验，证明效果良好。

(12) 隧道结构措施

在多年冻土区昆仑山、风火山隧道施工中，充分考虑冻融作用对隧道结构的影响，控制隧道开挖施工的环境温度，减少围岩冻融圈范围。采用合理的衬砌断面形式和钢筋混凝土衬砌结构，设置隔热保温层，减少围岩的热交换，减轻冻胀作用对衬砌的影响。按寒区隧道特点设置防排水系统，有效防止地下水的危害。

针对不同特点的冻土地段综合采用以上工程措施，取得了良好效果。经过3个冻融循环的沉降观测，多年冻土区地基冻土上限抬升0.5～1.0m以上，冻土路基下界面负积温增加，地温降低；路基工后沉降量一般小于2cm。已建成的路基、桥涵和隧道工程结构稳定，没有出现明显的冻胀和融沉现象，铁路建设没有引发冻胀丘、热融滑塌等次生不良冻土地质灾害。冻土地段线路平顺，安全可靠，货运列车在多年冻土区运行平稳，运行速度达到100km/h的设计速度。

2.3.3 机械化铺轨

新线无缝线路轨道铺设主要采用两种方法，即散枕铺设法和长轨排铺设法，散枕铺设法又可分为单枕铺设法和群枕铺设法。

散枕铺设法就是先将长钢轨运输并布放到待铺线路的两侧，然后将轨枕单根或成组铺放在已铺底砟的线路上，最后再将布放在线路两侧的长钢轨收到轨枕的承轨槽内与轨枕连接。单枕铺设法使用的设备主要有奥地利PLASSER公司生产的SVM1000型、美国HTT公司生产的NTC型、瑞士MATISA公司生产的TCM60型铺轨机组等。以SVM1000CH型铺轨机进行单枕连续铺设法作业，介绍其施工设备及作业方法。

1. 所需设备

SVM1000CH铺轨机组为单枕连续铺设法无缝线路铺轨机，自身提供行进动力，施工过程中不需要牵引设备，可自行牵引整个铺轨机组前行作业，机组由铺轨主机、轨枕输送吊车、钢轨伸展车、轨枕运输列车、钢轨导向牵引车及附属装置等组成。该铺轨机综合作业效率为2km/d。

(1) 铺轨主机：主要包括走行导向履带、布枕装置、收轨装置、主车体、发动机组、液压机械装置等。

(2) 轨枕输送吊车：龙门吊走行在枕轨运输车、伸展车及主机车体两侧的走行轨道上，主要由柴油发动机(动力为130kW)、液压泵、液压马达、传动机构、钢轨抽拉吊臂、操作控制室及钢结构组成。

(3) 枕轨运输车：整车由18个N17铁路平车组成，上部轨枕支架梁上搁置轨枕，下部存入铺设的长钢轨。上部安装支架及轨枕运输吊车走行轨道，长钢轨运输长度为250m，单组运输列车，每次可运载轨料1.5km。

(4) 钢轨伸展车：配备有两辆钢轨伸展车(SUWⅠ和SUWⅡ)，纵向可固定12根钢轨，将钢轨从中间向两边伸展，保证钢轨在需要的条件下平稳弯曲，使得内部应力最小。车上布置有吊车走行钢轨。

(5) 钢轨导向牵引车：采用 TY220 推土机，主要用来拖拉长钢轨。

(6) 附属装置：包括连接钢轨的夹板、钢轨滚轮、线路导向拉线和导向线装置等。钢轨滚轮放置在路基上，每 10～15m 放置一个；导向拉线为钢线，在轨道两边拉伸以便引导铺轨机准确布枕。

2. 施工工艺流程及工艺说明

工艺流程图见图 2.3-1，其主要施工工艺说明如下：

(1) 配轨

根据线路施工图及有关技术设计规定在基地焊轨中心进行配轨，由配轨计算定出线路位移观测桩埋设位置。

(2) 长钢轨装车

1) 根据配轨表对焊接中心已焊好的 250m 长钢轨的轨头几何尺寸(高度、宽度等)进行检查，确保前后两根钢轨的接头断面符合设计要求后，再对其进行编号。

2) 轨枕双层运输车开到长轨存放区，停位须准确，保证长轨装车顺利进行。

3) 安排 2 人在锁紧车上取下锁紧装置的 T 型螺栓和压板器，放在纵梁上摆好，然后在锁紧装置的锁紧底座上各摆好 12 块橡胶板。

4) 完成上述工作后，即可开始吊装长轨。考虑到拖拉长轨时是由两侧向中间逐根拖拉，故装轨时长轨放置的位置必须对号入座，在沿轨枕运输车前进方向的左侧放置左股编好号的钢轨，右侧放置右股编好号的钢轨。长轨吊运采用 18 台 3T 龙门吊抬吊装车，吊装时，须保证龙门吊作业的同步，两吊点之间的距离控制在 10m 左右。待运输车与长轨对位准确后，将长轨缓慢置放在平板车上的支撑滚轮上。

SVM1000CH 型铺轨机铺轨工艺流程图见图 2.3-1。

左右两股钢轨的编号分别为 1、3、5、7、9、11……和 2、4、6、8、10、12……

5) 长轨吊装完毕后，应及时将长轨锁定牢固。由 2 人各带一把 M24 的扳手装上 T 型螺栓和压板，拧紧 T 型螺栓锁紧长轨。

6) 在长轨装车过程中要注意如下事项：

① 须检查龙门吊吊具可靠后，方可缓慢起吊。

② 在吊装时，保证龙门吊同步作业，保持钢轨基本平稳。

③ 在装车过程中要防止长钢轨倾覆、扭曲、漏锁等事故的发生。

(3) 轨枕装车

1) 长轨装车完毕后，把轨枕运输车开到基地轨枕存放区处准备吊装轨枕。

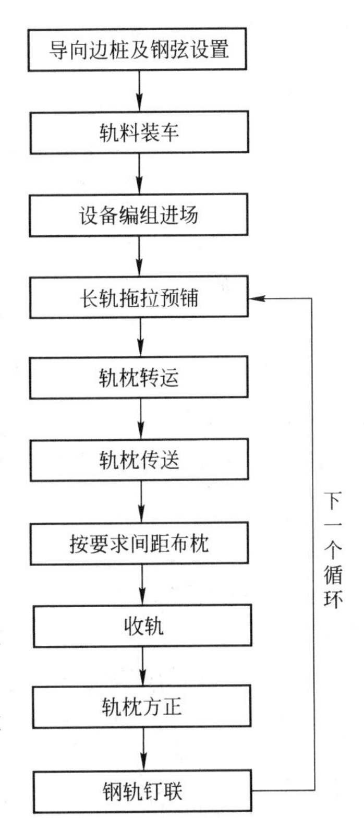

图 2.3-1 SVM1000CH 型铺轨机铺轨工艺流程图

2）轨枕的吊装采用10T龙门吊2台，按每组28根轨枕吊装到双层支架上方。

3）轨枕在平板车上布置共分五层。每装完一层后，须在轨枕承轨槽的正中央位置上放置两根10cm×8cm的通长木条，之后再装上层的轨枕。

4）轨枕装车时应注意的事项：

① 轨枕应堆放整齐，并保证轨枕中心线与车辆中心线相重合。

② 装车过程中严禁碰损、装偏、倾斜、漏垫支垫物等。

③ 在长轨和轨枕都装完毕后，由运输队配专人检查是否存在安全隐患，在确保安全无误的情况下，方可运往前方。

（4）长轨铺设

1）首先松开长轨的锁紧装置。

2）启动龙门吊，走行至第1列枕轨运输车，分别操作左右夹轨臂夹住待牵引钢轨。

3）在钢轨端部穿上导向靴，龙门吊将钢轨牵引至伸展车。

4）龙门吊后退，夹住钢轨，调整牵引臂高度及左右位置，使轨头依次准确进入铺轨机两侧各导向滚轮。

5）重复上述步骤，直到拖拉机能开始拖拉钢轨，钢轨与拖拉机连接前先取下导向靴。

6）在底砟上每隔10m左右设置一支撑滚轮，支撑滚轮设置应准确、平稳。

7）拖拉机牵引长轨按约3m的轨距布设，应使钢轨支撑在支撑滚轮上。

8）左右两根长轨同时铺设，接头位置应相对，且根据施工图规定，左右两股钢轨相错量不得大于40mm。

9）长轨抽放时应遵循下列原则：

① 龙门吊将长钢轨从双层车上向前牵引时应遵循由两侧到中间原则。

② 夹轨臂将长钢轨夹紧后方可开始向前牵引。

③ 龙门吊向前牵引时确保长钢轨准确进入其运行通道。

④ 拖拉机向前拖拉时，保证轨卡锁定牢固。

10）长轨条拖拉与铺设过程中应注意：

① 夹轨臂夹持不牢，造成拉脱。

② 牵引时导向不准，碰伤长轨条。

③ 长轨条倾覆，扭伤钢轨。

④ 漏垫滚轮或支垫间距过大，将底砟拖出沟槽。

（5）轨枕转运

1）妥当连接每列运输车之间龙门吊走行轨桥。

2）由两人协助吊起轨枕（每组28根），并取走通长木条，在起吊时动作应缓慢，以保证起吊可靠。

3）轨枕应起吊到位，自锁后龙门吊开始运输。

4）运输到轨枕转运平台后，龙门吊开始缓慢下降，落放时，位置应准确，并要小心轻放。

5）龙门吊开回，开始下一次运输。

6）转运作业时应符合以下原则：

① 龙门吊操作应遵从前后慢，中间快的原则。

② 尽量按层转运，减少轨枕运输车因载重量差距造成车面高差，避免转运龙门吊重载爬坡。

③ 必须挂钩可靠，轨道连接妥当后方可进行。

④ 严禁过度起升。

⑤ 严禁发生过度下降而导致链条脱离齿轮槽。

⑥ 轨枕转运过程中严禁发生下列情况：

a. 严禁发生轨枕未可靠吊取而强行起吊。

b. 严禁未起升至规定高度即走行转运龙门吊。

c. 转运过程中严禁碰损轨枕。

(6) 铺设轨枕

1) 长轨卸车完毕后，主机进行轨枕铺设作业。

2) 轨枕由传送带送到作业梁底部的轨枕铺设装置，然后由铺设装置在间距控制信号控制下将轨枕推到道床上，最后由间距调整装置在测距轮的触发下自动完成轨距调整，同时保证轨枕与轨道中心线垂直。轨枕间距误差±10mm，布枕横向精度±10mm。

3) 在轨枕铺放到道床上的同时，从铺轨机上存放配件的地方向轨枕上放置橡胶垫板。

4) 各操作人员应严格按布枕机的操作规程执行，并严密监视铺轨机作业，发现异常情况应即时处理，不能处理应立即向机长报告。

(7) 收轨作业

1) 将轨头插放入铺轨主机的收轨滚轮中，在铺轨主机前行过程中，依次将钢轨置入各收轨滚轮中。

2) 操作人员操作液压夹钳滚轮，最终将钢轨收到轨枕承轨槽中。

3) 钢轨落入承枕槽后及时散布扣件，每隔 10 根轨枕钉联一根。

4) 随着铺轨向前进行，随后补齐配件并紧固牢靠，并将前后轨条接头用临时连接器连接，以保证运输安全。

(8) 收尾作业

枕轨双层运输车所带轨料用完后，龙门吊停放在布枕机作业车上，作业车与枕轨运输车摘钩并取掉龙门吊走行轨过桥，枕轨运输车返回基地装取轨料。

应提交的竣工资料包括：

1) 施工小结(每个区间正线铺轨一份，每个站线铺轨一份)。

2) 分项工程质量检验评定表(正线每 2km 填写一份，站线每股道填写一份)。

3) 施工日志。

4) 各种轨料的出厂合格证(包括钢轨、配件、轨枕及扣件)。

3 铁路工程项目管理案例

3.1 新建铁路工程项目管理案例

一、京津城际铁路工程项目管理

（一）工程概况

京津城际铁路是我国第一批时速300km以上的高速铁路中的第一条，该条铁路自2005年开始建设，2008年8月通车。

线路起自北京南站DK1＋727～终至天津站DK115＋730.71，全长115km，全线设有北京南、亦庄、永乐(预留)、武清、天津等5座车站，其中北京南和天津站为城际列车始发站，亦庄、永乐和武清站为中间站。

正线桥梁长度101km，占正线总长的89%；路基长度12.5km，占正线总长度的11%。线路经过地区均为软土或松软土地基，全线路堤以下地基均采用CFG桩、预应力钢筋混凝土管桩、地基筏板等组合工程措施进行加固；为减少占用耕地，区间路基均采用墙面直立的扶壁式挡土墙(扶壁向内)；全线除北京南站、天津站以外，其余均铺设CRTS Ⅱ板式无砟轨道。自北京南至天津站全程铺设无缝线路。

主要工程分布详见表3.1-1。

路基和桥梁工程分布情况　　表3.1-1

序号	工程名称	起讫里程	线路长度(km)	备注
1	路基	DK1＋727～DK3＋810	2.083	
2	跨北京环线特大桥	DK3＋810～DK19＋445	15.60	
3	路基	DK19＋445～DK21＋455	2.01	亦庄站
4	凉水河特大桥	DK21＋455～DK43＋018	21.56	
5	路基	DK43＋018～DK45＋755	2.74	永乐站
6	杨村特大桥	DK45＋755～DK81＋906	36.49	
7	路基	DK81＋906～DK84＋210	2.30	武清站
8	永定新河特大桥	DK84＋210～DK105＋337	21.13	
9	路基	DK105＋337～DK108＋724	3.39	
10	新开河特大桥	DK108＋724～DK114＋095	5.37	
11	天津站	DK114＋095～DK115＋730	1.635	天津车站

（二）主要技术标准

铁路等级：客运专线

正线数目：双线

最小曲线半径：5500m，北京、天津枢纽根据减、加速情况确定

最大坡度：20‰

线间距：5.0m，北京、天津减、加速地段按设计速度确定

牵引种类：电力

列车类型：动车组

到发线有效长度：700m

列车运行控制方式：自动控制

行车指挥方式：综合调度集中

建筑限界：按《京沪高速铁路设计暂行规定》执行。

（三）自然特征

1. 沿线地形地貌

线路经过地区地形平坦开阔，海拔高程 4.0m 左右逐步下降至 0.5m 左右，相对高差小于 2m。其中：北京至永乐间为冲洪积平原，地势由西北向东南缓倾；永乐～武清间为冲积平原，地势由西北向东南缓倾，武清～天津间为近海冲积平原，地势由西向东缓倾，天津市区及以东地带地势低洼，沟渠坑塘密布。

2. 沿线主要河流

线路主要穿越海河水系，跨越的河流有凉水河、凤港碱河、凤河、龙河、龙凤河故道、北运河、永定新河、新开河等，多从河流下游地段通过，河床开阔、河谷宽缓，两岸地势平坦，河水流速缓慢，均注入渤海湾。

3. 气象资料

本区处于暖温带亚湿润气候大区，按对铁路工程影响的气候分区为温暖地区，冬季寒冷干燥，夏季炎热多雨，春季多风，秋季干爽且冷暖变化明显。

历年平均气温 13.5℃，极端最高气温 39.9℃，最冷月平均气温－2.1℃；历年平均降水量 536.6mm；历年平均风速 2.7m/s，最大风速 13.0m/s，风向 NWN，最多风向及频率 9SWS、12C，历年大风日数 29.8d；历年最大积雪深度 10cm。

土壤最大冻结深度 0.7m，标准冻结深度 0.6m。

4. 地震动参数

根据国家标准《中国地震动参数区划图》（GB 18306—2001），沿线地震动峰值加速度值划分为：北京地区为 0.20g（地震基本烈度Ⅷ度），天津地区为 0.15g（地震基本烈度Ⅶ度）。

5. 不良地质和特殊地质

沿线通过地区均为软土、松软土和地震可液化层等构成的不良地质和特殊地质，需采取相应的工程措施。

6. 沿线交通

既有京山线纵贯南北，与京广、京九、京原、京秦、京承、津蓟、京包和京沪等多条铁路相连，构成了铁路工程材料和设备的运输网络，而且与本线基本并行，可以作为外来材料运输的铁路主干道。

京津塘、津滨、唐津、京开、京福等高速公路和 104 国道等高等级公路与工程并行或交叉，此外，尚有京津地区省级公路、县级公路以及乡镇公路等，形成了完善、发达的公路交通网，为工程的实施提供了极为便利的运输条件。水上运输可依靠天津新港接卸建设物资。

（四）建设及施工管理模式

铁道部、北京市、天津市、中国海洋石油公司共同出资成立了“京津城际铁路有限责任公司”。京津城际铁路有限责任公司负责京津城际铁路的融资、建设。

工程分为线下工程和制梁两大部分，分别招标。线下工程和制梁又分别分为北京和天津两个大的标段。北京标段的制梁工程由三个局级单位组成的一个联合体中标，天津标段由另一个同样由三个局级施工单位组成的联合体中标。线下工程除北京南站、天津站以外，其余的工程也是按照北京、天津两大标段分别由两个联合体中标，每一个联合体又是由三家局级施工单位组成联合体。

在建设管理方面，京津城际铁路实行小业主大咨询的建设管理模式，业主在工程建设施工之前，即聘请了以法国 SYSTRA 公司为主体，联合铁道科学研究院和铁道第一勘察设计院组成的咨询联合体，该联合体履行业主对工程现场的监督、对监理单位的管理、对施工单位的检查督促等职责。

另外，业主还通过招标确定了两家监理联合体分别对北京和天津标段的各家施工单位的施工行为行使监理职责。

各施工联合体除成立联合体项目部以外，各个局级单位还分别设立了代表本单位在现场行使管理职责的项目部或指挥部，在局项目部的领导下还根据工程的具体分布情况设立了项目分部或作业队具体进行施工作业的管理。

（五）工程的主要施工难点及其对策措施

高速铁路的一个最大特征是，列车能够安全、平稳、高速地行驶于出发地和目的地之间，最大限度地缩短旅客的在途旅行时间，提高出行效率。为了达到这一目的，必须实现高速铁路的稳固、精准。高速铁路建设中的一系列施工难题也由“稳固、精准”而引发，下面将分别叙述这些施工难题及其应对措施。

1. 路基工程

在京津城际铁路的有关设计规定中对于路基变形的控制要求见表 3.1-2。

高速铁路路基的变形规定　　　　**表 3.1-2**

工后沉降	一般地段≤15mm
	路基长度大于 20m 且沉降均匀时：≤30mm
竖曲线半径	$R_{sh} \geqslant 0.4V_{sj}^2$
路桥(隧)交界处差异沉降	≤5mm
路桥(隧)间折角	≤1/1000

路基是承载一切线上构筑物的基础，它的稳固与否将直接关系到轨道结构的稳固和精准，路基出现较大的不均匀沉降和变形，则在轨道上就无法实现列车的高速平稳运行，因此在路基工程中要解决的一个最大的问题就是如何控制路基的变形。

路基的变形是由两部分变形组成的，一部分是承载路基的地基发生的沉降/不均匀沉降变形，另一部分则是路堤本身发生的沉降变形(又称沉落)。

为了满足无砟轨道对路基提出的高标准变形控制要求，路基设计中引入了 CFG 桩、预应力钢筋混凝土管桩对地基进行加固，提高了沉降控制的可靠度，同时为保证桩基承载能力的充分发挥，有效控制沉降，采用了桩＋筏板结构、桩＋网结构等多种地基处理手段以期实现沉降控制的方案。

施工时，一般路基地段地基加固处理措施优先选择 CFG 桩＋板结构加固方法，路堤高度小于等于 3m 或加固深度大于等于 30m 的地段采用预应力钢筋混凝土管桩＋碎石夹土工格栅褥垫层桩网结构，个别路基地段地基采用钻孔灌注桩＋碎石夹土工格栅褥垫层桩网结构加固。地基加固桩桩尖置于中低压缩性土层不小于 1.0m，桩顶设置 C30 钢筋混凝土地基筏板，板厚 0.5m，板下设置碎石垫层，厚 0.15m。

对于填筑路堤除采用全新的压实标准外，还严格选用优质的 A、B 组填料、严格控制填料的级配和填料的最大粒径，通过确保填料粒径的合理、均匀和高效地压实施工来确保填筑路堤的质量。

路基本体和基床底层采用 A、B 组填料，基床表层 0.4m 范围设置级配碎石加强层。

全线路基与桥梁、横向结构等连接处均设置过渡段，过渡段填料采用掺加 3%～5% 水泥的级配碎石。

路基填筑施工时，对填料的最大粒径及其级配进行控制，是京津城际铁路的一大特色，当选用的填料最大粒径不能满足相应的填筑部位的粒径要求时，则先将填料运至一个事先准备的填料加工场将填料过筛，满足填料的设计级配要求，对筛下满足粒径要求的填料专门堆放在合格填料区；筛余的较大粒径的填料则进行破碎，将破碎后粒径合格的填料运到合格填料堆放区与原存填料进行适当拌合，再运往填筑现场进行填筑施工。

路基整体力学性能，尤其是刚度，是反映高速铁路路基质量好坏的一个重要指标，路基的强度及刚度不足，则路基由于荷载作用而产生的累积变形就大，这将对道床和轨道结构的稳定性产生严重影响，甚至可能由于路基的变形而恶化轨道几何参数，进而影响高速行车的安全，因而必须对路基的整体刚度及其相应的弹性变形进行控制。因此，整个京津城际铁路的地基处理和路基填筑的质量验收，除按照《客运专线铁路路基工程施工质量验收暂行标准》执行外，另外增加了 E_{V2} 和 E_{Vd} 两个检测指标，以反映路基整体的力学性能。

为了掌握路基的沉降情况，并进行相应的控制，在整个施工期间均按照设计要求设置路基沉降观测断面，并按照规定的频次进行观测，依据观测获得的数据指导路基的动态施工。此外，路基填筑到达路基面后，还另外设置路肩观测桩。

高速铁路的沉降观测是高速铁路路基施工过程中的核心环节。它是为路基的沉降稳定性评估以及无砟轨道的施工时机评估提供数据支持的一项十分重要的工作。没有可靠的路基沉降观测，高速铁路无砟轨道的后期变形就不能得到合理的确认，无砟轨道的施工时机就无法确定。在京津城际铁路的路基施工中较多的采用了对填筑施工影响不大的横向剖面管配合 TGPCC-2 型数字式横剖面沉降测量仪进行观测；也可以采用其他的埋入式的沉降观测装置进行观测。值得注意的是，沉降观测的后期，每次观测间的沉降差较小时，必须采用高精度的观测仪器，并辅以高精度的水准测量仪器进行标高测量，才能得到比较可靠的观测数据。

2. 桥梁工程

桥梁是构成高速铁路的又一种重要结构。在京津城际铁路的桥梁设计中，桥梁结构材料普遍采用了具有较好耐久性的高性能混凝土。结合高速铁路对桥梁变形的特殊要求，客运专线桥梁施工应该解决的主要问题有：

(1) 桥梁高性能混凝土施工及质量控制

根据耐久性要求而设计的高性能混凝土，具有优良的工作性、较好的体积稳定性、高的耐久性等特点。高性能混凝土耐久性的主要技术思路是采用优质的化学外加剂和矿物外加剂，生产低水胶比的混凝土，控制混凝土坍落度损失，提高混凝土的致密性和抗渗性；改善界面的微观结构，堵塞混凝土的内部孔隙，从而达到提高混凝土耐久性的目的。

在桥梁结构上普遍采用高性能混凝土的目的，第一是延长结构寿命，提高结构的使用年限；第二是尽可能减少高速铁路使用过程中的结构维修工作量，以及维修所占用的时间。

由于高性能混凝土在材料组成上与普通混凝土有所不同，因此对混凝土的品质及施工工艺均有其特殊的要求。其各项技术指标均严格遵照《客运专线高性能混凝土暂行技术条件》的相关标准执行。

(2) 桥梁施工中的正常和非正常变形控制

在京津城际铁路施工中，对桥梁的沉降与变形控制主要考虑以下两个方面，第一是严格按照设计要求的阶段和位置进行沉降观测；第二是在施工中通过采取施工措施防止非预见性的桥梁变形，如连续梁梁部的挠度超限、预应力连续梁混凝土的徐变超限等。

每一次工况增加荷载之后，均要按照设计要求的频次，连续不断地对设立在承台及墩身的沉降标进行沉降观测，据此判断系统沉降情况，为无砟轨道板的铺设时机提供可靠的数据。

对于连续梁除了荷载变形(设计考虑)外，还要注意的是对徐变变形控制。

对大跨连续梁悬灌施工利用计算机线型控制软件，将各相关的影响因素导致的挠度叠加并加入施工控制中，使得施工完成后的梁部线型符合设计线型。

在连续梁的节段施工时，严格按照设计要求的混凝土养护龄期进行施工，待混凝土强度和弹性模量呈双达标时，保证梁体张拉时间的一致性，减少梁体徐变差异。同时对结构混凝土养护采取保湿保温的养护措施，对减小混凝土的后期徐变是有利的。

京津城际铁路桥梁的变形控制要求见表 3.1-3。

京津城际铁路桥梁变形控制要求 **表 3.1-3**

工后沉降	墩台均匀沉降量$\leqslant$20mm 相邻墩台沉降量之差$\leqslant$5mm
涵洞工后沉降	$\leqslant$30mm
徐变上拱度	$L\leqslant$50m 的简支梁，$\delta\leqslant$10mm
徐变上拱度	$L>$50m 时，$\delta\leqslant L/5000$ 且不得大于 20mm

对桥梁的变形控制也是从两个方面入手，一是从基础施工开始即进行规定频次的沉降观测和数据分析，二是严格掌握制梁的材料品质和梁体的存放周期，观测并记录梁体的徐变，为最终的无砟轨道施工提供可靠的变形数据。

3. 无砟轨道工程

(1) 无砟轨道的结构

京津城际铁路采用 CRTS-Ⅱ型板式无砟轨道系统。

CRTS-Ⅱ型板式无砟轨道系统是一个由多层结构组成的复合结构系统。

CRTS-Ⅱ型板式无砟轨道自下至上其主要结构为：轨下支承结构(底座/水硬性支承层)、水泥沥青砂浆充填层(CA)、轨道板、钢轨(图 3.1-1)。

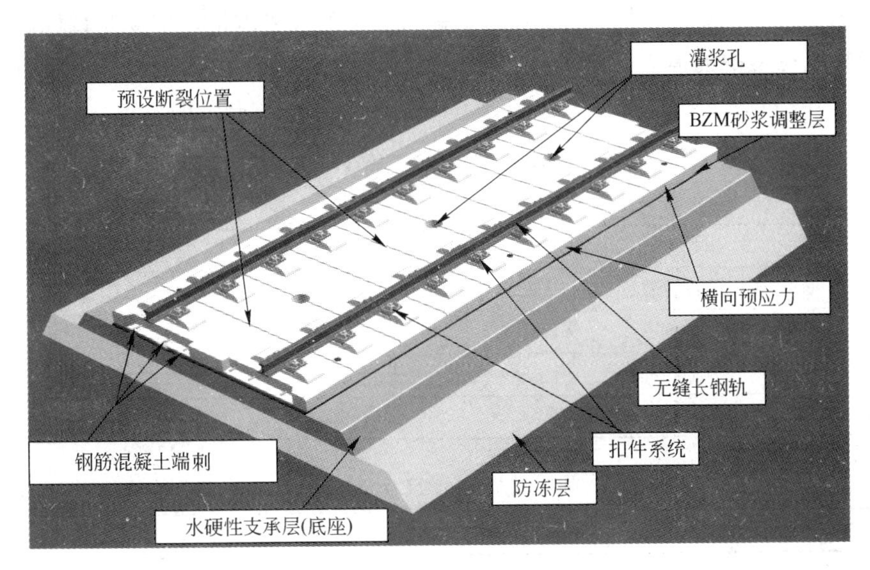

图 3.1-1 板式无砟轨道的主要结构

轨下支承结构，其主要材料为混凝土。CRTS-Ⅱ型轨道板在长桥上的支撑结构为混凝土底座板。底座板在全桥上通桥连续，在梁端固定支座处设置剪力齿槽，底座板与桥面之间为协调变形而设置两布一膜(土工布＋土工膜＋土工布)滑动层，在两端桥台则设置钢筋混凝土端刺，这样形成一座桥上的完整轨下支承结构。在路基上的轨下支承结构与桥上有所不同，它被称为水硬性支承层，其功能与桥上的底座板相同。

水泥沥青砂浆充填层(CA)，该层系采用沥青、水泥、砂以及填料和外加剂拌合而成，拌制成的水泥沥青砂浆具有很好的流动性和填充性，固化后又具有较好的强度和适宜的竖向弹性，该层主要承担轨道板和底座/水硬性支撑层之间的连接和支撑作用，同时还提供适当的道床竖向弹性。

轨道板是由专门的轨道板工厂按照设计给定的线路数据，在工厂中制造完成的。由于线路参数的变化，在工厂中制造的轨道板与其在线路上安装的位置是一一对应的。每一块轨道板在整个线路上的安装位置是唯一的。

(2) 无砟轨道施工前的桥梁和路基沉降评估

由于无砟轨道对结构的变形十分敏感，过大的结构变形将导致轨道的变形超标，以至于无法实现列车的高速运行，因此在无砟轨道正式施工之前，必须对承载无砟轨道的线下基础可能继续发生的变形及变形是否满足控制标准，进行一次科学的评估、预测，按照《客运专线无砟轨道铺设条件评估技术指南》的规定，由业主主持，设计、咨询、施工参加，对线下工程已经发生的沉降、变形进行评估，同时判断线下工程是否已经沉降、变形稳定，后期的工后沉降、变形是否满足无砟轨道的运营需要等，以决定无砟轨道结构是否可以开始施工，当无砟轨道的线下基础变形满足控制标准，形成评估报告和会议纪要后，施工单位方能组织无砟轨道的施工。

(3) 无砟轨道的施工

无砟轨道的施工步序有：底座/支承层施工；轨道基标网测设；轨道板初步铺设；轨道板精确调整；轨道板灌浆；轨道板接缝连接六道工序。主要工序方法是：

1) 底座/支承层施工：在桥上或路基上进行底座的放样测量，依据测量标志架立底座模型；混凝土在集中的搅拌工厂搅拌，专用运输车运至灌筑地点，混凝土泵车进行灌筑，人工配合专用的混凝土摊铺机进行摊铺、捣固。底座的施工控制标准见表 3.1-4 和表 3.1-5。

路基上混凝土支承层外形尺寸允许偏差及检验方法 **表 3.1-4**

序号	检查项目	允许偏差(mm)	检验方法
1	厚度	±10%设计厚度	尺测
2	中线位置	10	全站仪
3	宽度	+15，0	尺测
4	顶面高程	±5	水准仪
5	平整度	7	4m 直尺

桥上混凝土底座(含临时端刺)外形尺寸允许偏差和检验数量及方法 **表 3.1-5**

序号	检查项目	允许偏差(mm)	检验方法及数量
1	中线位置	10	全站仪：1 处/40m
2	宽度	+15，0	尺量：1 处/20m
3	顶面高程	±5	水准仪：1 处/20m
4	平整度	7	4m 直尺：1 处/20m

2) 轨道基标网测设：轨道基标是轨道板安装、定位的依据，在成形的底座上，按照设计要求进行轨道板铺设之前的轨道基标的测设，基标的平面精度控制在 1mm 之内，高程精度控制在 0.5mm 之内。采用高精度的全站仪进行测设。

3) 轨道板的初步铺设：首先将轨道板铺设在大致的安装位置，设置好精调前的精调装置(精调爪)，初步铺设的板的纵向位置和高程误差均控制在 10mm 以内。

4) 轨道板精确调整：轨道板的精调是在初步铺设的基础上，利用实时测量系统对初铺的轨道板的控制点进行不断地实时测量，并将测量的数据与设计的理论数据进行不断地对比，并实时输出需要调整的量，利用精调装置对调整量进行调整，对轨道板进行精确的位置调整。

为了保证高速铁路的轨道精准，在施工中大量地采用了计算机控制打磨、测量、精调等精度要求很高的工序。

5) 轨道板灌浆：轨道板灌浆使用的关键设备是专用的沥青水泥砂浆搅拌车。该车已由国内的设备制造厂家与施工单位合作研发成功，通过实践检验，证明该设备能够满足 CRTS-Ⅱ型板式无砟轨道的技术标准。

水泥沥青砂浆是由乳化沥青、砂、水泥以及外加剂等，按照一定的配比和相应的搅拌程序拌制而成的。

灌浆施工是在轨道板精调就位后，将轨道板和底座/支承层之间留有的一个 30mm 的空间，按照设计要求采用沥青水泥砂浆(CA)进行充填灌筑，要求灌筑不能出现气泡、空洞，砂浆的强度和弹性模量必须达到设计要求的指标。

6）轨道板接缝连接：轨道板灌浆完成，砂浆达到规定的强度后即进行轨道板间的接缝张拉、填充施工。张拉是采用张拉锁施加一定的力矩，从而在预留钢筋中形成规定的预张力；随后在接缝中填充高强混凝土，并对接缝混凝土进行细致的表面抹光处理，最后形成完整的无砟道床。

（4）轨道工程

铺轨工程方案：先铺武清～天津间的右线，.随后铺北京～武清间双线，最后铺武清～天津间左线并合龙。

1）钢轨铺设与焊接

全线设一个焊轨（铺轨）基地于武清车站，焊轨基地利用U71Mn(k)厂制100m定尺钢轨焊接500m长钢轨，焊接后的长轨条存放于基地的存轨场，待全线轨道板及大号无砟道岔施工完成后，利用长钢轨专用运输列车将长轨条运送至铺轨现场，采用专门研制的无砟轨道铺轨机组牵引长钢轨进行铺轨施工。

长钢轨拖拉铺设就位后，采用移动闪光焊将每三根长钢轨一组进行工地单元焊接，单元焊接完成后，进行锁定焊。锁定时气温不符合设计的锁定温度时，则采用升温、拉轨等措施进行应力调整（放散），最后实施锁定焊接。

除道岔内外焊接接头采用铝热焊外，钢轨焊接接头均采用移动闪光接触焊，钢轨焊接均按要求作焊接型式试验和周期检测。

钢轨铺设的质量要求如下：

① 焊接接头除采用超声波探伤仪探伤外，焊接接头的表面平直度允许偏差（mm/m）：轨顶面为0～+0.20；轨头内侧工作面为0～+0.20；轨底（焊筋）为0～+0.50。

② 全线钢轨预打磨作业后，钢轨顶面平直度1m范围内允许偏差为0～+0.20mm。

③ 轨道静态平顺度允许偏差：轨检车检测轨距允许偏差为±1mm，高低（弦长10m）、轨向（弦长10m）、扭曲（基长6.25m）允许偏差为±2mm，水平允许偏差为1mm。

④ 在满足轨道平顺度标准的基础上，轨面高程允许偏差0～+40mm，中线允许偏差0～+10mm，线间距允许偏差0～+10mm。

2）道岔铺设

京津城际铁路的全部道岔均采用德国BWG公司原装进口道岔，道岔结构自上而下由道岔部件、岔枕、40cm厚的道床板混凝土及30cm厚的底座混凝土支承层组成，道床板和底座分别采用C40、C30钢筋混凝土结构，为防止钢筋骨架产生的杂散电流影响中国制式轨道电路的传输，在混凝土内钢筋交叉搭接处采用塑料绝缘卡隔离的绝缘措施。

全部道岔按RHEDA2000型设计，长岔枕（>3.3m）按分开式混凝土枕（长、短枕）由钢板连接，无需弹性铰接；道岔轨道采用无缝结构，在混凝土浇筑完成后需要与区间线路一并焊接成跨区间无缝线路；按道岔前、后过渡段设计分别与板式无砟轨道、有砟轨道进行连接。

无砟道岔全部在工厂预组装，并在工厂内达到验收标准后，再分三段四部分（增加短枕部分）采用大件运输汽车，通过经调查加固整修好的道路运输到各车站的道岔铺设地点卸车，采用重型汽车吊将道岔块件分段吊装到预先安装的道岔移动台车上，随后将道岔移动到已准备就绪的岔位进行后续施工。

道岔就位后主要经过：初步对位、拆除移动台车、安装上层钢筋并立模、轨道几何参数精调、灌注道床板混凝土、养生拆模、轨道几何参数精细整理等几道施工工序。

道岔主要施工工序见图 3.1-2。

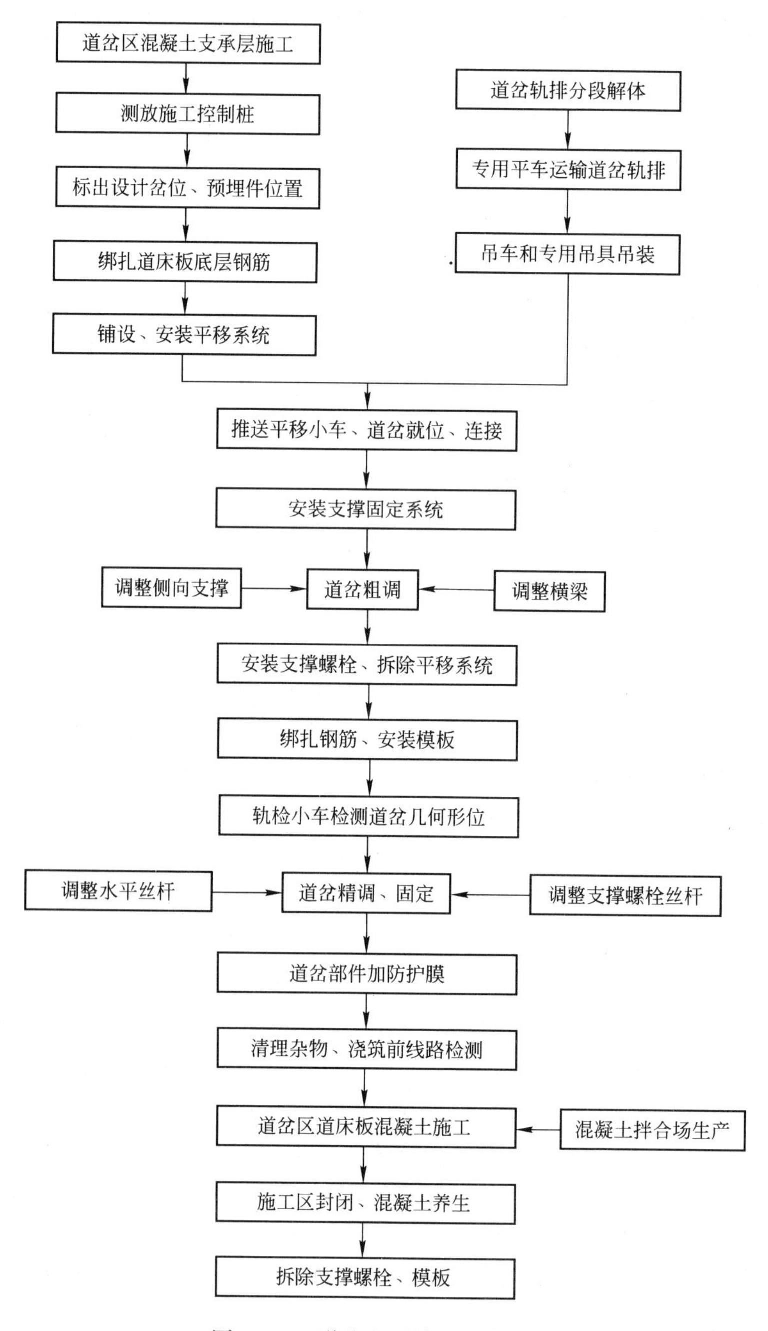

图 3.1-2 道岔主要施工工序框图

全线轨道精调完工后，还要采用轨检列车按照规定的运行速度运行，进行全线轨道状态检查，对不合格的点和段进行反复调整直至达到稳定的、可满足高速运行要求的轨道状态。

轨道工程的最后一道工序，就是采用轨道检查车按照规定的速度运行，对全线的轨道进行全面的动态检测，依据检测数据对线路轨道进行全面的对标检查和个别调整，使之符合高速行车的标准，并达到验收标准。

二、郑西客运专线工程项目管理

郑西客运专线工程是近年来施工工程规模较大的工程，工程施工难度大、技术含量高、工程工期压力大，通过合理地运用项目管理理论指导项目管理工作，探索出了一条适合铁路行业项目管理的模式，对工程实践具有一定的指导意义。

（一）工程概况

郑西客运专线东起河南郑州，途经洛阳、渭南到达西安，总长484.518km，设计速度目标值为350km/h，是我国中长期铁路规划中10条客运专线中徐兰客运专线(徐州-郑州-西安-宝鸡-兰州)最先开工的一段。

郑西客运专线中桥梁和隧道长度占全长的59.75%，沿线共设车站13个，建设工期为4年，工程已于2005年9月25日正式开工，2009年6月29日全线铺通，原计划于2009年12月28日正式投入运营，概算总投资为546.68亿元。

本案例所探讨的项目管理主体为郑西客运专线中新临潼一窑村联络线窑村一田王西康二线工程。工程主要包括四个主要部分：客专联络线、原陇海右线改移并上跨联络线、西康二线从窑村车站接轨至田王车站、将原北环西康联络线改建，接入陇海线进入老临潼车站。全线共有5座特大桥，涵洞59座，主要工作量为：路基土石方约114万m^3，挤密桩(CFG、灰土、水泥土)共计约201万延米，正线铺设有碴轨道45.904km(单线)以及临潼、窑村及田王车站的改扩建。

（二）项目管理的主要形式及特点

1. 项目组织管理

该项目抽调了理论和实践经验丰富、业务能力强、综合素质高的技术、管理、行政人员，选择了具有丰富施工经验的施工队伍完成本标段的施工任务。按项目管理法施工、组建本标段工程管理机构，实行项目经理部一级管理，全面负责本标段工程的施工组织管理工作。项目经理、副经理和项目总工分别有各自的职责任务和相应的责任，以求共同协作，做到责任到人，分工负责。

该标段共划分为三个综合工区，各工区负责其区段内的施工任务并严格按施工顺序表进行施工，在确保施工对既有线运输影响减少到最小程度的前提下，采取“分段实施、突出重点、合理安排、统筹兼顾”的总体思路，合理划分施工区段，平行施工、流水作业，坚持雨期、冬期施工不间断。

有序的施工工序安排是生产的保障，施工生产必须密切结合工程的特点，只有严格按照工程施工顺序进行施工，才能确保工程顺利进行。在郑西项目施工中科学合理的进行了项目组织，工程均有序地按照总体安排进行。

2. 项目质量管理

该工程从一开始就明确质量创优目标，成立创优组织领导小组，执行创优工作程序，按质量标准严格把关，杜绝不合格产品的出现。工程实施过程中，抱着对业主高度负责的态度，采取有针对性的工艺、设备，从组织机构、管理手段、检测设施抓起，实行全员、全方位、全过程的质量控制，各分项工程施工做到规范化、标准化，实现质量全过程的可追溯性，抓好教育培训。

该工程还建立了健全的自检制度，细化研究本工程各专业、各工序在以往类似工程施工过程中易出现的质量问题，分析原因采取预防措施，并编制在工程具体施工组织设计方案中。从材料质量、过程控制、操作方法、技术交底、施工工艺等方面入手，严把质量预控关键点，做好工程质量预控工作。每一个分项工程完工后，由作业负责人组织作业组人员进行自检，发现问题立即纠正。每一分部工程完工后由项目部主管领导、组织施工负责人，对施工项目进行互检，由施工负责人做好检查记录。工程施工过程中，力求做到“全过程、全方位”的监控，工程质量实行定期检查制度，由项目经理主持，质量部门组织，施工、物资等部门参加，检查前期制定计划实施情况。对各分项分部工程的质量检查，严格执行铁道部颁布的施工规范和设计技术标准，对检查中发现的问题进行总结，定期召开质量会议，评议质量工作，下发质量通报。项目经理部和作业队形成质量检查监督网，层层把住工程质量关。工程进入竣工验收阶段，进行有计划、有步骤、有重点的收尾工程清理工作，通过竣工前的预验，找出漏项或需修补的项目，提高工程一次成优率。

3. 项目安全管理

安全是项目施工的保障，质量是项目施工的根本，如果安全质量得不到保证，项目建设就没有保障，项目施工就无法取得预期的结果，项目建设就是失败的。该工程主要采取如下安全保证措施：组织全体干部职工认真学习施工安全的各项规章制度，加强劳动纪律、作业标准、施工程序等教育培训，所有人员必须考试合格后方可上岗。大力推进安全标准工地建设，根据工地情况制定涵盖所有施工内容的安全标准工地标准，以贯彻实施ISO 9001标准为载体，以施工现场控制为重点，严格按规范、程序、标准、工艺、时间施工，消灭违章操作、违章指挥、违反劳动纪律现象，不断提高职工素质，最大限度地减少事故的发生。认真搞好安全检查，在搞好日常安全自查的基础上，项目经理部每月对各工点进行一次全面的安全检查，主要查安全措施的落实情况，查事故苗头、查安全隐患、查现场纪律、查监控与管理。对发现的问题，按“三不放过”的原则，找出原因，查明责任，制定纠正和预防措施，并跟踪验证；重大问题应立即停止作业，防止问题延伸，杜绝事故的发生；在各种检查评比活动中，严格执行“安全一票否决权”制度。

该工程的主要安全管理体系为：建立安全管理机构，建立项目安全生产保证体系，组织编制安全保证计划，主持制定安全生产管理制度，审定安全技术措施，定期组织安全管理体系审核；负责落实施工组织设计中的安全技术措施，对本标段安全管理配备足够的人力、资金、设备、物资等资源，确保安全保证体系有效运行的资源；建立安全生产奖励制度，严格执行安全考核指标和安全生产奖惩办法，对在安全工作中成绩突出的单位和个人进行奖励，对达不到安全目标要求的施工单位和个人进行处罚，并将安全管理作为考核单位和个人的重要内容；督促并支持安全质量监察部落实安全保证体系的执行，处理建设单位或监理工程师提出的有关安全方面的要求，对不符合安全要求的工作，有权责令其停工或返工，并督促检查处理方案和纠正预防措施；定期对项目经理部的安全情况进行考核兑现。

为了保证项目安全生产，公司项目经理部在生产过程中建立了安全保证体系，包括组织保证、工作保证和制度保证，从组织、制度和工作上保证安全生产。

4. 项目进度管理

以设计为准，依据计划投放的资源状况(机械设备、劳动力、材料、资金等)，运用网络计划技术，统筹兼顾、合理安排各分项工程、各专业工程施工进度。在保证工程质量和安全生产的基础上，优化资源配置，挖掘设备潜力，充分发挥企业综合优势。以组织均衡法施工为基本方法，抓住有利季节，减少雨期和冬期影响，采取平行、流水、平衡的作业方法，积极谋划，超前运作。

项目施工进度安排必须严格按照施工项目的内容，首先确定项目关键控制性工程和重点工程，然后按照控制性工程及重点工程的施工进度指标安排总体的施工安排。确定关键线路及相应的指标。具体的步骤为：

(1) 确定项目分部工程工期指标；

(2) 确定项目的关键线路；

(3) 确定重点难点项目。

为了保证工程顺利实施，成立工期保证领导小组，由项目经理担任组长，施工技术、安全质量、物资设备、计划财务等职能部门的负责人任组员。工期保证领导小组定期开会分析项目实施中出现的问题，统一协调、统筹安排，确保目标工期的实现。

做好施工准备是保证工期的必备措施，做好施工调查，编制实施性施工组织设计，针对工程要求，做出周密的施工计划，对难点、重点和关键的施工项目，成立攻关小组，确保按期完成施工任务；大型施工机械设备要按计划限期进场，并保证机械设备状态良好；按计划实施技术准备工作，关键是现场测量、审核图纸、编制实施性施工组织设计及各工序的施工工艺标准，对全体施工人员进行岗位培训教育、施工图技术交底；按合同条款规定，进场前提出开工申请报告，在监理工程师的主持下，办理场地交接手续并与相关专业制定协调配合措施，按时开工。

合理编制施工进度计划、科学配置资源是保证工期的基础。科学编制施工进度计划，就是必须按照工程的类别和工程的特点，按照工程的分部指标进行合理计算确定工程的分部开始时间和结束时间；项目资源配置必须按照满足施工进度安排进行组织，资源的合理配置原则是合理、科学，能最大程度满足施工现场需求，并有一定的富余量和备用设施，同时避免浪费。

5. 项目成本控制及管理

针对项目的实际特点，该工程采用二级项目管理、一级成本核算的方法组织施工。二级项目管理为项目部、作业队两级；项目成本核算为项目部核算。项目成本采用开工前成本预测、施工过程中成本分析、年度及工程结束进行成本总结的方法实施。

项目成本控制及管理分为成本分析、持续改进、过程控制。成本分析的流程为：收入确认、支出汇总、费用对比分析、完成分析报告。成本分析可按照时限划分为月、季、年成本分析报告和项目终结成本分析报告。成本分析完成后，必须依照成本分析的结果，根据项目成本超支、结余的原因，详细制定改进项目成本管理的意见和办法，提出具体措施。持续改进意见可从以下几个方面着手：

(1) 针对成本管理中存在的问题进行梳理、归类。

(2) 针对问题制定详细的具有可操作性的实施方法。

(3) 提出下一阶段成本管理的重点、难点以及增效方案。

(4) 制定责任目标，落实到人。

成本分析、持续改进意见编制完成后，必须对改进意见进行过程控制，认真落实改进意见，并制定过程控制奖罚措施，使过程控制落到实处，确保改进意见的顺利实施。

三、青藏铁路二期工程项目管理

(一) 工程概况

青藏铁路由青海省西宁市至西藏自治区拉萨市，全长1956km。其中，西格段长814km，1984年投入运营。新开工修建的格拉段，北起青海省西部重镇格尔木市，从格尔木站引出，利用既有线至南山口后，基本沿青藏公路南行，途经纳赤台、五道梁、沱沱河、雁石坪，翻越唐古拉山进入西藏自治区内，经安多、那曲、当雄后，到达西藏自治区首府拉萨市，全长1142km，其中新建1110km，格尔木至南山口既有线改造32km。线路走向与青藏公路基本并行，工程总投资330亿元。

线路经过地区海拔高，且有550km的多年连续冻土地段，另有部分地段为岛状冻土及深季节冻土。具有不同于其他铁路项目所特有的工程特点。

1. 青藏铁路一期工程简述

早在民主主义革命时期，孙中山先生在《建国方略》的“高原铁路系统”规划中就提到了修建进藏铁路。新中国成立后，毛泽东、周恩来、邓小平等老一辈党和国家领导人，都极为重视青藏铁路的修建，但由于受当时国家财力所限及高原冻土等技术难题所困，到1979年青藏铁路只建成一期工程——西格段(西宁至格尔木段)814km，1984年开通运营。

2. 青藏铁路二期工程概述

2001年6月29日，青藏铁路格尔木至拉萨段正式开工，开工建设第一年，格尔木至望昆段五个冻土工程试验段开始施工。

2002年9月3日，青藏铁路公司正式成立，在这一年中，青藏铁路实现了重点攻坚，唐古拉山以北冻土工程和西藏段部分重点工程开展施工，并且铺轨到达了望昆站。

2003年全面攻坚，基本完成唐古拉山以北桥隧路基工程，铺轨通过风火山，唐古拉山越岭地段和唐古拉山以南工程全面开展。这一年青藏铁路实现了整体推进，基本完成全线路基桥涵隧道工程，进行站后工程试验，实现铺轨过半。

2005年实施决战，铺轨全线贯通，全面开展站后工程建设；2006年收尾配套，全面完成站后工程建设。

2006年7月1日，青藏铁路开通运营，总工期五年完成建造施工。

3. 青藏铁路二期工程技术标准

国家批复的可行性研究报告技术标准为：

(1) 铁路等级：国铁Ⅰ、Ⅱ级混合标准，线下工程按Ⅰ级标准。

(2) 正线数目：单线。

(3) 最小曲线半径：800m，个别困难地段600m。

(4) 最大坡度：20‰。

(5) 牵引种类：内燃，预留电气化条件。

(6) 机车类型：近期暂定DF8型。

(7) 牵引质量：2000t。

(8) 到发线有效长度：650m，预留850m。

(9) 闭塞类型：自动站间闭塞。

在建设过程中，根据工程建设需要，经报批后适当提高了线路平纵断面、主要装备、牵引质量等部分技术标准，增加了以桥代路地段，冻土工程采用多种可靠的综合处理技术，加强了保护自然环境措施，加大卫生保障力度，引进了适应高原运营要求的 NJ2 型内燃机车和通信信号设备，采用了供氧客车，牵引质量提高到 3000t，并采用虚拟自动闭塞方式。

4. 青藏铁路二期工程地形、地质、气象特点

(1) 沿线地形、地貌

线路通过地区宏观上属高准平原地貌，整个地势由西向东逐渐降低。在地貌上呈现近东西走向的山脉与盆地相间分布的格局，自北向南通过的主要山脉有昆仑山、唐古拉山和念青唐古拉山，其中昆仑山北坡及念青唐古拉山的羊八井峡谷地势较险峻，相对高差大于 700～1000m，其余山系多呈穹形起伏，宏观地形相当开阔，山岭浑圆而坡度平缓，山体窄而河谷宽。线路经过的水系自北向南为格尔木河、长江、扎加藏布江、怒江、雅鲁藏布江。

(2) 地质特征

沿线自然环境恶劣，新构造运动强烈，地层岩性破碎，冻融作用强烈，独特的地形地貌、水文和气候条件，形成了青藏铁路沿线特有的复杂的工程地质条件。

线路经过地区均为高海拔地带，广泛分布高原多年冻土。多年冻土北界位于昆仑山北麓西大滩断陷盆地西段，海拔高程 4360m，南界位于安多谷地，海拔高程 4800m，多年冻土区总长 550km。另有岛状多年冻土、深季节冻土分布。

沿线通过地质构造断裂带 200 余条，沿线较大的活动断裂有 38 条，地震烈度区划为 7～9 度。沿线主要有冰椎、冻胀丘、融冻泥流、热融滑坍、热融湖塘和冻土湿地等不良冻土，以及风沙、沼泽湿地、泥石流、地震液化、风吹雪、活动性断裂等不良地质现象。

(3) 气象特征

青藏铁路格拉段跨越了三个较大的自然气候区，即昆仑山以北干旱气候区、昆仑山至唐古拉山高原干旱气候区和唐古拉山以南高原亚干旱气候区。沿线气候寒冷、干旱。年平均气温在－6～8℃，极端最低气温－45～－17℃。降雨量 40～470mm；昆仑山以北干旱气候区降雨量 40mm，年最大蒸发量 3232mm；昆仑山至唐古拉山高原干旱气候区年平均大风(8 级)日数 130～178d；太阳紫外线辐射强烈，年总辐射 6280～10050MJ/m^2；雾、沙暴、雷暴、冰雹时有发生。

5. 青藏铁路二期工程规模、主要工程量及重点工程

青藏铁路格拉段长 1142km，线路平均海拔在 4000m 以上的地段 960 km，占线路总长的 84%，其中多年冻土地段长 550km，占总长的 48.16%。唐古拉车站为制高点，海拔 5072m。全线桥隧总长占线路总长的 7%，最长的羊八井隧道 1720m。全线原设计 34 个车站，2005 年又增加了 11 个车站，共 45 个车站，其中唐古拉车站是世界海拔最高的铁路车站。

青藏铁路格拉段主要竣工工程量为：建筑长度 1142km，路基土石方 7820 万 m^3，桥梁 675 座 160km，涵洞 2080 座 37144 横延米，隧道及明洞 10 座 9.549km。车站 58 处，初期开站 45 处。电务工程 1142 正线千米，竣工征用土地共计 6270km^2。

重点工程有：雪水河大桥、三岔河特大桥、昆仑山隧道、不冻泉以桥代路特大桥、望昆至楚玛尔河路基、巴拉大才曲特大桥、清水河以桥代路特大桥、楚玛尔河以桥代路特大桥、秀北立交特大桥、左冒西孔曲特大桥、风火山隧道、长江源特大桥、开心岭立交1号、2号特大桥、通天河特大桥、唐古拉雪水河特大桥、唐古拉以桥代路特大桥、唐古拉至土门饱和湿地、日阿藏布代路特大桥、头二九以桥代路特大桥、安多车站、休玛至安多沼泽湿地、北桑曲特大桥、安多至联通河地震液化层和沼泽湿地、那曲以桥代路特大桥、岗密学至那曲地下水路堑、当曲特大桥、羊八井1号、2号隧道、拉萨河特大桥、拉萨车站、铺架工程。

6. 青藏铁路二期工程建设理念与方针

(1) 以人为本的理念和保障健康的方针。

(2) 依靠科学技术的理念和大胆实践运用新技术的方针。

(3) 爱护环境的理念和保护生态环境的方针。

7. 青藏铁路二期工程建设特点与难点

(1) 在高原多年冻土上建造铁路没有任何经验可借鉴，是世界性技术难题。

青藏铁路格尔木至拉萨段是世界上中、低纬度海拔最高、线路最长、面积最大的多年冻土铁路，与高纬度冻土相比，青藏高原多年冻土具有温度高、厚度薄、敏感性强的特点。青藏铁路穿越的正是多年冻土最发育的地区。

在多年冻土区修建铁路工程，关键在于保护冻土地基不发生融化和退化，使工程结构置于稳固的地基上。以往的多年冻土区铁路工程，主要采取增加路堤高度和铺设保温材料等措施，隔断或减少外界进入路基下部的热量，从而阻止或延缓多年冻土退化，属于被动保温措施。各科研机构通过国内外大量工程实践调查表明，这种方法不能从根本上改善路基的热物理状态，隔热保温措施在阻止暖季外界热量传入地基的同时也隔断了寒季冷量的输入，不利于路基工程的长期稳定。而且带来的铁路病害相当严重。

例如早在1994年调查的俄罗斯西伯利亚铁路和贝阿铁路，线路病害率为27.5%；我国东北森林铁路多年冻土地段的病害率也在30%以上。因此，如何确保多年区冻土铁路工程的安全稳定，最大限度地减少冻土病害的发生是青藏铁路建设最大的技术和管理难题。由于青藏高原特殊的自然环境，多年冻土的地质条件极为复杂，国内外都没有成熟的经验可借鉴；且由于冻土区铁路路基的稳固性和可靠性不够，一般会对列车的运行产生影响，为保证通车后列车的正常运行，同时还能保持较高的时速，这就需要青藏铁路建设采用新技术、新工法。

(2) 沿线自然环境恶劣，要在生命禁区保证施工人员健康安全任务重、难度大。

青藏铁路地处高原，低气压、低氧、低温、干燥、风大、强紫外线辐射等自然环境特点，在这被称为“地球第三极”和“生命禁区”的地方施工、生活，对人体的机能造成很大的影响。如低气压、缺氧使人头昏、恶心、呕吐、心慌、气短等，对人体各系统机能都有影响；温度低造成冻伤，而且易使人感冒，诱发肺水肿；风大干燥造成人体体液大量蒸发，极易造成人体血液黏稠，引发心血管疾病；强紫外线造成的皮损等。同时青藏铁路沿线存在鼠疫等自然疫源性和其他传染病、地方病，不少地段缺乏可饮用水或水源污染，也给职工身体健康带来严重影响。面对如此恶劣的自然环境，要在生命禁区保证施工人员健康安全任务重、难度大。

(3) 沿线生态环境脆弱，环境保护任务艰巨难度大。

青藏高原素有世界“第三极”之称，是中国和东南亚地区巨河大川的发源地，也是世界山地生物物种的一个重要起源和分化中心，生态环境原始、独特而又十分脆弱，具有不可逆转性，一旦破坏，难以恢复。

因此，青藏铁路建设工程浩大艰巨，环境保护面临一系列难题：一是保护自然保护区，青藏高原独特的自然环境条件，形成了独特的高寒生物区系，在亚洲和世界高寒地区中均具有代表性，对周边地区气候和水资源具有直接影响；二是保护野生动物，青藏高原动物物种少，但珍稀特有动物物种多，种群数量大；藏羚羊、藏野驴等特有高原哺乳动物种数 11 种，占高原哺乳动物总种数的 68%；三是保护高原植被，青藏高原海拔高、空气稀薄、气候寒冷、干旱，生态系统中物质循环和能量转换过程缓慢，长期低温和短促的生长季节，使寒冷地区的植被一旦破坏，恢复十分缓慢，具有不可逆转性，生态环境十分脆弱；四是保护自然景观，青藏高原自东南向西北有高寒灌丛、草甸、草原、荒漠、冰雪带，还有沼泽植被、垫状植被等，自然景观呈现出多样性；五是保护江河湖泊水源；六是保护冻土环境。这些都是铁路建设面临的艰巨的环境保护问题。

(4) 工期紧，人员与机械能力发挥受限，施工组织难度大。

2001 年国家批准青藏铁路建设工期为 6 年，工期十分紧张。青藏铁路建设面临多年冻土、高寒缺氧、生态环境脆弱、交通运输条件差等多种因素，要想保证青藏铁路按时顺利通车，摆在青藏铁路建设者们面前的施工组织难度是巨大的。

而随着工程建设的推进，根据实际情况在 2003 年调整了施工组织设计，将总工期调整为 5 年，而且增加了一段以桥代路工程，这些更是加大了施工组织设计的难度。

沿线高寒缺氧，自然环境严酷，一年四季，土建工程只有 6 个月左右的施工期，恶劣的自然环境威胁人类的健康，并且导致人工和机械效率的降低，影响着全线的施工组织设计。

此外，青藏铁路工程建设所需设备材料主要由内地供应，运距长、运量大，根据青藏铁路所处地区的交通运输条件，运输主要通过铁路、公路两个路径。铁路经由青藏铁路西格段既有铁路运输，随着新线铺架延伸，铁路运输可不断前延。公路运输基本沿青藏公路南行，但从 2002 年起，青藏公路全线陆续进入全面改造阶段，青藏公路的通过能力随之锐减。青藏铁路铺架期间铁路建设的主要物资要通过已修建的铁路线路运输，运量大于开通后运量，工程运输能力制约着铺架能力的发挥，影响着全线的施工组织。

(5) 大量采用新技术、新设备，设备调试与系统整合难度大。

青藏铁路的建设目标是建设世界一流的高原铁路，即要求：青藏铁路的线桥隧涵、机车车辆、通信信号、调度集中等工程和设备都必须达到“先进、成熟、经济、适用、可靠”，以适应建设世界一流高原铁路的高标准要求。为此，青藏铁路的建设采用很多新技术、新设备，特别是站后工程，大量采用新技术、新设备。许多技术和设备在国内铁路上还是首次采用，特别是青藏铁路特有的高原环境，更增加了对设备选型及相关技术参数确定、高原适应性调试、各设备间系统整合的难度，还增加了系统工作量。而且青藏铁路运营管理对新技术、新设备及其调试和整合的要求非常高，所以建设中的设备调试与系统整合难度非常大。

（二）建设管理组织机构与职责

1. 建设管理组织模式

青藏铁路作为一条全额由国家投资的公益性铁路，首次实行建设项目法人负责制，由于其公益性特点，因此其法人负责制与一般项目法人负责制有着较大的区别。

(1) 青藏铁路项目法人负责制的建立

青藏铁路自2001年6月29日开工建设以来，从最初的青藏总指(铁道部工程管理中心的派出机构)作为项目组织形式，到后来在建设管理体制改革趋势下，根据国家和铁道部的要求成立的青藏铁路公司。青藏铁路项目法人负责制运作机制如图3.1-3所示。

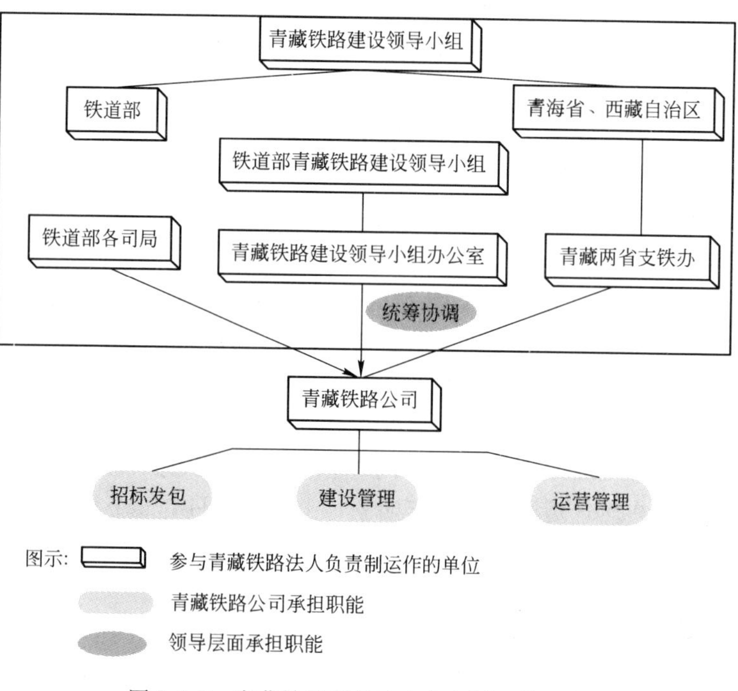

图3.1-3 青藏铁路项目法人负责制运作机制

(2) 青藏总指的成立及主要职责

2001年6月4日，青藏总指在青海省格尔木市正式挂牌成立，自此青藏铁路格拉段开工建设前的准备工作全面铺开。当时的青藏总指仅仅是铁道部工程管理中心的派出机构，主要职责是贯彻落实青藏铁路建设领导小组和铁道部关于青藏铁路建设的各项决定，执行国家和铁道部发布的有关政策、法规、标准，代表建设单位在现场履行控制投资、建设工期、工程质量等方面的建设管理职责，负责现场施工的组织指挥，负责与地方关系的协调，完成青藏铁路建设领导小组和铁道部交办的有关工作。

(3) 青藏铁路公司的成立及主要职责

铁道部根据国务院对铁道部、国家经贸委《关于组建青藏铁路公司有关问题的请示》的批复和对《青藏铁路公司组建方案》、《青藏铁路公司章程》的原则意见，于2002年9月3日在西宁组建成立了青藏铁路公司。

成立的青藏铁路公司是由铁道部进行管理、监督的国有大型企业，具有独立的企业法人资格，实行自主经营，独立核算。青藏铁路公司的经营范围是：前期主要从事青藏铁路格拉段建设，后期以整个青藏铁路运营为主，并实行多元经营。

具体经营范围是：主营铁路客货运输；铁路运输设备、设施、配件的制造、安装、维修；物资招标采购、仓储与供销。兼营工程勘察设计、施工管理、建设项目的承发包；工程建设和铁路运营咨询、旅游、服务业。

(4) 西宁铁路分局并入青藏铁路公司

根据铁道部文件指示，为了全面完成青藏铁路的建设任务，并做好铁路建成后的运营、管理和服务工作，2004年6月19日，铁道部将主管青藏铁路西宁至格尔木段运营的西宁铁路分局从兰州铁路局整体划出，并入青藏铁路公司。

在西宁铁路分局并入之后，青藏铁路公司的职责转变到负责青藏铁路的建设管理和西部路网的运营管理上来。铁道部将青藏总指纳入青藏铁路公司管辖，全面负责青藏铁路的建设管理，成立青藏铁路运输营销部门，负责青藏铁路的运营管理。

2. 建设管理制度

青藏总指在2001年6月之前制定了部分管理制度，并装订成册，下发执行。随着工程的进展，青藏总指又补充完善了部分规章制度，并结合青藏铁路的实际情况，汲取各参建单位提出的修改意见，对2001年制定的各项建设管理制度修改完善后，经2002年度全线建设工作会议讨论，总指办公会研究确定，重新颁发《青藏铁路建设管理办法汇编》，这些内部管理制度和全线建设管理的办法细则，主要有：

(1) 关于青藏铁路建设总指挥部与拉萨指挥部建设管理职责划分的规定

(2) 青藏铁路建设验工计价实施细则

(3) 青藏铁路建设财务管理及工程款结算办法

(4) 青藏铁路建设物资供应财务管理及清算办法

(5) 青藏铁路建设劳务用工管理办法

(6) 青藏铁路建设分包管理规定

(7) 青藏铁路建设安全管理办法

(8) 青藏铁路建设变更设计管理实施办法

(9) 青藏铁路建设调度管理规定

(10) 青藏铁路建设工程档案管理规定

(11) 青藏铁路建设奖励管理规定

(12) 青藏铁路建设设计优化规定

(13) 青藏铁路建设计划、统计管理规定

(14) 青藏铁路建设施工组织编制、管理规定

(15) 青藏铁路格拉段临时通信维护管理暂行办法

(16) 青藏铁路建设施工期环境保护管理办法

(17) 青藏铁路建设工程质量管理办法

(18) 青藏铁路建设监理管理办法

(19) 青藏铁路施工、建立单位质量信誉评价管理办法

(20) 青藏铁路工程建设创优规划

(21) 青藏铁路建设优质样板工程评比办法

(22) 青藏铁路建设物资管理办法

(23) 青藏铁路建设协调、征地拆迁管理办法

(24) 青藏铁路建设卫生保障实施办法

(25) 青藏铁路建设病人后送规定

(26) 青藏铁路建功立业劳动竞赛办法

3. 建设管理组织

青藏铁路二期工程建设管理实施的组织见图 3.1-4。

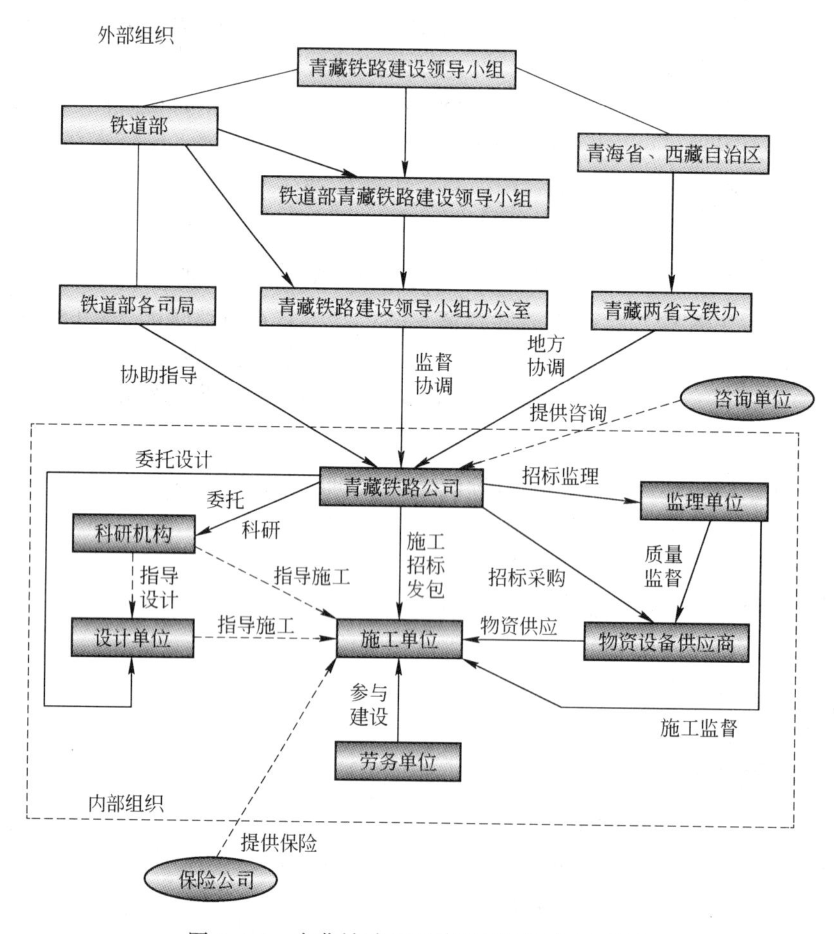

图 3.1-4 青藏铁路项目建设管理组织示意图

下面从六个方面反映青藏铁路二期工程建设管理的具体实施。

(1) 设计管理

青藏铁路公司和青藏总指对勘察设计部分的管理工作主要从决策计划、组织领导、过程控制、创新创优等方面着手，使勘察设计工作起到了贯彻执行国家计划，采用先进技术，降低工程造价，缩短建设周期，提高投资效益的作用。

在决策计划方面，青藏铁路公司和青藏总指坚决贯彻铁道部制定的技术标准，委托铁道第一勘察设计院作为设计单位并按照批准的设计任务书内容开展勘察设计，通过“委托设计合同”明确建设单位和设计单位之间的责权利，根据施工进度签订供图协议，对特殊工程采取相应措施，专门招标并做好协调工作。

在组织领导方面，青藏总指组建了完整的指挥管理体系，督促设计单位组建现场指挥部，在各个施工工地派驻称职的现场配合施工人员，根据工程进度随时举行设计施工协调会议、现场办公会等，同时青藏总指注意对设计单位的关心支持，及时解决处理他们的困难。

在过程控制方面，组织对设计单位的可研报告、初步设计的审查以确保设计质量，委托第三方对设计图纸进行咨询，严格执行施工图的技术交底和现场核对规定，随时发现设计中的问题，及时解决设计与施工中出现的矛盾，强化对变更设计的管理，及时协调不同设计单位之间的关系，保证了设计和施工的整个过程都处于有序可控状态。

在设计施工中根据建设世界一流高原铁路、应对未来可能出现的全球变暖大气升温现象、针对特殊地质气候条件等具体情况，遵循与时俱进、因地制宜的原则，不断优化设计，开展设计创新，不断提高工程质量，使整个工程达到世界一流高原铁路的目标。

(2) 施工组织与管理

1) 施工管理机构

青藏铁路建设总指挥部具体负责全线工程施工，青藏总指是青藏铁路公司的派出机构，其管理机构如图 3.1-5 所示。

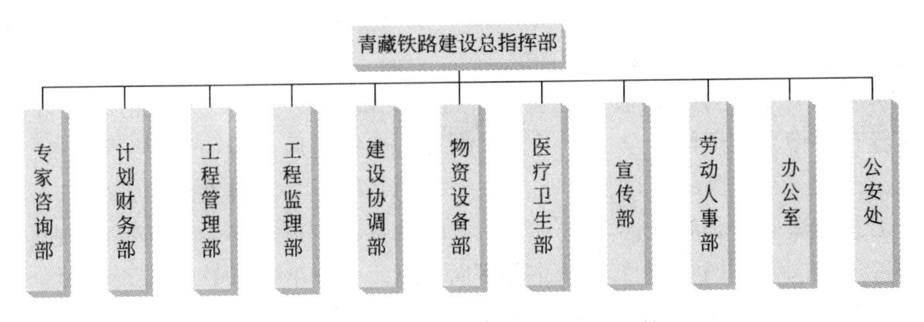

图 3.1-5 青藏铁路项目施工管理机构

2) 标段和区段划分

全线共有 33 个土建线下施工标段、2 个铺架施工标段、7 个房建施工标段、16 个站后三电工程标段，根据工程特点和设计进度安排，全线划分 3 个建设区段，由北向南分期修建、分段连续铺通。

① 格尔木～望昆(简称格望段)，全段长 147km，其中新建长度 117km。格望段地形平坦，戈壁荒漠地貌景观，海拔高程 2800～4500m，按常规铁路组织施工。

格望段 2001 年 6 月 29 日开工，2002 年 7 月开铺，2002 年 11 月底铺到望昆，其中正线铺轨 116.6km，架梁 270 孔，工期相对较紧。该段为全线铺轨起点，南山口设铺架基地、预制梁厂、轨枕厂。

② 望昆～布强格，全段长 461km。该段全部处于多年冻土地段，海拔高程 4500～5100m，高原严寒缺氧，地质复杂，为全线最困难的地段，也是全线工程的重点。

望昆～布强格重点解决的是多年冻土区铁路的设计和施工技术问题，其中部分地段多年冻土为高温极不稳定区，属高含冰量地段，冻结层上水含盐量高，冻结层下水活动强烈，对冻土的稳定性影响极大，部分地段考虑以桥代路，全线的桥梁大幅增加。

③ 布强格～拉萨，全段长 502km。主要位于藏北高平原区，海拔高程 3630～4600m，其中安多～拉萨按常规铁路组织施工。

3）站前线下工程组织

2001 年年内开始了清水河、北麓河、沱沱河试验段及昆仑山隧道试验段工程建设，完成了观测点、观测孔的布设；通过试验工程段的施工，不断探索冻土区施工工艺、有效的环境保护措施、高原地区劳动卫生保障等工作；不断总结推广克服“三大难题”新措施、新经验，不断整体推进具有青藏高原特色的施工管理水平，为青藏铁路大规模开工建设奠定管理经验、技术基础；总结施工机械在特殊的高原地理、气候环境下的适应特点，改造铺架机械的适应能力。

2002 年望昆至布强格开工，是冻土区大规模施工的第一年，冻土工程有所突破。加强冻土区试验研究，边设计、边施工、边总结、边完善是年内工作的重要特点。年内对 4 个试验段工程进行了连续观测和分析研究，总结、提出了阶段性研究成果。根据试验结果，初步评估冻土区设计工程措施的有效性，甄选冻土区设计工程措施，进一步完善望布段设计工程措施；对冻土区施工工艺初步总结和推广，使施工工艺更适合质量、环保双优需要。格尔木～望昆段线下工程全部完成；昆仑山隧道 11 月底达到铺轨程度；望昆至不冻泉线下主体工程完成到达铺轨程度；不冻泉至楚玛尔河线下主体工程基本完成；楚玛尔河至沱沱河线下主体工程完成 80%；沱沱河至布强格线下主体工程完成 50%；控制工程昆仑山隧道、重点工程风火山隧道年内完工。

2003 年在总结前两年建设管理经验的基础上，确定突破“三大难题”的目标和保证措施。随着布强格至拉萨段的全面开工，年内开始全线最后一段(布强格至安多)多年冻土区的施工。在冻土工程第一冻融循环观测、研究的基础上，阶段性全面评估冻土区工程措施及施工工艺的适应性和有效性，进一步完善设计原则，布强格以北局部补强设计，布强格至安多在充分总结冻土区设计、施工经验的基础上，固本措施一次到位；全面总结施工工艺并推广于冻土区施工之中；实现冻土工程基本突破的目标。安多至拉萨段重点控制沼泽化湿地、斜坡湿地、深季节冻土等地带的现场核对优化及基底处理工作质量，确保不留隐患。全面实行耐久混凝土标准，实施专业总监监理，执行耐久混凝土施工的强制性工艺标准，重点控制耐久混凝土拌合、运输、灌注、养生四个环节。保证耐久混凝土施工质量。

2004 年随着布强格至安多间冻土工程的全面完成，建立健全冻土区工程稳定性的长期观测系统；对经过一个冻融循环试验的站后设备进行系统观测、总结，完善站后工程设计原则；对年内完工的沼泽化湿地、斜坡湿地、地下水路堑、深季节冻土等路基地带设置沉降观测系统。年内站前附属工程、站后工程大量开工，强调加强其环保工作，延续站前工程环保结果。

2005 年冻土工程历经三年冻融循环，沼泽化湿地、斜坡湿地、地下水路堑、深季节冻土等不良地质路基地带大部经历两年余沉降考验。在继续深化冻土工程试验研究的基础上，全面总结评价冻土区、唐南不良工程地质段工程措施的有效性，评估线下工程的稳定性并得出基本结论。

4）铺架及轨道工程组织

最初根据铁道部对青藏铁路指导性施工组织设计的审查意见，全线按六年工期组织建设，采用单口铺架方案，铺架工期控制在 4.5 年之内。全线铺轨 1142km、架梁 3062 孔，其中，机械架设16m及以上梁2969孔。

在青藏铁路建设开始后，架梁工作量有所增加：随着对青藏铁路工程特点尤其是冻土工程的认识不断加深，设计不断加强，以桥代路工程措施大量采用。根据截至2003年9月底确定的全线桥梁设计表和全线增加桥梁设计，桥梁长度将从预可研阶段的77km增加至157km，相应的架梁数量将增至7080孔左右，较预可研阶段增加4018孔左右，其中16m及以上孔跨桥梁增加1330孔左右。全线机械架梁数量增至4337孔左右。

为了避免工期的延误，建设中做出了提前建设安多铺架基地的决定，对唐古拉—拉萨间实施机械化铺架。全线设南山口铺架基地、安多铺架基地，实施由南山口自北向南铺架与安多双向铺架相结合的铺架方案，唐古拉以北仍按原施组方案由北向南单端推进，机械铺架。此调整方案确保了全线提前一年铺架贯通的安排。

铺架相关工程的组织：设置轨枕厂两座，分别为南山口轨枕厂和安多轨枕厂；设置制梁场三座，分别为南山口桥梁预制场、安多桥梁预制场、雪水河梁预制场。道碴与整道工程的组织是：全线采取预铺道碴方案，预铺量为20%～30%，碴带中间部拉槽。铺架后道碴补充采用两种方式：第一，铺架后每天通过工程列车补2列道碴以确保铺架过后一个月内行车速度达30km/h；第二，在冬休季节及站后配套工程施工期间补足完成其余道碴。

根据沿线大量预铺道碴的需要，唐北段要求线下工程施工单位根据设计规划，开采并预铺道碴。唐南段除设计措那湖碴场外，将现有DK1705+000(23标采石场)、GK3747+000(27标林周采石场)、古荣(10标采石场)采石场改扩为碴场，为安多以南线上供碴。

对道碴基本补足地段的线路由铺架单位及时进行大机养路作业，以提高列车速度。2006年全线线路整道成型。7月1日前大机养一次，提高列车速度，确保达80km/h以上。6月份组织对安多以北段站前、站后、环保恢复预验工作；9月份对安多以南站前、站后工程、环保恢复工作组织预验。继续对全线线下工程稳定性进行观测，7月1日全线开通运营。

(3) 信息化管理

青藏铁路工程建设计算机管理系统是一个基于网络的大型铁路工程建设项目管理平台，通过信息管理子系统平台录入青藏铁路工程建设项目管理工作中各种基本的信息要素，而管理人员在领导查询系统平台上，通过系统整理成的文字、数据表格、图表、动态演示等几种形式的信息，可以详细了解工程各方面的进展情况，起到了简化规范信息管理工作流程、科学地对信息进行分析加工处理、促进信息流转和信息共享、提高项目管理工作效率和工作质量的目的。

工程建设管理人员可随时随地不受时间和地域的限制通过Internet登陆访问系统，进行工程建设的项目管理工作。

系统的工作原理是对管理人员录入到系统中的数据进行加工分析处理，然后将分析结果通过领导查询系统提供给管理人员作为决策参考。录入到系统中的数据都是采集自现场的可靠数据，通过信息管理系统来完成录入、存储过程。

(4) 工程质量管理

1) 质量管理模式与体系

在传统的“政府监督、社会监理、参建各方主体负责”的工程质量保证体系基础上，青藏铁路创建了“建设单位统一管理、施工单位严格自控、监理单位认真核查、设计单位优化配合、使用单位提前介入、政府监督全面到位”的质量管理模式。图 3.1-6 为青藏铁路建设实施阶段的质量管理体系框图。

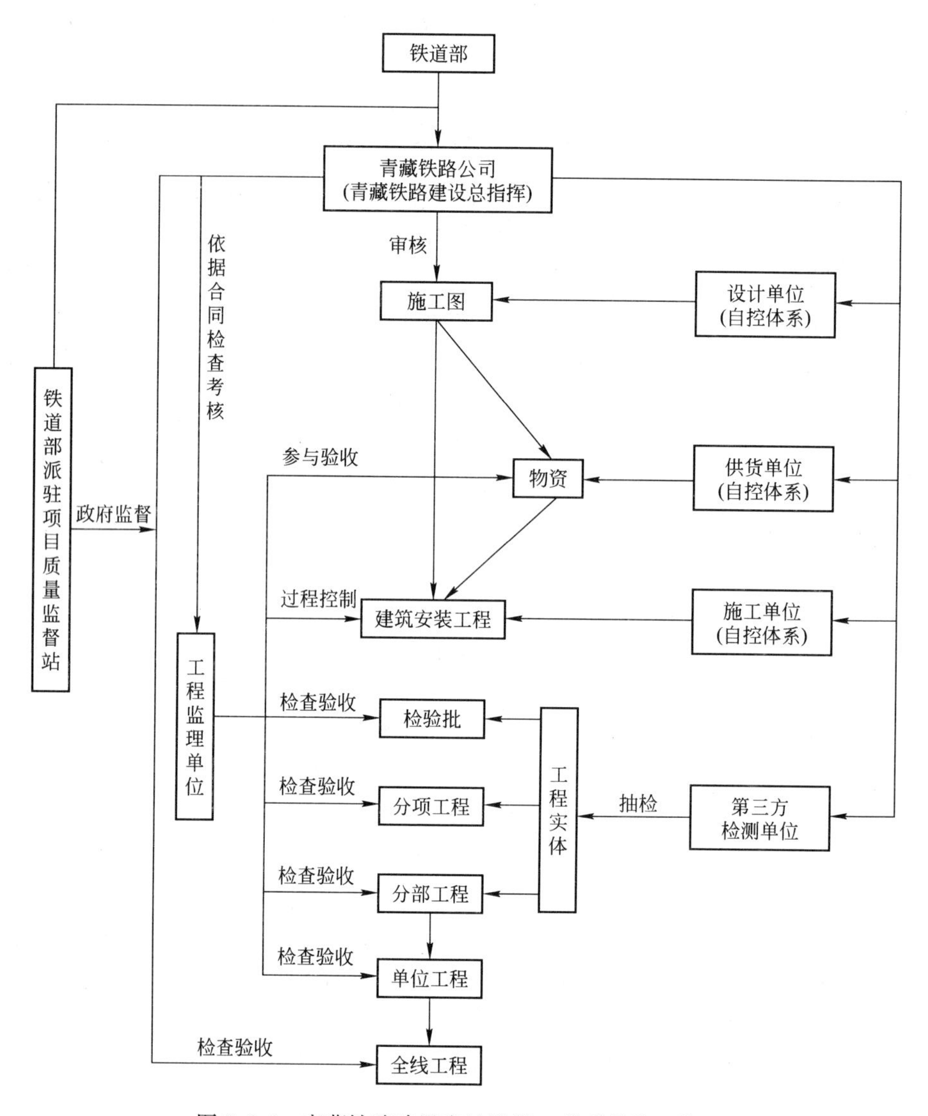

图 3.1-6　青藏铁路建设实施阶段工程质量管理体系

2）质量管理职责划分

业主总体管理职责：青藏铁路公司(总指挥部)作为业主，是质量管理主体，对工程质量负全责。由主要领导负责质量工作，并在机关设立工程部、监理部。编制了全线勘察、设计、施工等暂行规定，为工程质量管理提供了技术依据。严格实行开工审批制度，着重审查施工企业是否具备规定条件并核对施工图。严格实行工程试点制度，各标段开工必须先进行试点，在总结经验的基础上再全面展开。实行质量信誉评价制度，对质量信誉不合格的企业清理出场。开展工程创优活动，组织现场观摩和质量评比，树立典型，交流经验，奖优罚劣。落实工程验收制度，坚持标准，反复检查，督促施工单位整治缺陷，达标之后组织工程验收。

企业自控职责：工程项目实行全过程质量控制，要求设计、施工等企业按照GB/T 19000—2000族标准，建立健全质量管理体系、编制完整的质量计划书。坚持全员技术培训，实施质量自检自控，由企业主要领导人对所承包工程质量负责。

设计单位设立项目总体和项目专册负责人，建立技术咨询、设计回访、动态管理等制度。设计单位逐段复核设计文件，组织暖季、寒季现场调查，进一步优化设计，配合现场施工。

施工企业成立QC小组，实施PDCA循环，对施工工序、分项工程、分部工程、单位工程实施项目质量控制。对材料配件、机械设备、施工工艺等主要控制因素研究相应对策，对钢材、水泥、钢轨及配件等主要物资进行专项检测。经过工程试验，对多年冻土、湿地、耐久性混凝土及冬期施工等，制定具体规定，使施工工艺规范化。

监理单位全面监理职责：业主委托监理单位对工程质量实施全面监理。青藏铁路建设的线下工程共设18个监理标段，有10家监理单位中标，分别负责32个线下施工标段和2个铺架施工标段的工程监理。站后工程开始之后，设5个监理标段。中标的监理单位按照招投标要求，在中标后与青藏总指挥部签订了监理合同，设立了现场监理站，确保监理与施工进程同步。监理站下设技术室、总监办、监理实验室、高原环保室、医务室等，根据施工单位的任务再下设几个监理分站，具体负责各施工标段的监理工作。监理工作实行总监负责制，并建立了各级岗位责任制，做到分工负责，团结协作，责任落实到人，确保管段内各项工程实现创优目标。监理分站具体负责本监理管段的工作，监理站负责全监理标段的监理工作。

业主还委托第三方对工程实体采用两种以上方法进行质量检测。检测单位对检测结果负责。

政府监督职责：铁道部派驻格尔木的工程质量监督站，代表政府对青藏铁路公司（总指挥部）、设计、施工、供货、监理等单位履行质量责任行为和工程实体质量，依法进行监督、检查。

3）质量管理制度

建立完善的质量管理制度是规范管理的基础，也是确保工程质量的关键，总指制定的22个管理办法，均在不同程度上与工程质量相联系，突出了“质量第一”这个中心。其中，《青藏铁路建设工程质量管理办法》明确规定了如下14项质量管理制度：

① 技术交底制度；

② 施工图会审及现场核对优化制度；

③ 开（复）工报告审批制度；

④ 变更设计审批制度；

⑤ 工程材料、半成品质量检验复验制度；

⑥ 隐蔽工程检查签证制度；

⑦ 重点部位和关键工序旁站制度；

⑧ 专职巡视监理工程师和责任监理工程师制度；

⑨ 工程质量报告制度；

⑩ 工程质量事故报告和处理制度；

⑪ 工程质量责任追究制度；

⑫ 工程质量无损检测制度；

⑬ 耐久性混凝土和冻土工程专项监理制度；

⑭ 工程质量评估制度。

4）质量管理措施

青藏铁路建设中为了实现“高起点、高质量、高标准”和“少病害、少维修，建设世界一流高原铁路”的建设管理目标，加强全过程的质量管理，综合采取多种管理措施，为实现工程质量目标提供了有力的保证。主要质量管理措施有：建立健全组织机构，明确质量管理责任；分级负责补充制定质量细则、规定、标准；引入设计咨询和现场核对，严把施工图质量；以质量培训为先导，为质量控制打下坚实基础；编制创优规划，深化质量管理体系；坚持试验先行、样板引路，全面提高质量水平；加强过程控制，严把施工过程质量；严格质量监督管理，严把质量检测程序；开展施工、监理单位质量信誉评价，提高整体质量管理水平。

（5）安全生产管理

青藏铁路投资规模大、参建单位多、参建人员多、使用民工多、建设工期长，大量使用新技术、新材料、新设备、新工法，加之高原环境恶劣，很容易诱发生产安全事故。青藏铁路建设过程中重视安全生产管理，采取了有效的安全生产管理措施，控制了安全生产事故风险。

安全管理目标：

四个杜绝：杜绝职工因工重大责任死亡事故；杜绝交通运输死亡事故；杜绝工程运输线施工危及行车安全事故；杜绝锅炉及压力容器(氧气瓶、制氧机)爆炸死亡事故。

两个防止：防止火灾、爆炸、中毒及挖断光、电缆及输油管线事故；防止职工非因工责任死亡事故。

安全管理措施：

1）认真贯彻安全生产法律法规，建立健全安全管理规章制度；

2）建立健全各级安全生产责任制，实行安全考核和安全奖惩制度；

3）建立和完善事故处理应急预案；

4）组织开展安全标准化工地建设；

5）开展“安全生产月”、“安全生产黄金周”和安全大检查活动；

6）重视对劳务协作队伍的安全管理和沿线居民的安全教育；

7）重视交通、铺架及工程列车运输安全；

8）加强危爆物品、防火、用电安全管理和输油管线及光缆保护。

（6）职业健康管理

青藏铁路极为恶劣的高原环境给广大工程建设者的身心健康带来了极大的潜在威胁。为了确保广大工程建设者的身心健康，各级单位十分重视青藏铁路建设过程中的职业健康管理，提出了正确的职业健康管理原则、宗旨、目标，采取了一系列卓有成效的职业健康管理措施：

1）建立健全组织机构，制定规章制度，健全保障措施；

2）形成健全的卫生保障机制，建立健全三级医疗保障体系；

3）落实施工现场鼠疫防范措施；

4）建立健全应急机制；

5）落实高原病预防措施；

6）落实“非典”预防措施；

7）开展青藏铁路食品卫生安全及“三防”工作大检查；

8）按时足额发放工资、办理高原保险；

9）重视高原职业健康科研工作及科研成果的转化应用。

（三）施工新方法和新工艺

1. 冻土路基工程施工方法和工艺技术

青藏铁路二期工程格拉段穿越了青藏高原约550km多年冻土地段，五道梁地区为多年冻土的核心区域，绝大部分路段为永冻土。青藏铁路路基的填筑，给高原冻土工程带来了不少挑战，从各个项目试验段的试验结果来看，主动保护冻土措施是合理而又可行的方案。青藏铁路主动保护冻土路基的主要技术措施有热棒路基、通风管路基及片石气冷路基等。

2002年，五道梁冻土区路基率先应用片石气冷路基结构，其初衷是作为缓解施工技术规范对冻土区路基填土高度和填土季节的限制与青藏铁路施工工期要求之间的矛盾而提出的。随着试验研究的深入和这种路基结构降低土体温度、保护冻土效果的显现，青藏铁路建设开始在冻土区大量采用片石气冷路基结构。

下面以五道梁冻土区路基为案例，介绍冻土路基工程的施工方法和工艺技术。

（1）五道梁冻土路基工程概况

五道梁冻土路基工程段的范围是可可西里（不含）至曲水（含），具体里程DK1080+924～DK1110+100，长29.176km，包括五道梁车站和曲水车站的路基。

1）地形地貌

该段位于青藏高原腹地，地形切割显著，呈波浪状起伏，地貌上呈沟梁相间，相对高差100m左右。地表植被稀疏，覆盖率10%～20%。线路位于青藏公路东侧约1～4km，交通比较便利。地表水多为季节性流水，水量较小，楚玛尔河暖季水量较大，距该标段起始位置约20km。

本段公路西侧为可可西里自然保护区，公路东侧为楚玛尔河野生动物保护区。

2）地层岩性

本段地层主要为：第四系全新统冲、洪积黏土、粉质黏土、砂、角砾土、圆砾土、碎石土、风积粉、细砂，第四系松散层一般为2～4m，部分地段大于20m；上第三系泥岩、砂岩、泥灰岩、砾岩，三叠系片岩。

3）地质构造

该段发育的地质构造主要有可可西里背斜及可可西里压性断裂。

4）不良地质

本段的不良地质主要为多年冻土及其引起的不良地质现象。该段广泛分布有含土冰层及高含冰量冻土，线路两侧发育热融湖塘。另外存在发育半固定沙丘及风沙所引起的工程问题。

5）多年冻土上限、地温分区

多年冻土上限：1.0～3.5m；主要为低温基本稳定多年冻土区（Tcp-Ⅲ）和低温稳定多

年冻土区(Tcp-Ⅳ)，局部为高温不稳定多年冻土区(Tcp-Ⅱ)。

6）主要路基工程数量

区间路基土石方1431059m³，冻土路基132157m³，换填粗颗粒土127084m³，防水卷材125219m²，复合土工膜147036m²，倾填片石773516m³，碎石护坡251497m³，土工织物505059m²，热棒65709m。

工期要求：2002年4月1日开工，2004年5月10日完工。

(2) 冻土路基工程施工特点与难点分析

该段路基主要为多年冻土路基、热融湖塘路基、风沙路基段。路基以路堤填筑为主，路堑开挖相对较少，除桥台背后及局部冲沟高填外，大部分路基填筑较低，沿线分布土质为粉、细、中、粗砾砂、黏砂土、圆砾、卵石土等，地下水位埋藏较深。本段不良地质问题是多年冻土及其引起的不良冻土现象。该段广泛分布含土冰层及高含冰量冻土，路基两侧发育热融湖塘。

采取的技术措施要能有效减少对多年冻土的扰动和破坏，减少大气降水渗入及冻结层上水的危害；采用防护效果好的防护措施，增加路基基底的冷储或减少基底的蓄热，防止路基变形，保护冻土热平衡，维护多年冻土环境及加快多年冻土环境的恢复，是施工过程中的关键问题。

(3) 冻土路基施工方法与机械设备配备

1）路堤施工方法

因为该段路基位于青藏高原多年冻土地区，广泛分布有含土冰层。为了及时散发填料中的蓄热，冷却地基土，并尽可能地减少对原地面的扰动，维持地基多年冻土的稳定，路堤主要采用倾填片石形成通风路堤路基。

施工步骤及要求如下：

基底处理：按设计对基底进行处理(或换填或抛石挤淤或对原地面进行碾压)，然后填筑一层路拱，自路基中心向外设2%的排水横坡(或根据地形设单面坡)，坡脚处填层厚度不小于0.3m，其密实度按基床以下填料要求控制，其平整度按路基要求控制。

倾填片石：使用推土机或挖掘机配合倾填片石施工，一次倾填至设计厚度，在确保通风效果的前提下，对边坡片石适当规整。

倾填片石碾压及表层找平：用0.1～0.2m粒径的小块石在填石全宽范围找平倾填片石表层，采用重型振动压路机碾压倾填片石层6～8次，以控制填石路基整体稳定性。然后在填石全宽范围填筑0.2m厚碎砾石层限制最小粒径并碾压，按石质路堤要求控制其密实度，按石质路基面控制其平整度。在填石全宽范围填筑0.2m厚中砂反滤层并碾压，按中密要求控制其密实度，按土质路基面控制其平整度。严格控制碎砾石和中粗砂的级配，防止碎砾石和中粗砂漏入片石中，影响通风效果。

2）路堤中土工格栅施工方法

土工格栅运输和储存必须采取遮盖等方式避免阳光直射面老化，并保持通风、干燥和远离高温源，以保证其性能不受影响。

当路堤填筑至第一层土工格栅铺设高程时，将路基面平整压实，并检测其压实度。土工格栅上下均设砂垫层，防止土工格栅损坏。

人工铺设土工格栅，其搭接宽度按设计要求办理。搭接采用土工绳绑扎牢固，间距按产品说明布置。土工格栅固定采用土工钉固定。每层土工格栅均须平铺、拉直，除设计另有规定外，幅与幅之间应有效连接。

土工格栅边缘至边坡的保护层厚度满足设计要求，防止土工格栅外露。土工格栅铺设完成经质量检验合格后应尽快进行路基填筑，以免其受到阳光长时间的直接暴晒。覆土间隔时间不应超过24h。土工格栅铺设完毕后，继续进行路基土方填筑，采用人工摊铺土方，机械压实。

运土机械、压路机不准直接驶上土工格栅，土方经人工摊铺后，压路机进行碾压作业。

土方压实检测标准与路堤填筑相同。

3）路基顶复合土工膜防渗层施工方法

复合土工膜进场后，应进行抽检。复合土工膜运送过程中用封盖密封，现场存放在通风干燥、不受阳光照射的库房内，并远离火源。

工地试验频次按所购材料的批次进行，如每批大于15000m^2，以15000m^{2}为一批。

复合土工膜铺设前，根据设计尺寸做好复合土工膜的裁剪和连接；连接采用焊接的方式，接缝宽度不小于10cm，且连接处的各项技术指标不低于设计要求，接缝强度不低于原材料的设计强度。路基施工至复合土工膜设计铺设位置时，将基面整平，并做成向路基外侧不小于4%的排水坡；当基面为细粒土时，复合土工膜可直接铺在基面上；当基面为粗粒土时，按设计要求铺设砂垫层，砂中不得含有杂草、垃圾及碎石等杂物。复合土工膜铺设应平整无褶皱，松紧适度，并与基面密贴；坡面上铺设时自上而下进行，连接处高端压在低端上。土工膜铺设完成后，应及时铺设砂垫层覆盖，并夯拍密实；严禁施工机械直接在复合土工膜上进行施工作业，施工作业人员不得穿硬底鞋；施工中如发现复合土工膜被破坏，及时修补，修补面积不小于破坏面积的四倍。

复合土工膜铺设完成后，对其施工质量进行检测。

4）隔热保温层施工方法

聚苯乙烯板隔热层采用成品板运至现场进行铺设。进行大规模隔热层施工前，先进行试验段施工，以确定上垫层的上料、摊铺、平整和碾压工艺以及合理的机械配置，确保基床整体强度满足设计要求且保温板不被破坏。

隔热层下垫层选用颗粒级配良好，质地坚硬的中粗砂。砂中无杂草、垃圾及粒径大于10mm的石块等杂质，砂中含泥量不大于5%。

下垫层施工前，检验路基下承层压实质量，合格后将表面清理、平整、设置标桩，控制下垫层的铺设。下垫层压实后的厚度为20cm。

通过实验确定下垫层的虚铺厚度、砂的含水量及砂的压实系数等。下垫层的密实度标准应达到相对密度不小于0.7。下垫层砂料用自卸汽车运到施工现场，根据计算好的每车料的摊铺面积，等距离堆放。用推土机初平，平地机终平，采用压路机碾压或平板式振动器压实。

成品挤塑聚苯乙烯板（聚氨酯板）板隔热层成品聚苯乙烯板（聚氨酯板）进场时，每批产品需有产品合格证和质量检验报告单，并按如下要求抽检：外观基本平整，无明显的鼓胀和收缩变形，其长度厚度偏差满足《施工技术细则》要求；聚苯乙烯保温板（聚氨酯板）储存在干燥、通风、干净的库房内，远离热源、化学物品；平整堆放防止重压，防止日晒雨

淋和断裂、缺掉角。隔热层铺设前，对聚苯乙烯板的规格、性能进行检查核对；清除下垫层表面杂物，测量放线、

标示出隔热层的铺设范围。人工密贴排放保温板，其上下层接缝交错放置，交错距离不小于0.2m，层与层间及接缝处的贴接符合设计要求。隔热层的铺设质量标准及检查频次符合《施工技术细则》要求。

隔热层铺设完毕后，经检查合格，及时铺筑上垫层，避免保温板长时间暴露。在铺设过程中要轻拿轻放，不得损坏，铺设完毕后禁止机械在其上行走。

隔热层上垫层选用塑性指数小于12、液限指数小于32的细粒土。富含腐殖质的土、草炭土、草皮及含有冻土、膨胀土和碎卵石的土料不能使用。

隔热层上垫层压实厚度0.2m，采用一次填筑，虚铺厚度根据试验确定。上垫层施工时采用人工摊铺、平整，水平仪控制虚铺厚度，采用轻型静压光轮压路机碾压，按先两侧后中间，先慢后快的压实顺序进行。碾压轮纵向碾压重叠宽度20～25cm，碾压速度、碾压遍数通过试验确定。压路机碾压不到之处，用平板夯实机械配合夯实。上垫层面做成向两侧4%的横向排水坡。

填料的含水量控制在最佳含水量的±2%范围内。当填料含水量较低时，采用在取土坑内提前洒水焖料的方法；当填料含水量过大时，采用推土机松土器拉松晾晒的方法或将填料运至路堤人工摊铺晾晒。任何机械、车辆不能直接驶入隔热层表面。上垫层施工压实质量满足《施工技术细则》要求。

5）保温护道施工方法

路堤保温护道按设计要求尺寸填筑。当保温护道与路堤采用同一种填料填筑时，保温护道与路堤同时填筑，同时整平。压实质量标准按路堤本体压实标准控制。

保温护道采用不同填料填筑时，不同种类的填料分别分层填筑，每一水平层的全宽采用同一种类的填料。渗水土填在非渗水土上时，非渗水土层面做成向外倾斜4%的横向排水坡。保温护道不能使用冻土做填料。护道顶面做成向外倾斜4%的排水坡，以利排除降水。

（4）冻土路基主要难点施工技术

青藏铁路的填筑，给高原冻土工程带来了不少挑战，在对不同形式的路基进行了科学研究后并分析比较不同路基形式的降温效果，从各个项目试验段的试验结果来看，主动保护冻土措施是合理而又可行的技术方案。

主动保护冻土路基的主要工艺技术措施有片石气冷路基、热棒路基和通风管路基。

1）片石气冷路基施工技术

2002年，五道梁冻土区路基率先应用片石气冷路基结构，其初衷是作为缓解施工技术规范对冻土区路基填土高度和填土季节的限制与青藏铁路施工工期要求之间的矛盾而提出的。随着试验研究的深入和这种路基结构降低土体温度、保护冻土效果的显现，青藏铁路建设开始在冻土区大量采用片石气冷路基结构。

无填土覆盖层的片石路基结构是一种最为理想的开放系统，在理想的开放状态下，片石层路基结构内部传热机理是空气对流效应和片石层颗粒之间接触式热传导的复合过程。冬季外部空气强迫对流效应和内部较弱的空气自由对流效应这种复合过程，以及片石颗粒层面连续接触造成的接触式热传导过程，都有利于外部冷空气对片石层以下土体的侵入，

加速土体散热，降低土体温度。夏季空气对流复合过程对热空气向片石层底部土体侵入的阻挡效果抵消了接触式热传导的负面效果，使片石层呈现隔热作用。

铁路运输动荷载的特殊性要求片石层上部必须具有一定厚度的填土覆盖层，线路纵向坡度的限制使这种覆盖层厚度不一。因而构成了片石气冷路基结构在工程上都是以半封闭系统存在的。在这种半封闭系统条件下，冬季风速大时片石层内产生的侧向强迫通风效应和风速小时片石层上下层面温差造成的自由对流效应为主要工作机理，这种工作机理有利于外部冷空气对片石层以下土体的侵入，但是其加速土体散热，降低土体温度比开放条件下要差一些，夏季空气对流复合过程对热空气向片石层底部土体侵入仍然具有一定的阻挡效果，而填土层的存在使接触式热传导的负面效果减弱，因而片石层仍然呈现隔热作用。

2）热棒路基施工技术

热棒冷冻路基工程在青藏铁路得到了大量应用，它主要用在高含冰量冻土地段路基和路堑。

热棒制冷技术是一种利用液气相转换对流循环来实现热量传输的系统。是无源冷却系统中热量传输效率最高的装置。它是由一根密封的钢管制成，里面充以工质，管的上部装有散热叶片，称之为冷凝段。当蒸发段与冷凝段之间存在温差时，蒸发段的液体工质吸热蒸发成气体，在压差的作用下，蒸汽沿管内空隙上升至冷凝段，与较冷的管壁接触放出汽化潜热，冷凝成液体，在重力作用下，冷凝液体沿管壁流回蒸发段再吸热蒸发，如此往复循环，将地层中的热量传输至大气中，从而降低了多年冻土的地温，防止多年冻土发生融化，改善了地基土体的力学特征。

2. 冻土隧道工程施工方法和工艺技术

在青藏铁路工程中，昆仑山隧道占据着特殊的位置，是典型的冻土隧道，在高山长年冻土层中修筑长隧道，是公认的“世界难题”。

昆仑山隧道于2001年9月开工，2002年9月26日胜利贯通，隧道建设中采用了大量新技术、新材料、新工艺，下面以昆仑山隧道为案例，介绍冻土隧道工程施工方法和工艺。

（1）昆仑山隧道工程概况

昆仑山隧道全长1686m，里程DK976＋250～DK977＋936。位于海拔4600～4800m的连续多年冻土区，冻土厚度大于100m，地质结构复杂，自然条件严酷。山体为三叠系板岩夹片岩，山坡为坡积角砾土、碎石土、洪积碎石土。围岩以Ⅳ级为主，还分布Ⅵ级与Ⅴ级，由于此隧道位于D6—F1和D6—F2压性断层之间隆起盘中，故围岩比较破碎，节理发育，层理明显，正常涌水量为222.55m^3/d，最大涌水量为445.10m^3/d。所在地处于8度以上地震烈度区。

隧道出口段位于R＝1000m的曲线上，洞身的单面纵坡为14‰、13.4‰，隧道衬砌采用曲墙带仰拱封闭断面形式，并在此基础上对衬砌内轮廓进行优化，适当加大边墙曲率，以改善衬砌受力条件，一次支护采用模筑工艺，架设格栅钢架。二次衬砌施工前先铺设防水保温层，洞身每隔15～30m设一道伸缩缝。隧道分别在DK976＋940、DK977＋500靠公路侧设两个施工横洞，横洞长：1号：262m；2号：111m。昆仑山隧道是目前世界上高原冻土第一长隧道。

昆仑山隧道位于高原干旱区，具有青藏高原独特的冰原干旱气候特征，即高海拔、高寒缺氧、低气压、低氧分压。据现场观测，隧道进口的大气压只有海平面的57%、氧分压只有海平面的54%。隧道进口与海平面的大气压、氧分压对比情况见表3.1-6(据2001～2002年现场观测资料)。最高气温23.7℃，最低气温－37.7℃，平均气温－3.6～5.2℃，日温差可达30℃。年平均降水量220.9mm，年平均蒸发量1469.8mm，相对湿度为24.5%（现场观测），最大风速23.0m/s。

隧道进口与海平面的气压、氧分压对比 **表3.1-6**

地点(海拔高度/m)	气压(毫米汞柱)	氧分压(毫米汞柱)
海平面(0)	760	159
昆仑山隧道进口(4642)	433	86

(2) 冻土隧道工程特点与施工难点分析

1) 高原冻土

昆仑山隧道所处地段多年冻土上限为1.5～2.5m，下限为60～120m。

2) 高海拔、高寒、缺氧

高寒、缺氧、低气压对人机效率的降低影响是严重的，根据相关资料，海拔高度为4001～5000m时气候对人机的影响见表3.1-7。

高海拔地区气候对人机的影响 **表3.1-7**

海拔高度(m)	高原气候影响系数(%)	
	工天系数	机械台班系数
4001～5000	32～39	60～70

3) 地质条件差

昆仑山区属于雅合拉达合泽山旋回层，区内岩层挤压褶皱强烈，地质条件极为复杂。隧道穿越多条断裂带，进口处有厚层地下冰，出口段为乱石堆积体，石质破碎，中间有裂隙水、地下水和溶洞泥流。隧道位于两条逆冲断层间的隆起盘中，其中进口端断层在2001年11月14日发生的8.1级地震中重新错开，隧道围岩为Ⅳ、Ⅴ、Ⅵ级。

4) 结构复杂、工序繁多

隧道采用曲墙带仰拱整体式模筑钢筋混凝土衬砌、模筑混凝土支护、系统锚杆。防水板及隔热层位于支护与衬砌之间，按“防水板＋隔热层＋防水板”结构形式沿隧道全长全断面铺设防水隔热材料。隧道内设双侧保温水沟，墙脚纵向设ϕ100PVC盲沟。通过“三通”及ϕ50泄水管将衬砌背后的水及时排入侧沟。

隧道衬砌结构形式如图3.1-7所示。

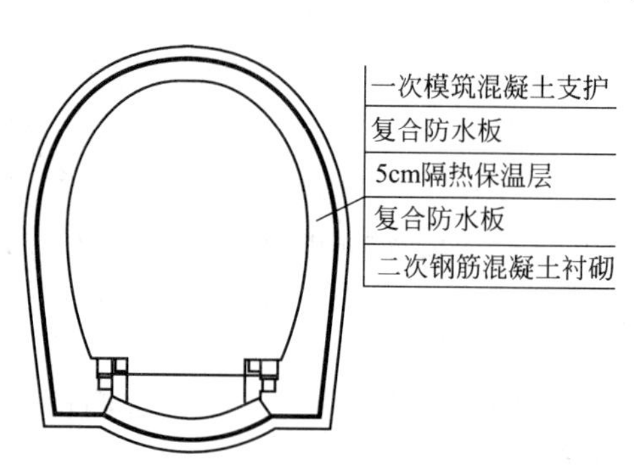

图3.1-7 隧道衬砌结构形式

5) 工期紧

青藏铁路全线工期由铺架控制，而昆仑山隧道位于冻土北界，直接控制铺架工期。因此，必须寒季组织施工。

(3) 冻土隧道施工方法与机械设备配备

由于该隧道的特殊性及工期的紧迫性，采取“长隧短打”原则，即开设进口工作面、出口工作面以及从1横洞、2横洞向两头开设的四个工作面，共计五个工作面进行施工，大大缓解了工期压力，同时避免了长距离通风和供氧的大量投入。

1) 开挖方法

洞外开挖遵循“快开挖、快弃碴、快防护”的“三快”方针，按分段(10～20m)，分层(1.0～1.5m)开挖，分层防护，暖季白天用轨行式钢桁架覆盖棉帐篷加强防护，避免冻土融化的原则组织施工，缩短洞口边、仰坡暴露时间，减少含土冰层或厚层地下冰的融化，防止地质病害发生。

隧道洞身开挖采用超短台阶施工，钻爆法与机械开挖相结合。上、下半断面平行开挖、支护，上半断面用YT28风枪打眼，下半断面用H177二臂液压钻孔台车打眼，用LZ-120电动扒碴装载机装碴，XK12-7.9/192电瓶车牵引SD14梭式矿车运碴，洞外无轨运输二次倒运。采用中空锚杆、挂钢筋网、格栅架、模筑混凝土等联合支护措施。用压入式通风给洞内各工作面供应新鲜空气。在施工中，坚持“短开挖、微爆破、快支护”的原则组织施工。

通风控制技术是：①在寒季(－10～－37℃)将风机置于洞口保暖大棚内的通风方式，即能确保开挖时－5～0℃的温度要求。②在暖季，利用日温差大的特点，采用日最低温度时段通风，可保证开挖段温度控制在＋5℃以内。但为了保证开挖安全，必须尽快实施湿喷混凝土加系统锚杆支护手段，以封闭围岩，减少空气与冻土的热交换，延缓冻土冻融圈的扩展速率。为保证施工安全，湿喷只是一种临时支护手段，据观测，破碎的冻土围岩在洞内温度呈正温(＋5℃以内)，实施了湿喷混凝土支护(厚5cm)的条件下，可稳定5d以上，施工中据此确定一次模筑混凝土距开挖掌子面可保持18～20m的距离。

洞内温度控制技术是：由于昆仑山隧道洞身围岩挤压褶皱强烈，节理发育，岩层非常破碎，围岩主要靠裂隙冰的粘结作用连成整体，一旦洞内环境温度超过0℃，随着融化圈的扩大，融化圈内的围岩就会发生掉块及坍塌。据施工实践，围岩破碎、整体性差的冻土隧道开挖段施工环境温度宜控制在－5～0℃内，这个温度在寒季易控制；在暖季环境温度必须控制在＋5℃内，同时对围岩及时进行喷锚临时支护，保证施工安全。

2) 冻土光面爆破技术

冻土光面爆破技术要点是：

① Ⅵ级、Ⅴ级围岩采用超短台阶，台阶长3～5m，下半断面紧跟。Ⅳ级围岩采用全断面开挖。

② 采用风动凿岩机钻孔，钻头直径ϕ42mm。孔位偏差在10cm以内，Ⅵ级、Ⅴ级围岩周边眼间距30cm，最小抵抗线40cm；Ⅳ级围岩周边眼间距40cm，最小抵抗线50cm。

③ 严格按钻爆设计图进行钻孔。采用楔形掏槽，周边眼外插角不大于3°。为防止钻孔机械用水在孔内冻结，成孔后及时由ϕ20mm钢管送高压风将炮眼内石屑、积水吹干净。采用了NaCl盐水水炮泥封堵炮孔的技术措施，达到降低工作面温度和有效降尘的目的。

④ 选用KBW型防水抗冻性乳化炸药和抗冻型非电毫秒雷管，周边眼采用ϕ32mm乳化炸药间隔装药，用竹片和导爆索连接，辅助周边眼、辅助掏槽眼、掏槽眼、底眼采用ϕ32mm的2号岩石硝铵炸药与导爆管连接，连续装药。

⑤ 采用抗冻型非电导爆管复合网络，为保证起爆的可靠性和准确性，连接时导爆管不能打结和拉伸。

⑥ 为减弱爆破对围岩的振动，减少围岩爆破松动圈的范围，掏槽眼、辅助掏槽眼、底眼、辅助周边眼、周边眼采用加大雷管段别间隔的方法，即分别采用1段、5段、9段、13段、17段或2段、6段、10段、14段、18段。

3）冻土隧道富冰浅埋段成洞技术

洞口浅埋段开挖坚持“重地质、短进尺、弱爆破、强支护、快衬砌”的原则进行施工。在开挖进洞前，采用ϕ100×1000mm钢管大管棚超前支护，同时施作超前拱部小导管，注GRN水泥基低温早强浆液固结锚管并加固地层，架设洞口第一榀格栅钢架并与小导管焊接成整体。小导管环向间距30cm，管长4.0m，搭接长2.0m。在小导管的超前支护下，以上下断面法环形开挖，上断面人工开挖留核心土，挖掘机开挖核心土及下断面。循环进尺0.5m，短进尺、快开挖，早喷混凝土封面隔热保温，维持冻土的原地温。每2.0m循环进尺，及时先拱后墙法模筑混凝土支护。

4）防排水结构和隔热保温层施工技术

防排水结构和隔热保温层是昆仑山隧道设计中的特殊和关键结构，必须严格按照施工工艺和标准进行施工，以确保工程质量。

防水、隔热保温层材料控制技术是：采用的防水、隔热保温层材料的性能和用途如表3.1-8所示。

防水、隔热保温层材料的性能和用途　　**表3.1-8**

材料名称	性能	用途
PU聚氨酯板	厚5cm；抗压强度≥3kg/cm^2；体积吸水率≤3%；导热系数≤0.03W/(m^2·K)	隔热保温
复合防水板	膜厚≥1.0mm，纵向拉伸强度≥1.5MPa；−35℃无裂纹；断裂伸长率≥200%，抗渗性：24h无渗透	防水
树脂胶	OP型	模筑支护与防水板和保温板之间的黏合
聚氨酯胶粘剂	MDI型，密度1200kg/m^3；粘结强度0.2MPa	保温板接缝粘结

施工工艺技术是：复合防水板采用粘贴工艺，隔热保温材料由工厂预制成型；洞内拼装采用OP树脂胶作为防水板与混凝土之间、防水板与保温板之间的胶粘剂，每一层粘结采用双面涂胶，待风干后粘结。PU板间采用MDI聚氨酯改性粘合剂粘结，接缝接触面采用双面涂胶。PVC板间采用搭接，搭接长10 cm。搭接缝用热焊机进行热焊处理，并用焊枪融化固体胶进行胶结补强。

施工缝、伸缩缝处理技术是：环向施工缝在浇筑新混凝土前涂刷2mm厚的WJ界面胶粘剂，在衬砌截面中间布置遇水膨胀止水条，水平施工缝不设水泥基界面剂及止水条，但在浇筑新混凝土前要清理接合面，以保证结合面密实。伸缩缝在洞口段300m范围内结合施工缝设置，间距20～25m。在设置衬砌伸缩缝的隧道断面处，模筑钢筋混凝土衬砌中间铺设橡胶止水带，在靠近支护一侧衬砌外侧布置100mm遇水膨胀橡胶止水条，其余缝隙用碴油麻筋或浸油木板充填。

5）仰拱作业桥施工技术

施作仰拱对掘进干扰大一直是国内隧道钻爆法施工中未能很好解决的一大难题。虽然曾有不少单位专门对此进行过科研攻关，也曾有许多工程技术人员在隧道施工中尝试过多种施工方法，但均未达到理想的效果。目前，大多数钻爆法施工的隧道采用半侧施作或简易栈桥的方法进行仰拱施工，不但仰拱施工质量难以保证、劳动强度高，而且工效非常低，大大影响了隧道施工速度。

青藏铁路昆仑山隧道工期紧迫，仰拱结构复杂，且必须超前拱墙衬砌施作和分段一次成形，对仰拱施工提出了更高的要求。为减少仰拱施工给隧道掘进造成的干扰，提高隧道施工速度，保证仰拱施工质量，仰拱作业桥参数及施工过程如下：

① 仰拱作业桥全长 27.55m，宽 3.2m，重 24t，能通过重载运输车辆和三臂轮式凿岩台车，一次施工长度 8.5～10m。

② 施工中仰拱开挖一次到位，浇筑一次衬砌和二次衬砌仰拱至水沟底下 5cm 处。

③ 利用钻眼时间移动仰拱作业桥，平行作业。

经青藏铁路昆仑山隧道施工验证，YFRQ9 型隧道仰拱作业桥施工安全、移动方便，在提高隧道施工速度和保证仰拱施工质量方面取得了显著成效，较好地解决了仰拱施工对掘进干扰大这一长期困扰国内隧道钻爆法施工的技术难题。

6）混凝土湿喷支护技术

根据昆仑山隧道施工表面，因昆仑山隧道为高原冻土隧道，板岩夹片岩裂隙发育，其中富含裂隙冰，受温度影响极大。经长期观测，对距掌子面 15～25m 范围内暴露 5d 天以上的围岩掉块情况与岩面温度进行统计发现，在－4℃以上掉块现象均有可能发生，从而严重影响施工安全与进度。为确保安全与进度的统一，采用喷锚支护作为临时支护，在冻土上进行混凝土湿喷支护有其独特的技术。

① 材料选择控制技术

水泥：优先选用普通硅酸盐水泥，水泥强度等级不得低于 42.5 级，使用前应做强度抽检，不合格者严禁使用。

砂：采用洁净的中砂或粗砂，细度模数宜大于 2.5，含水率宜为 5%～7%。

碎石：采用坚硬耐久的碎石，粒径不宜大于 15mm，其中针状颗粒含量不大于 15%，含泥量不大于 1%，冻融损失小于 5%。

另外，以上材料不得混入冰雪。

② 喷射混凝土配合比控制技术

选择喷射混凝土的配合比既要考虑混凝土强度和其他物理力学性能的要求，又要考虑施工工艺的要求，与围岩的粘结强度不低于 0.5MPa。

重量配合比：水泥：（砂＋石）＝(1∶3.5)～(1∶4)

水灰比：0.4～0.45

含砂率：55%～60%

水泥用量：450～480kg/m^3

速凝剂：4%

外加剂：选用 HS—1 外加剂，掺量 1.8%

聚丙烯纤维：为降低回弹和控制喷层裂纹，在喷射混凝土中添加聚丙烯纤维。

③ 工艺技术

喷射混凝土顺序应先墙后拱，岩面不平行，应先喷凹处找平，喷射时自下而上，并注意呈旋转轨迹运动，一圈压一圈，纵向按顺序进行，旋转半径一般为15cm，每次蛇行长度为3～4m。若岩层极易坍塌时，初喷应先拱后墙，复喷应先墙后拱，喷射混凝土时喷射速度不宜太慢或太快，应适时加以调整。这样就能适当拉开开挖面与一次模筑之间的距离，减少相互作业的干扰，有利于施工进度的加快和施工安全的保证。

④ 温度控制技术

由于在高原地区作业，因此必须用地炉加热装置对材料进行预热和适当的保温措施。水泥和石子以及防冻剂保证在正温以上，砂子温度必须大于或等于10℃，水的温度控制在50～70℃之间，出搅拌机混凝土的温度控制在20℃以上，进喷射机时混凝土的温度控制在10℃以上。

采取湿喷混凝土临时支护并确保足够的支护强度，是事关昆仑山隧道施工安全、质量、工期和效益的一个至关重要的环节。事实证明湿喷混凝土在高原多年冻土区隧道施工中的可行性，填补了国内这方面研究的空白。

7）低温注浆堵水施工工艺技术

昆仑山隧道DK977＋600～＋660段埋深较浅，最薄处为2.8m。由于该段处于沟谷，地形低洼，两侧山坡及沟床上游融化层范围的水向该处汇集，并通过冻土融化层——隧道融化圈这个通道，在上游侧隧道拱腰部位出现渗漏水，现场量测涌水量Q=200～400m^3/d。施工中堵水技术如下：

① 浆体控制技术：水灰比为0.7～1.0；扩散半径为1.0m；初凝时间为20min(外掺剂2%～3%，自然低温水)；注浆终压1.5～2MPa。

② 注浆控制技术：洞内采用R32自进式锚杆全断面注浆堵水，拱墙锚杆长3.5m，间距1.0m×1.0m；仰拱锚杆长4.0m，间距0.8m×0.8m。注浆分两次进行，第一次注水泥浆，第二次注GRM水泥基浆液。

8）低温早强耐久混凝土施工工艺技术

由于青藏铁路所处的特殊地理、气候环境，要求混凝土具有抗冻性、抗渗性、耐腐蚀性、耐碱骨料反应性、耐磨性、抗碳化性、抗裂性、抗氯离子渗透性、抗风化、体积稳定性等耐久性指标。隧道混凝土设计采用低温早强耐久性混凝土，通过试验后，采用了如下技术：

① 掺用由课题组试制的DZ系列外加剂，掺量为水泥用量的10%。

② 尽量少用水泥，最大水胶比小于0.4。

③ 掺用适量的活性掺合料，选用针片状少的骨料。

④ 采用合理的生产工艺及养护制度，采用混凝土集中拌合生产、搅拌车运输及泵送入模，通过对拌合料的加热和对运输机械的保温，确保混凝土的入模温度控制在＋5～＋10℃之间。浇筑后的混凝土保湿、保温养护不少于14d。

9）隧道供氧及健康监测技术

为防止高原缺氧和过度疲劳诱发重症高原病，保证施工人员的身体健康，采取了如下措施：

① 采用6h工作制，按每天四班制并按1.3富余系数配备施工人员。

② 配备1.5kg重的背负式氧气瓶，补充作业过程中的氧需求。

③ 在洞口设氧吧，规定作业人员进出隧道必须在氧吧进行氧疗。宿舍采用弥漫式供氧，增加宿舍空气中的氧分压。

④ 规定作业人员每月进行一次高压氧舱的氧疗，每半月下格尔木(海拔2832m)进行一次习服。

⑤ 在洞口设急救中心，格尔木设康复中心。

⑥ 对洞内氧分压、湿度、温度、大气压力、巷道风速、粉尘、CO、CO_2 等进行监测，据监测结果采取相应保障措施。

10）地质雷达检测技术

为了在施作防水保温层前确保一次模筑混凝土支护背后填充密实，避免冻害隐患，在施工过程中采用地质雷达检测技术，并严格依照压浆—检测—再压浆工序进行作业。

3. 冻土桥梁工程施工方法和工艺技术

清水河特大桥属以桥代路工程，位于青藏高原楚玛尔河准高平原地区，中心里程DK1033+448，全长11.7km，是青藏铁路第一长桥，也是青藏铁路十大重点控制工程之一，平均海拔4500m以上，桥位位于高含冰量冻土地带，属于高温极不稳定多年冻土区，冻土类别为饱冰冻土及含土冰层。地表覆盖为黏砂土，下伏泥灰岩，以及灰岩夹层，并有含土冰层夹层，厚度为0.2～0.5m。冻土上限1.5～2.5m，年平均地温－0.5～0.7℃。

清水河特大桥2002年4月8日开工建设，2003年6月10日主体竣工。属于典型冻土桥梁工程，下面以清水河特大桥为案例，介绍冻土桥梁工程施工方法和工艺技术。

(1) 清水河特大桥工程概况

该桥设计上部结构为8m跨T形先张梁，下部基础为1m、1.25m钻孔桩，桥墩为绝大部分为圆形双柱墩，少量为圆端型实体墩，桥台为T形桥台。

清水河特大桥主要工程数量是：钻孔桩总长6.41万m，混凝土6.52万m^3；墩台1367座，混凝土2.97万m^3；T梁1366孔，混凝土2.73万m^3。全桥总计混凝土为12.22万m^3。

冻土大桥工程特点与施工难点主要有：科技含量高；工程量大；施工条件差。

(2) 冻土大桥施工方法及机械设备配备

1）桩基施工方法

桩基工程采用德国和意大利进口的履带式自行旋挖钻机干法钻孔，8t自卸车弃碴。钢护筒及钢筋笼在沿线的3个钢筋加工厂集中加工，吊车整体吊装入孔，混凝土在沿线两个集中拌合站拌制，罐车运至现场，利用吊车、导管法灌注，混凝土为低温耐久性混凝土，桩基础入模温度控制在0～5℃(后改为0～12℃)。

2）承台施工方法

基坑开挖采用人工配合挖掘机，连续施工的方式进行，为避免基坑开挖后冻土暴露，搭设遮阳棚。承台模板采用组合钢模板。混凝土在拌合站集中拌制，混凝土运输车运至现场，泵车泵送入模。

3）墩台身施工方法

墩台身施工采用大块定型模板，钢筋由钢筋场集中加工，现场焊接就位。混凝土由拌合站集中拌制，混凝土运输车运至现场，泵车泵送入模，机械捣固，塑料薄膜、棉被覆盖养生，墩台身混凝土采用低温早强耐久性混凝土。

4）T形梁预制及安装施工方法

清水河特大桥设计全部为8mT形梁。梁采取长线台座预制，整体式模板生产，钢筋笼设置专用钢筋绑扎平台，整体绑扎后龙门吊吊装于制梁台座。预应力采用单拉千斤顶初调，大千斤顶整拉整放工艺，混凝土采用强制式拌合机搅拌，微机自动控制计量拌合站集中生产，混凝土输送泵配合液压式布料杆进行混凝土入仓，附着式振动器配合插入式振动器振捣，设置专用蒸养锅炉棚罩法蒸汽养护，龙门吊进行吊移、装车，存梁场内进行梁体防水层和保护层施工。$L=8$m梁采用平板拖车运输，50t履带式吊车架设。最后进行湿接缝浇筑、横向张拉、孔道压浆、封锚、栏杆安装及步板施工。

5）便道设置方法

清水河特大桥施工前，沿桥位右侧并行修建长11.7km、宽6m的纵向施工便道及3条进场横向便道。

6）施工用电解决方法

修建3000kVA集中供电站1座，集中发电站配250kW发电机9台，200kW发电机2台，400kW发电机1台。供电范围15.1km。

7）机械设备配备

投入先进的桥梁桩基成孔设备——旋挖钻机31台，按工厂化流水作业模式，配备了2座混凝土自动计量拌合站、6台JS1000和JS750拌合机，建成了4个钢筋加工场、8条钢筋加工生产线，上场24台8～25t汽车吊，14台混凝土运输罐车，2台混凝土灌注泵车，210套整体墩身钢模。

（3）冻土大桥主要难点的施工工艺技术

1）干法旋挖快速成桩工艺技术

在冻土区施工桩基，必须考虑混凝土的温度不能融沉桩基，所以施工中开发了干法旋挖快速成桩工艺技术，这个技术包括干法旋挖快速成孔和干法快速灌桩工艺技术。

干法旋挖快速成孔1根25m深桩需6～8h，对冻土扰动小；钻机钻孔过程采用电脑控制，人为因素引起的误差较小，由于冻土均匀孔壁较为规则，短时间内孔壁不会融塌，所以成孔效果极好。虽然旋挖钻机价格昂贵，比使用冲击钻成孔效率高出了许多倍，综合比较采用干法旋挖快速成孔的先进性和经济性都高于其他成孔工艺技术。

同时，干法旋挖快速成孔工艺技术解决了湿法成孔施工周期长，泥浆对桩周冻土热影响大，桩基施工后回冻时间长，泥浆极易对环境造成污染的问题。

干法快速灌桩工艺技术，是采用导管向孔内输送桩基混凝土，不使用泥浆护壁。桩基混凝土生产选用自动计量拌合站集中拌合，然后罐车运输使用泵车入模，使桩基混凝土质量得到有效保证，效率得到很大提高，劳动强度显著降低。

施工中形成钻孔、钢筋加工及混凝土生产、运输、灌注两条工厂化、机械化生产线。

2）低温早强耐久混凝土配制技术

由于过高温度的混凝土会对桩基四周的冻土形成融沉，所以必须配制低温混凝土并控制水化热的大量产生，但低温混凝土强度增长太慢，所以在配制低温早强耐久混凝土时，采用了特殊的外加剂，虽然每立方米混凝土增加成本约150元，但提高了混凝土的耐久性，有效延长了工程结构的使用寿命。其关键工艺技术是：

① 掺用专用的DZ系列外加剂，掺量为水泥用量的10%。

② 配合比设计时尽量少用水泥，最大水胶比小于0.4。

③ 掺用适量的活性掺合料，选用针片状少的骨料。

采用合理的混凝土生产工艺及运输制度，采用混凝土集中拌合生产、搅拌车运输及泵送入模，通过对拌合料原材料的温度控制，确保混凝土的入孔温度控制在0～+10℃之间。

4. 高原铺架工程施工方法和工艺技术

(1) 高原铺架工程概况

青藏铁路的铺架工程总长1272.7km(含既有车站)。线路经过的主要山系均呈东西走向，自北向南主要有昆仑山、可可西里山、风火山、乌丽山、开心岭、唐古拉山。这些山系中，除昆仑山北坡地势较严峻，相对高差大于700～1000m，其余山系多呈穹形起伏，相对高程一般小于300m，宏观地形相当开阔，山岭浑圆而坡度平缓，山体窄，而河谷宽。线路经过地区均为高海拔地带，广泛分布高原连续多年冻土。本段线路基本沿青藏公路而行，其中一零四道班至桑雄约280km左右远离公路，但部分地段与公路交叉，某些地段有乡村大道。

青藏铁路的铺架工程设置两处铺架基地，一先一后启用，两个铺架区段均由铺架基地自北向南单向接续铺架。南山口设一处铺架基地，负责南山口～安多间的铺架工程，首先启用；南山口～安多间的铺架工程量是：预架梁427孔，预铺线路65km。机械铺轨602.6km，机械架梁1526孔。合计正线铺轨667.6km，合计架梁1953孔。

在安多设一处铺架基地，负责安多～拉萨间的铺架工程，后期启用。安多～拉萨间的铺架工程量是：预架梁532孔，特殊梁8孔，预铺线路54km。机械铺轨387.07km，机械架梁148孔。合计正线铺轨441.57km，合计架梁680孔。

(2) 高原铺架工程特点难点分析

1) 高原、高寒、缺氧和低气压，使人的身体和机能发生一系列复杂的适应性变化，人的体质和对疾病的抵抗能力，机体的恢复能力，劳动能力、生存能力都大大降低，恶劣的生存环境和现有的技术装备水平使人无法长时间、超强度的进行重体力劳动。

2) 高原、高寒、缺氧和低气压，使以内燃机为主的各类机械设备，尤其铺架工程所使用的架桥机、铺轨机、机车、机养车等大型设备，都必须进行必要的改造，才能满足铺轨、架梁正常作业的要求，而低温下的防寒、电器元件的适应性都有待于进一步探讨。

3) 高原与平原过渡区必然存在长大区间连续大坡度，长大区间连续大坡度上铺轨也是本线的难点之一。

4) 青藏线设计使用耐久梁，使桥梁断面、重量均有变化，给使用已有的架桥机架梁带来一系列相当大的困难。

5) 青藏铁路地处高原高寒地区，昼夜温差大，生态环境十分脆弱。青藏高原即使在暖季也会一日中常见四季，环境、温度变化无常，恶劣的自然环境，气候条件与内地铁路轨道工程所处环境截然不同，轨道工程施工中的轨缝预留、轨缝控制在青藏铁路施工中是一个全新的项目，具有一定的难度。

6) 高原、高寒、超长距离、长大区段、长大坡度，组织铺架管理难度、协调难度大。

7）由于青藏公路限制，安多铺架口不能提前铺架，要等待北段铺架贯通才能接续铺架，使铺架工期压力增大而且必须确保。

8）随着铺架的延伸，铺架工程路料的运输距离不断加大，组织及协调难度较大。

9）铺架工程工期长还制约着站后工程的进度，铺架工程是全线的控制工程。

（3）高原铺架施工方法与机械设备配备

1）高原机械铺架施工方法与组织

青藏铁路选择单口铺架方案，全线设南山口铺架基地，考虑到铺架的进度和季节的因素，在出多年冻土界安多处设铺架基地，分段启用，由北向南单向接续铺架；第一铺架区段为南山口～安多，第二铺架区段为安多～拉萨。

青藏铁路采用从格尔木向拉萨单口机械铺架方案，在南山口设铺架基地，负责南山口～安多间的铺架工程；在安多设铺架基地，负责安多～拉萨间的铺架工程。

南山口铺架基地日生产轨排 3km，存放轨排 30km，存放道岔 50 组，存放钢轨 100km，存储轨枕 10 万根，存放桥梁 300 孔。

安多铺架基地日生产轨排 3km，存储轨排 30km，存储钢轨 60km，存储轨枕 6 万根，存储道岔 30 组。

在南山口设轨枕场，日产轨枕 1600 根，2002 年年初建成投产，在南山口设大型桥梁预制场，负责格尔木～二道沟间的机械架设桥梁的预制；另在二道沟、沱沱河、雁石坪等三处桥梁较为集中处设置梁场，负责二道沟～那曲间桥梁的预制和架设；在妥如、乌马塘、羊八井、塞曲等四处设置梁场，负责那曲～拉萨间桥梁的预制和架设；根据设计情况，因地制宜地在桥梁集中和以桥代路的地段另行安排预制梁厂。

2）铺架运输、铺架组织方法

① 每 200km 左右设一个机务折返段。

② 部分补碴、养路作业紧跟铺架作业面之后，铺架作业一个月后工程列车运行速度确保 30km/h，根据补碴情况，由铺架单位及时进行大机养路，提高运输能力。

③ 双机牵引定数 1200t。

④ 铺架作业按 4 班安排。

⑤ 铺架期间，开行铺架运输列车 2.5 列/日，运碴列车 2 列/日；线下工程材料运输列车 3 列/日。

⑥ 车站道岔采用提前预铺和预留岔位临时过渡通过换铺相结合的方法完成。

⑦ 部分区段小跨度梁由梁场预制、预架。当桥与桥间距离小于或等于 500m 时，采用架桥机铺轨并架梁，以加快铺架进度。

⑧ 为满足长大区间架桥机、铺轨机或空重车会让，缩短铺架作业准备时间，加快铺架进度，所开站股道一次铺设到位，在大桥、特大桥或桥梁集中地段桥头附近设置铺架两机退让线一条，长约 100m。

⑨ 长大区间 15km 左右铺临时到发线股道一条长约 400m。

⑩ 沿线桥面护轮轨在轨排拼装线组成半成品，现场合龙连接，减少线路材料工程运输量，提高工程运输能力。

3）高原铺架机械设备配备

青藏铁路将配备的主要铺架机械为包括东风 4B 型牵引机车 8 台、JQ130 型架桥机 2

台、PG-30 型铺轨机 2 台、08-32 型起道拨道捣固车 2 套，以及运梁平车和轨排运输平车、装运龙门吊等一些相关配套铺架设备。

(4) 高原铺架难点工艺技术

根据铺架需要，青藏铁路将配备的主要铺架机械为包括东风 4B 型牵引机车、JQ130 型架桥机、PG-30 型铺轨机、08-32 型起道拨道捣固车等一些相关配套铺架设备。这些设备在高原环境和长大纵坡的影响下，作业时将面临机车功率折减，制动性能、冷却性能、电器元件可靠性变差，柴油机的启功性能不良、一般铅蓄电池性能下降等反应，为克服以上诸多不利因素对铺架机械造成的影响，对铺架机械进行技术改造和调整。

1) 高原环境下铺架机械设备动力系统的适应性改造技术

主要针对机车、铺架设备、大型养路设备进行内燃机的改造，采取的主要技术方法有：改增增压器、重新设计发动机进排气管、改进发动机冷却系统、重新调整发动机扭矩曲线、增大空气滤清器流量等。

铺架设备牵引系统改造主要技术是：提高原发动机功率、增大牵引电机功率、增大牵引减速器速比等。

2) 高原环境下铺架机械设备制动系统的适应性改造技术

针对架桥机 1 号车进行改造：主机前后转向架 14 寸闸缸各由一台增为两台，全车共四台。

3) 高原环境下铺架机械设备其他系统的适应性改造技术

铺架设备其他系统适应性改造主要技术是：铺架其他设备需在保温预热装置、起吊装置、防风防溜装置、吸氧装置等方面进行适应性改造。

(四) 高原生态环境保护

青藏铁路建设高度重视环境保护工作。在项目的前期阶段，相关单位深入调研、科学论证，充分了解认识铁路沿线生态环境特性，深刻分析铁路建设面临的生态环境保护难题，提出了工程建设环境保护总体目标。

1. 高原生态环境特性及保护难题

(1) 地理位置极其特殊

青藏铁路深入青藏高原腹地，这里不仅是我国乃至世界的气候调节器，而且是我国和南亚地区的“江河源”，长江、澜沧江、怒江、雅鲁藏布江等大江大河都从这里奔流而出。随着江河流域与高原内部水热条件的差异，形成了由高寒河谷灌丛、高寒草甸、高寒草原、高寒荒漠组成的高寒生态系统，使这一区域既有由这些生态系统组成的水平地带系列，而且在水平地带系列中还间或分布有一定面积的沼泽植被、垫状植被，其中，尤以在亚洲和世界高寒地区中均具有代表性的高寒草原分布最广，它至今还基本保持着原始的自然演变过程。

(2) 生态环境十分脆弱

青藏铁路所经之地，海拔高，空气稀薄，气候干寒，生物量低，生物链简单，生态系统中物质循环和能量的转换过程缓慢，致使高原生态环境十分脆弱。

长期低温和短促的生长季节，不仅使植被一旦破坏很难恢复，而且将加速冻土融化、土地沙化以及水土流失等。特别是沿线大量分布的湿地，是地球上具有多功能的、独特的生态系统，这一系统既是天然蓄水库，在补充地下水、调节气候、维持河川径流的平衡、蓄洪防灾、净化水质等方面起着重要作用，也是蕴藏丰富的生物资源和生物多样性的摇篮及物种基因库，在维护生态平衡、降解环境污染等方面具有重要作用。

(3) 珍稀物种丰富

青藏铁路所经之地，珍稀特有动物物种多，如哺乳动物中的特有种有11种，占总种数的68.7%；鸟类科特有种7种，占总种数的23%。其中的藏羚羊、藏野驴、黑颈鹤等属国家保护的珍稀、濒危种类。这些珍稀特有动物原来生境的连续性、自由迁徙活动以及基因的正常交流等，绝对不能因修筑铁路而遭到破坏。

(4) 生态环境具有不可逆转性

青藏铁路所经之地的生态环境具有极强的不可逆转性，即无论哪个方面遭到破坏，将很难恢复成原样。如公路改扩建时曾在两侧取土引起植被破坏，近30年过去了，植被还远远没有恢复；藏北草甸上不到半米高的爬地松，其生长期竟长达七八十年等。因此，青藏高原成为世界上仅有的独特生态系统和世界山地生物物种一个重要的起源和分化中心，并被称为全球重要的“生态源”。世界自然基金会(WWF)特别看重青藏高原的特殊生态价值和科学研究价值，将其列为全球生物多样性保护最优先的地区。我国也相应地将青藏高原列为国家生物多样性保护行动计划优先保护的区域。

(5) 青藏铁路建设面临的生态环境保护难题

青藏铁路建设中环境保护的范围为本次工程的设计范围，含主体工程、临时工程的施工场地、施工营地、施工便道、取弃土场、砂石料场及储存场、施工机械场地、轨排厂、制梁厂及其临近受影响的范围。

由此，环境保护难题与重点对象确定为沿线的自然保护区、地表植被、珍稀野生动物、冻土环境、湿地、原始地貌景观、河流源头水质、地表土壤及水土保持功能。其中野生动物保护和高寒植被保护与恢复，由于基础研究资料匮乏，更是青藏铁路建设中环保工作的难点。

2. 高原生态环境环境保护总体目标与任务

基于青藏铁路生态环境特殊性，青藏铁路公司和青藏总指据此确定青藏铁路环境保护的总体目标为：全面落实国家批准的青藏铁路《环境影响报告书》和《水土保持方案》的要求，做到环保设施与主体工程同时设计、同时施工、同时投产；确保多年冻土环境得到有效保护，江河源水质不受污染，野生动物迁徙不受影响，铁路两侧自然景观不受破坏，努力建设具有高原特色的生态环保型铁路的环保工作总体目标。

把“努力将铁路建设对高原生态环境的影响控制在最低，确保高原生态系统在人为干扰后的自我修复功能不受破坏，维持高原生态的自我平衡状态、促进人和自然的协调发展、生态平衡和区域经济的全面协调发展”作为青藏铁路建设环保工作的主要任务。

3. 高原生态环境保护体系与管理

高原铁路建设环保工作，没有现成经验可资借鉴，必须大胆创新，建立符合青藏高原环境特点的环保管理制度，探索具有青藏铁路建设特色的环保之路。

青藏铁路建设总指挥部在内部建立了强有力的、分工明确的环境保护管理领导和组织机构。总指挥部的指挥长兼任环境保护管理领导机构的主管；工程部负责环保工程技术优化和环保实施方案审查；监理部负责环保实施过程的质量监督和控制；计划财务部负责合同管理和资金保障。承担建设任务的各施工单位，都设立了“环境保护管理领导小组”等专门机构。这样，就在推行“青藏铁路建设中的生态环境保护管理”过程中，建立了横向到边、纵向到底的责任体系，做到了人员配备、组织机构、管理措施三到位，为实现生态环保工作的规范化、制度化、程序化打下了坚实的基础。

在完善内部机构的同时，积极主动地寻求外部监督，委托铁道科学研究院环控劳卫所作为第三方，负责对全线环境保护进行全过程监控，首次在国内铁路建设中推行环保监理制度，并构筑了由建设总指挥部统一组织领导，施工单位具体落实并承担责任，工程监理单位负责施工过程环保工作日常监理，环保监理单位对施工单位和工程监理单位的环保工作质量实施全面监控的并被实践证明为行之有效的“四位一体”的环保管理组织体系。

4. 高原生态环境保护的管理

建设过程中对高原生态环境保护，从如下几个方面进行了管理与落实：

(1) 严格执行环保法规。

(2) 全面做好环境保护规划。

(3) 制定并严格落实环保制度和措施。

(4) 增强全员环保意识。

(5) 贯彻全过程的环保理念。

(6) 强化环保工程设计。

(7) 加强环保监督检查。

(8) 狠抓环保科研攻关。

(9) 保障环保投资资金。

5. 高原生态环境保护措施

建设过程中对高原生态环境采取的保护措施有如下几个方面：

(1) 自然保护区生态保护措施。

(2) 野生动物保护措施。

(3) 植被和自然景观保护措施。

(4) 江湖水源保护措施。

(5) 冻土环境保护措施。

(6) 水土保持措施。

四、京沪高速铁路工程项目管理

(一) 工程概况

京沪高速铁路地处我国经济最为发达、综合经济实力最强、最具发展活力的东部地区，纵贯北京、天津、上海三大直辖市和河北、山东、安徽、江苏四省，直接连接16个超过100万人的大城市。线路自北京南站西端南侧引出，沿既有西黄线、京山线，经廊坊、天津华苑站并修建联络线引入天津西站，天津西站改造为高速始发站；向南与京沪高速公路大体平行，过沧州西、德州东，在京沪高速公路黄河桥下游3km处跨黄河，在济南市西侧新设济南高速站；向南与京福高速公路大体平行，经泰安西、曲阜东、滕州东、枣庄西，沿京福高速公路东侧南行至江苏省境内，跨京福高速公路后，在徐州市东部新设徐州高速站；过宿州，于新淮河铁路桥下游1.2km处跨淮河后新设蚌埠高速站，在南京长江三桥上游1.5km的大胜关越长江后新设南京南站，东行至镇江南6km处新设镇江高速站；沿沪宁高速公路北侧东行，经常州、无锡、苏州，终到上海虹桥高速站。北京南站站中心至虹桥站站中心正线运营长度1308.598km。

京沪高速铁路是我国《中长期铁路规划网》中“四纵四横”客运专线的南北向主骨架，也是投资规模大、技术含量高的一项工程，与既有京沪铁路的走向大体并行，全线为新建双线，设计时速350km/h，安全运营速度300/250km/h，共设置24个客运车站。桥梁长度约1140km，占正线长度86.5%；隧道长度约16km，占正线长度1.2%；路基长度162km，占正线长度12.3%；全线铺设无砟正线约1268km/h，占线路长度的96.2%。有砟轨道正线约50km，占线路长度的3.8%。全线用地总计5000km^2(不包括北京南站、北京动车段、大胜关桥及相关工程)。

京沪高速铁路将全线铺设无缝线路和无砟轨道。铁路线路、牵引供电、通信信号等基础设施，采取多种减振、降噪、低能耗、少电磁干扰的环保措施。全线实行防灾安全实时监控，运用具有世界先进水平的动力分散型电动车组，由集行车控制、调度指挥、信息管理和设备监测于一体的综合自动化系统统一指挥，以确保实现高速度、高密度、高舒适性、大能力、强兼容、高正点率、高安全性的现代化旅客运输。

京沪高速铁路客运专线全线实现道口的全立交和线路的全封闭。既方便沿线群众、车辆通行，又可确保高速列车运行安全。全线优先采用以桥代路方式，最大限度节约十分宝贵的土地资源。

2011年6月9日，中国国内30名工程界知名院士、专家乘坐和谐号CRH380型动车组列车。专家组表示京沪高速铁路各项指标均达到世界先进水平，完全具备开通运营条件。6月9日至19日京沪高铁全线试运行，6月30日15时正式开通运营。

（二）质量管理

1. 质量管理体系及管理职责

质量管理采用集团公司项目经理部—工区项目部—架子队三位一体的管理模式建立质量管理体系。项目经理部、工区项目部及架子队的各部门和岗位按照三级质量管理体系明确分工，各司其职，保证质量管理体系有效运行。

将质量责任从管理层到作业层逐级分解，实行质量终身责任制。项目经理部对项目部项目经理、技术质量负责人按照综合考评办法实行奖罚；项目部与本项目部技术质量负责人、有关部门负责人、架子队长、架子队技术和质量人员签订工程质量包保责任状，对作业层实行薪酬与质量挂钩制度，逐层签订包保合同，责任到人，对工程质量负终身责任。

对项目和个人赋予的质量责任实行奖惩，体现责、权、利的统一，坚持源头把关、过程控制、严格验收的质量控制原则。

2. 质量管理原则

坚定不移地推行铁道部“管理制度标准化、现场管理标准化、过程控制标准化、人员配备标准化”四个标准化管理，根据四个标准化的内涵和要求，在质量管理中坚持以下四个原则：

(1) 坚持质量控制标准化原则。制定质量管理规章制度，明确项目经理部、项目部各部门的质量责任，规范质量管理程序；制定并实施全员培训计划，严格持证上岗制度，提高人员素质；制定合格供应商条件，严格物资设备准入制度；制定关键工程施工细则，统一技术标准，规范施工程序，提高工艺工装水平。

(2) 坚持质量控制专业化原则。项目经理部成立安全质量部，对各项目部有关部门和人员进行监督、检查和指导，负责专项或关键工程(序)质量的监督控制；各项目部成立安全质量部，负责本项目管辖范围内工程质量的现场监控；高性能混凝土原材料和混凝土工程在专业科研单位咨询指导下，中心试验室牵头，各项目部试验室现场监控；必要时各项目部要对重要物资和重大设备质量实行专家驻厂监造。

(3) 坚持质量控制数据化原则。项目经理部建立中心试验室，各项目部建立试验室，及时检查材料和工程质量，统计分析质量检测数据，指导质量管理；构建信息化施工体系，实时监控基础沉降和结构变形指标，为评估和工序转换提供依据；完善 CFG 桩复合地基加固质量、路基填筑质量、桥梁桩基完整性、大体积混凝土温度控制、隧道地质超前预报、岩溶发育程度等检测方法，形成定量监控、监测、评价体系。

(4) 坚持质量责任追溯管理原则。严格执行 ISO 9000 质量管理标准，实行“三全”(全员、全过程、全方位)质量管理，坚持标准、严格管理、不讲情面、动真格的，使各项目部的质量管理真正做到“写你所做的、干你所写的、记你所干的”，实现工程质量管理责任追溯制度。

3. 质量管理目标

(1) 质量总目标

全线整体质量达到世界高速铁路一流标准，经得起运营的检验和历史的考验。具体指标为：

1) 杜绝施工质量大事故及以上等级事故。

2) 主体工程质量零缺陷，桥梁隧道混凝土主体结构使用寿命不低于 100 年，无砟轨道使用寿命不低于 60 年，单位工程一次验收合格率 100%。

3) 基础设施达到设计速度目标值要求，一次开通成功。

4) 竣工文件做到真实可靠，规范齐全，实现一次交接合格。

(2) 专项工程质量目标

工程质量控制要以设计文件、验收标准为依据，实施全过程控制。工程质量评价指标分目测和实测实量两大类，即定性描述和定量描述。站前主要工程质量定性指标应符合下列要求：

1) 路基工程

地基处理符合设计要求，其长度、深度、间距、无损检测、沉降观测等指标达到设计和验收标准。

路基填料种类符合要求，分层碾压规范、检测方法科学、压实度达到设计值，标高、宽度及边坡符合设计，边坡密实平顺、方向平直圆顺、整齐美观，工后沉降达到要求。

砌体分层坐浆砌筑，砂浆饱满；勾缝密实、平顺美观；沉降缝布置合理、上下垂直、填塞材料合格饱满；泄水孔孔径、间距、标高符合设计或功能要求，里外通直、里高外低、排水畅通。

侧沟、天沟、截水沟、边沟等排水系统砌筑牢固、沉降缝设置合理、无开裂现象，其方向平直圆顺，排水通畅。

电缆沟、声屏障、防护栅栏等安装牢固，平顺美观；涂装均匀，防腐防锈功能良好。

路基沉降控制标准：

① 有砟轨道：一般地段工后沉降不大于 50mm，沉降速率小于 20mm/年，桥台台尾

过渡段工后沉降不大于 30mm。

② 无砟轨道：一般地段工后沉降不大于 15mm，路桥、路隧等连接的差异沉降不大于 5mm，过渡段沉降造成的路基与桥梁或隧道的折角不大于 1/1000。

2）桥涵工程

地基处理符合设计要求，承载力、无损检测、沉降观测等各项质量检测指标达到设计和验收标准。

钻孔桩按设计要求进行检测，Ⅰ类桩要达到 95%以上，杜绝Ⅲ、Ⅳ类桩。

墩台和墙身混凝土工程各项质量试验检测指标满足设计和验收标准，混凝土外观达到：表面平顺，模板拼缝细小、横平竖直，棱角线条分明、颜色一致，无蜂窝、麻面和裂纹现象。承台、实体墩做好大体积混凝土温控，严防裂纹出现。双柱墩采用无拉杆模板，其他墩模板设计方案经项目经理部审批后方可实施。

梁体泄水设施材质和安装符合设计要求，排水畅通，防腐防锈功能良好。

电缆沟、声屏障、防护栅栏、桥面系等安装牢固，平顺美观；涂装均匀，防腐防锈功能良好；综合接地材料、埋设和检测指标符合设计要求。

砌体分层坐浆砌筑，砂浆饱满；勾缝密实、平顺美观；沉降缝布置合理、上下垂直、填塞材料规范饱满；泄水孔孔径、间距、标高符合设计或功能要求，里外通直、里高外低、排水畅通。

防水层材质合格，铺设和搭接规范密贴，渗漏试验合格，无渗漏水现象。

过渡段工程填料符合设计要求，衔接平顺，压实指标符合设计和验收标准。

涵洞进出口与上下游地形或沟槽连接顺直，行走或排水通畅。

桥梁沉降控制标准：

① 桥梁墩台基础：有砟轨道工后沉降量不大于 30mm，相邻墩台沉降差不大于 15mm；无砟轨道工后沉降量不大于 20mm，相邻墩台沉降差不大于 5mm。

② 涵洞基础：有砟轨道地段工后沉降量不大于 50mm，无砟轨道地段工后沉降量不大于 15mm。

3）隧道工程

开挖断面无欠挖，无明显超挖，表面平顺。

防水层(板)材质合格，铺设和搭接规范密贴，无破损、针孔、钉刺现象。

洞内外排水设施布设规范，排水畅通。

拱架支撑材质和布设符合设计，安装和连接牢固。

喷锚混凝土厚度符合设计，采用湿喷工艺，抗压强度达标，内部均匀密实，表面平顺、无明显凹凸现象。

衬砌混凝土厚度、强度满足设计和验收标准，拱背回填饱满密实，无空洞现象；混凝土表面达到：表面平顺，模板拼缝细小、横平竖直，颜色一致，无蜂窝、麻面、裂纹和渗漏现象。

电缆、排水沟槽安装牢固、平直圆顺。

洞门混凝土(砌体)尺寸和强度符合设计和验收标准，外观整齐美观。

4）轨道工程

有砟轨道的道砟材质、质量检测指标、几何尺寸符合设计和验收标准，外表平直圆顺、整齐美观。

无砟轨道的道床型号、混凝土质量指标、几何尺寸符合设计和验收标准；混凝土预制件表面平顺，模板拼缝细小、横平竖直，棱角线条分明，颜色一致，无蜂窝、麻面、裂纹现象。

钢轨安装牢固，方向、水平、高差、轨距等符合设计和验标标准，达到高平顺性要求。

4. 关键工序质量控制措施

工程质量的控制主要靠事先预防、过程控制来实现，要树立一次成活(合格)的质量意识，克服事后修补思想，否则不但返工浪费、影响工期，而且影响信誉。

在工程质量控制中，要重点把握好高性能混凝土施工、路基施工、桥梁施工、隧道施工、轨道施工、浆砌工程施工及测量控制要点等几个方面。

（三）安全管理

京沪高速铁路工程遵循“安全第一、预防为主”的方针，实行第一管理者全面管安全，具体分管领导直接抓安全，安全责任层层分解落实到人的责任制。在接受政府监督、行业管理、企业负责、群众监督的基础上，建立健全安全生产自控体系，制定切实有效措施，实行目标管理，在确保安全生产的前提下，实现质量、工期和经济效益的目标。

1. 安全生产管理机构及职责

公司对工程建设安全负总责，各指挥部对建设管段的工程建设安全具体负责，设计、咨询、监理、施工、材料和设备供应单位按照合同及有关法律法规规定承担相应的安全生产管理责任。

由公司领导及公司相关部门组成安全生产委员会，下设安全生产委员会办公室。

安全生产委员会的职责包括：组织建立公司安全生产责任制，检查、考核公司内各级领导、各部门安全生产责任制落实情况；审定公司有关的安全生产管理办法；确定安全生产管理方针和目标；定期组织安全生产大检查，组织安全生产专题会议，布置安全生产工作；按有关规定，组织编报工程建设安全生产应急预案；依照国家有关法律法规的规定，及时上报安全生产事故情况，组织或配合安全生产事故的调查。

公司安全生产委员会办公室设在工程管理部，配备专职安全监督管理人员。负责全线建设期安全生产管理的日常工作，组织制定有关管理办法，开展安全生产检查和考核工作，在开工前组织办理安全生产监督手续。公司其他职能部门及各岗位人员，按安全生产责任制，承担相应安全生产职责。

各指挥部成立安全生产领导小组，负责制定安全生产实施细则，督促检查建设管段施工单位安全生产管理制度的建立、执行情况和管段内的安全生产工作。指挥部工程管理部配备安全管理人员，负责管段内安全生产的日常管理工作。

施工单位行政第一主管是安全生产管理的第一责任人，对本单位安全生产负有全面责任。各施工单位应成立安全生产领导小组，负责建立健全安全生产责任制度和安全生产教育培训制度，制定安全生产规章制度和操作规程；设专门机构负责工地安全生产现场管理，组织日常检查，配备专职安全工程师。施工单位工班应配备安全员。

2. 安全生产管理制度

安全生产监督制度：公司依法接受铁道部和沿线地方政府的安全生产监督管理。

安全生产许可证制度：承建京沪高速铁路工程建设的施工单位必须是依法取得省级安全生产许可证、具备安全生产保证能力的企业。

安全生产责任制度：公司在安全生产责任制度中明确公司、指挥部各级领导、部门和设计、咨询与监理、施工单位的安全职责，采用目标管理手段，达到安全生产的目的。公司、指挥部与各施工单位签订安全目标责任书。施工单位必须按照公司安全生产责任制度的规定，建立健全安全保障体系和相关制度、措施，明确安全职责到人。各施工单位应逐级签订安全目标责任书。

安全生产教育培训制度：各施工单位应建立健全安全生产教育培训制度，加强对职工安全生产的教育培训；未经安全生产教育培训的人员不得上岗。

安全技术交底制度：监理单位应对施工单位编制的实施性施工组织设计中的安全技术措施进行审查。各施工单位建立安全技术交底制度，对经监理单位审核同意的安全技术措施逐级交底。各指挥部负责检查管段内施工单位逐级安全技术交底制度的建立、执行情况，并检查各级交底记录，确保施工安全。

特种作业人员持证上岗制度：各施工单位从事地下(水)作业、高空作业、铺架作业、爆破作业等特种作业人员，必须按照国家有关规定经过专门的安全作业培训，并取得特种作业操作资格证书后，方可上岗作业。指挥部负责对建设管段内施工单位特种作业人员持证上岗情况进行监督检查。

起重机械、提升脚手架、模板等自升式架设设施由有资质单位装拆及检测制度。各指挥部负责监督施工单位选择有资质的单位承担现场安装、拆卸施工起重机械和整体提升脚手架、模板等自升式架设设施的工作；检查施工单位施工起重机械和整体提升脚手架、模板等自升式架设设施定期检验检测情况，对检测不合格的机械、设施，责令停止使用。

危险岗位的操作规程和书面告知制度：施工单位应当向作业人员提供安全防护用具和安全防护服装，并书面告知危险岗位的操作规程和违章操作的危害。

意外伤害保险制度：各施工单位应为施工现场从事危险作业的人员办理意外伤害保险。

职工伤亡事故报告制度：发生伤亡事故后，各施工单位应立即按照国家有关法律和法规的规定上报上级机关或有关政府主管部门。

安全生产事故应急救援制度：各施工单位应当根据承建工程的生产特点和具体环境，制定安全生产事故应急处理预案，建立应急救援组织，配备必要的应急救援器材设备，并对这些器材设备进行经常性的维护和保养，以保证其处于正常状态。各施工单位应于标段工程和重点工程开工前将安全目标、体系、制度、易发事故的地段(工序)、应急处理预案等报指挥部和公司工程管理部核备。

“三同时”制度：京沪高速铁路的安全设施必须按照国家有关规定，与主体工程同时设计、同时施工、同时投入生产和使用。

安全检查考核制度：公司组织有关单位进行安全检查和考核。检查分定期检查和日常检查两种形式，公司组织定期检查，每季度一次；各指挥部每月至少组织一次管段内的安全大检查，施工单位和驻地监理单位每旬组织一次检查，并经常进行日常检查，发现安全隐患及时下发整改通知书，限期整改。对整改不力的单位可一次罚款，直至停工整顿。

日常安全检查结果应及时报送指挥部；各次安全检查结果每月随工程月报报公司工程

管理部，纳入各施工单位年度综合考评。

公司根据检查评分结果对各施工单位的安全生产工作进行考核。各单位年度安全检查满分为100分，其中公司组织的定期检查成绩占20%，指挥部组织的季度检查成绩占30%，监理单位组织的定期和日常检查成绩占40%，施工单位组织的日常检查成绩占10%，定期检查和日常检查年度成绩按各次检查的平均值计算。

公司每年从奖励基金中提取一定比例资金，作为安全生产奖励基金，发给年终评比前三名的单位。安全检查评分结果纳入铁道部建设项目信誉评价管理内容。发生责任死亡事故或三人以上重伤事故的施工单位不得参加当年度建设单位组织的先进评比。

3. 安全生产其他要求

京沪高速铁路跨越或连接铁路营业线的施工按《铁路营业线施工及安全管理办法》(铁道部铁办［2005］133号)的要求进行，并按相关铁路局的规定程序办理。

京沪高速铁路跨越公路、航道的施工按照公路、航运交通部门管理的要求办理相关手续，认真做好安全防护工作，确保车辆、舟船和行人安全通过。遵照《中华人民共和国内河交通安全管理条例》(国务院1986年颁布)和《中华人民共和国道路交通安全法实施条例》(国务院2004年颁布)有关规定执行。

京沪高速铁路建设工程中的爆炸物品使用和管理遵照《中华人民共和国民用爆炸物品管理条例》(国务院1984年颁布)执行。

京沪高速铁路建设工程中的锅炉、压力容器及起重机械等特种设备的使用和管理遵照《特种设备安全监察条例》(国务院令第373号)执行。

京沪高速铁路建设工程中的危险化学品使用和管理须遵照《危险化学品安全管理条例》(国务院344号令)执行。

各参建单位在工程建设中要执行《中华人民共和国消防法》，贯彻“预防为主，防消结合”的工作方针；制定和落实消防工作逐级负责制及防火安全责任制；制定灭火和应急疏散预案；定期组织消防检查和演练，确保工程建设中的消防安全。

各参建单位要建立健全内部机动车辆安全管理监控机制，经常教育机动车驾驶人员自觉遵守道路交通法律法规和规章制度，项目负责人应经常对交通安全情况进行检查，确保行车安全。

(四) 架子队管理

架子队管理、监控、服务人员应由施工企业正式职工担任，各岗位人员应具备相应组织能力，实践经验和作业技能；在施工过程中应保持相对稳定；建立健全自身管理相应的规章制度和落实相关制度的措施；项目经理部管理机构，应配备专职劳务管理副经理和相应的劳务管理机构；项目经理部应建立健全考核、治安管理、工资发放的管理制度，奖罚兑现。

1. 组建及人员配置

架子队组建坚持以专业化为方向，构建专项施工能力的架子队，架子队设专职队长、技术负责人各一人；技术、质量、安全、试验、物资专业技术人员及领工员视该队施工规模各1～2人，工班长劳务作业人员视该队施工规模、单位工程类别而定。通常隧道工程设掘进工班、初期支护工班、钢筋工班、台车工班、防水板土工布铺设工班、二衬工班、水沟电缆槽工班等；桥涵工程设钻孔桩工班、基础开挖工班、钢筋制安工班、模板工班、混凝土浇筑工班、桥面系作业工班；路基设软基处理工班、填筑工班、附属工程工班等；移模制梁设移模操作工班、钢筋制安工班、混凝土浇筑工班和桥面作业工班。

架子队主要人员一般由项目经理部选任，报相关集团公司指挥部和上级公司备案；规模大的及技术难度大的工程，队长、技术负责人要经公司选任，相关集团公司指挥部备案。

2. 岗位职责

(1) 队长职责

1) 宣传贯彻国家、地方、企业的法律法规及各项规章制度并抓好贯彻落实。

2) 组织完成项目经理部下达的施工任务，并对所辖施工质量、安全、进度、文明施工等负全责。

3) 负责本队的思想文化建设，基础设施管理和生活管理。

4) 完成项目经理部或领导交办的其他各项任务。

5) 核签本队所有人员的工资和奖金表，送项目经理部发放。

(2) 技术负责人职责

1) 协助队长抓施工、安全、质量、进度、文明施工和安全等各项工作。

2) 向领工员、工班长进行工程质量、施工安全、环保等书面技术交底，并将技术交底分类存档。

3) 检查、监督、纠正施工中存在的质量、安全、工序、工艺方面存在的问题。

4) 参加工程质量、安全事故的调查分析。

(3) 技术员职责

1) 协助技术负责人做好所辖技术交底。

2) 跟班作业，纠正施工中安全、质量、环保、工序、工艺、文明施工等方面存在的问题。

3) 做好施工日志等相关技术资料的编写、收集整理。

4) 参加工程质量事故的调查分析。

5) 对隐蔽工程的关键部位，重点工序的施工过程进行旁站。

(4) 质量工程师职责

1) 参加工程质量事故的调查分析，并制定相应的预防保证措施。

2) 跟班作业，纠正施工工序、工艺方面可能影响工程质量的问题，督促检查“三检制”的落实。

3) 自检、报检隐蔽工程。

(5) 安全员职责

1) 跟班作业进行施工安全巡视，发现不安全行为坚决制止，不听从者，立即向领导报告，并做好巡察记录。

2) 协助队长进行安全教育，接受专职安质人员的业务指导。

3) 负责本队安全器材、用具、设施的维修保养与标识。

4) 制止违章作业，参加相关事故的调查、分析，并保护好事发现场。

(6) 试验员职责

1) 参加开工前的地材调查与取样送检。

2）收集原材料，半成品的合格证和出厂检验报告，并送试验室存档。

3）负责原材料、半成品、检查试件抽取、制作、标识、防护和送样。

4）负责管区内的现场施工控制的检验与试验。

（7）材料员职责

1）点验进场原材料、半成品及成品，按规定入库保管。

2）建立出入库台账和逐日材料消耗台账。

3）负责原材料进场后填写通知单，通知试验室（员）取样送检。

4）负责原材料、半成品状态标识。

5）采购所需二、三线材料，并做好台账。

（8）领工员职责

1）组织分管工班完成队下达的施工任务。

2）负责分管工班施工的质量、安全、进度、环保和文明施工管理。

3）协助队长抓劳务人员的日常管理。

4）参加相关工程质量和安全事故的调查分析。

（9）工班长职责

1）带领工班全体人员完成队下达的施工生产任务。

2）纠正所属人员施工中影响安全、质量的施作行为。

3）完成队长、领工员交办的其他各项任务。

架子队队长享受项目科长工资、奖金等待遇；技术负责人、领工员享受项目副科长工资奖金等待遇；其他专业技术人员和工班长享受项目同职级人员的工资奖金待遇；有专业技术职称的正式职工本企业相关待遇不变。

3. 管理制度

架子队必须坚决执行局指、公司及项目经理部的相关管理制度，将相关制度发给他们，以便执行，并制定自身管理的相关管理制度。

劳务人员选择坚持专业化的原则，由公司或项目经理部实施：选择劳务企业首先查阅并复印劳务企业资质证书等相关证件，与劳务企业签订劳务协议；选择劳务人员要查看并复印劳务人员与劳务企业签订的合同、专业资格证书、身份证和无犯罪证明及健康证明等文件资料；被录用的劳务人员进场时逐个核验文件资料。

加强架子队所有人员的培训教育，把架子队的每一员工均纳入本项目的培训计划，通过培训教育，使他们掌握相关的基本知识和专业施工技能以及规范化施工的自觉性。

建立系统完整的技术交底程序。项目经理部技术负责人或专业工程师向架子队技术负责人进行技术交底；架子队技术负责人向领工员、工班长进行书面技术交底，领工员、工班长在施工作业前对班组作业人员进行工作和安全交底；特殊工序和特殊过程项目技术负责人向架子队相关管理、监控、服务人员进行书面技术交底，交底资料要及时归档备查。

工班长带领班组作业人员进行规范化施工，领工员、技术员和安全员员要跟班作业，不间断地监督各工序、环节的施工，发现问题及时整改。

项目经理部分管领导、专业工程师、安质科每日对架子队的施工巡查不少于一次，对违章作业要坚决纠正，直至停工整顿。队长签认的工资奖金由项目经理部直接发放，做到队长说话算数，劳务人员无后顾之忧。

劳务人员中的特殊工种(如电焊工、起重工、锅炉工、车辆机械驾驶员等)必须持相应的有效上岗证，否则不能上岗作业。劳务人员必须严格遵守国家、当地及企业的法律法规及各项规章制度、操作规程。违者加强教育，屡教不改者坚决辞退。

施工企业要把劳务人员作为企业的一员，视为兄弟姐妹，按现行有关规定为他们提供符合安全、卫生标准的居住条件、生活设施、安全防护用具和机械设备及工具。

项目经理部要建立对架子队的考核评比奖惩制度，每月对架子队进行一次检查考核，奖惩兑现。每年对相关劳务企业进行一次信誉评价，评价结果报公司成本办和相关劳务企业。

（五）项目管理启示

质量、安全、进度、投资、环保和技术创新等是工程项目管理中最重要的课题。总结京沪高速铁路工程的建设施工过程，有以下几点启示：

(1) 安全管理是重中之重，在京沪高速铁路建设施工过程中，存在安全措施落实不到位的问题，影响了安全生产持续稳定，说明部分参建单位在安全措施的落实上还有相当大的差距，虽有培训制度，但在实际工作中，存在强调工期紧、人手紧，安全培训走过场的现象。

(2) 正确处理好质量、进度、工期的关系很重要，片面强调工期紧张、外部环境干扰大，不认真贯彻落实质量保证体系，合理工期的制定不科学，造成施工组织无序变化，检查不深、不细等现象，将导致质量通病屡禁不止。

(3) 监理工作不可懈怠，现场监理人员流动大、更换频繁，监理工作连续性差、主动性不强，监理交底不到位，监理人员责任心不强，标准化管理认识不高，执行不力，考核不严等问题，将严重影响工程质量。

(4) 部分项目单位和项目管理人员的思想认识不到位，在工作过程中，标准不高、要求不严的问题还时有发生，有的对建设京沪高速铁路的复杂性和艰巨性认识不足，盲目乐观，还有的对京沪高速铁路高标准严要求、创一流的管理理念不适应，存在浮躁应付等消极思想，这是全线安全隐患和质量通病发生的重要思想根源。

针对以上问题，应做好以下几点：以质量创优规划为指引，加强源头把关，过程控制，确保质量精品；抓住关键，强化管理，确保安全生产持续稳定；加大物资供应保障力度，确保满足施工要求；以“四化”为支撑，纵深推进标准化管理；加强和规范计划、财务和资金管理；认真做好技术创新和建设总结工作。

京沪高速铁路相对于其他铁路项目来说，标准高、技术新、材料新、工艺要求高，从而增加了安全管理难度和质量控制难度。但也正是这些难关和挑战，使得京沪高速铁路成为工程项目管理的标准化样板。

3.2 营业线铁路改造工程项目管理案例

3.2.1 铁路提速改造工程项目管理案例分析(京秦线)

既有线改造中，安全至关重要。通过对京秦客运通道提速改造中安全控制因素的分析、危险源的总结、天窗施工组织的采用、安全施工的措施，指出既有线改造施工中项目管理的基本思路。结合京秦客运通道施工提出具体的安全管理办法，在实际应用中取得了很好的效果，可供同类工程借鉴。

1. 工程概况

京秦客运通道自北京沿燕山南麓到秦皇岛，全长298.6km。改造前，北京至狼窝铺段区间最高行车速度为160km/h，狼窝铺至秦皇岛区间最高行车速度为140km/h，改造后两段最高行车速度分别提高到200km/h和160km/h。

京秦线大提速改造的主要工程数量为：水泥土挤密桩231万m，拨改曲线144处，新建和改建桥涵162座，抽换轨枕80万根，换铺和新铺大提速道岔495组，更换一级道砟道床370万m^2，架设牵引供电网600多千米。在车流密度大、行车速度高的京秦线上进行这样大规模的改造施工，其安全控制难度之大，施工组织之复杂，在华北路网改造史上是前所未有的。

2. 施工中的主要困难因素分析

(1) 封锁时间过短

在繁忙干线上进行大规模施工，确保安全、工期、质量的首要条件是有足够的施工时间，而京秦客运改造铁道部只批准日封锁4h，而且总工期还要求提前。这样，施工单位不得不在实际工时不到投标工时50%的情况下完成施工，增加了安全控制的难度。

(2) 京秦线特殊的地位与施工组织的矛盾

京秦线是连接华北和东北的客运走廊，又是重要的专运、暑运通道。夏季暑运、“五一”和“十一”黄金周等期间都要增加较多客运车次，这些都增加了施工组织和安全控制的难度。除了经常停工保证繁忙运输外，还必须采取特殊的安全措施。施工组织和安全控制方案实际上随时都在变化。

(3) 附加时分过少

铁道部要求施工期间北京和山海关两站间附加时分不增加，客车到开必须正点。这样，一方面为了保工期需要多开工作面，但又造成了慢行地点多，附加时分不够。为此，在严格控制慢行处所的同时，要求当日多增加“会战”点，以尽可能加快日进度，减少各区间的施工周期，为下一区间的尽早开工创造条件。这样又增加了施工管理和安全控制的难度。

(4) 既有轨道结构和施工方法的矛盾

京秦线现在铺设的是跨区间和全区间无缝线路，需要足够的道床阻力保证安全。因夏季易涨轨跑道，为保证夏季无缝线路的稳定，铁道部规定一般不能进行破坏道床结构的施工，同时规定在无缝线路地段各项施工必须遵守严格的轨温限制。但是京秦线要采用人工换枕、大机换碴的施工方法，破除道床结构的最长距离达到12km，保证线路稳定的任务十分艰巨。

(5) 保证施工人员的安全

施工单位的大量施工人员上道参与施工。在进行混凝土挤密桩施工时，全线多达4万余名施工人员上道，人工换枕、大机换碴和车站两边咽喉区同时更换提速道岔时，每一个工点都有5000多人参加会战，特别是北方多雾，施工时经常大雾弥漫，保证在既有线上施工人员的生命安全，难度很大。

3. 项目管理的基本思路

繁忙干线提速施工的项目管理，实际上是一个包含着多个子系统的系统工程，是一个以建设管理单位主导总体调控，以各个施工单位为主要管理层面，以安全教育、逐级岗位负责制、平推检查监控落实为着力点，以专业监理、设备监护、政府监督、运输部门监控为主要手段的管理网络。由于各个施工、监理、监护、监督、监控单位都有健全的安全管理规章制度，要求各参建单位依据全面质量管理的基本原理，修订本单位的安全管理网络和规章制度，作为一个健全的子系统纳入京秦客运通道施工安全控制网络中来，开展自主管理。建设项目管理部门的任务是“抓住关键、制定制度、检查落实、督促整改”。

4. 项目管理主要做法

(1) 采取有效措施强化安全管理

开工初期，认真分析各单位安全管理的现状，查找安全漏洞，包括：对铁路局运输状况了解不全面、施工安全管理制度缺乏针对性；岗位责任制不健全，无人落实；定位不准、界面不清，无法落实的问题；人员素质不高，无能力落实的问题；激励约束机制不适应，考核评价体系不科学，落实不利等问题，实质上还是施工单位领导在思想上还没有真正从“新线建设转移到既有线改造”上来，还没有真正把对既有线施工安全的重视落实到具体行动上。为此，对各施工单位领导强化了三方面的工作：

首先，强化了“在营业线施工确保安全”对企业发展、对扩大市场份额重要性的教育，强调“安全代表企业形象，安全左右市场份额，安全就是竞争力”，通过典型事例的现身说法，强调在营业线提速改造施工中“安全具有一票否决权”，不能确保安全，就只能自动出局。

其次，针对施工队伍“三多”，即“民工多，没有既有线施工经验的人多，没有在京秦线施工经历的人多”的具体情况，反复宣讲“铁路安全无小事，京秦线安全无小事”的道理，督促他们重视京秦线的特殊性，正确对待环境的变化，提高确保安全的紧迫感和责任感，切实兑现投标时承诺。

第三，制定并全面推行了“安全风险抵押金制度”，把企业安全成绩与项目经理个人和企业的经济效益有机结合起来，增加了施工单位保安全的压力与动力，从而大大地推动了现场的安全管理。

(2) 逐级落实安全生产责任制

推行安全生产责任制是保证施工安全的基础。实现逐级负责、层层包保，抓好每一级、每一层的安全责任制的落实，才能形成科学的安全责任体系和控制网络，实现规范管理。①首先按“横向到边、纵向到底”的原则健全了各级安全领导小组和办事机构，完善了管理制度。②结合贯彻国务院《关于特大安全事故行政责任追究的规定》，按照逐级负责的原则，要求各单位明确界定各个层面、各个部门、各个岗位的安全职责范围，形成健全完善的安全责任体系。明确每个干部职工的管理责任(包括技术责任、审批责任、采购责任、监督责任)。③贯彻“谁主管谁负责”的原则，重点抓住领导的安全责任制落实，强化对施工队领导抓安全生产的考核管理，要求各级干部，特别是各项目的指挥长(项目经理)，必须按照“领导负责，分工负责，逐级负责，责权一致”的原则，制定具体措施，在施工安全管理的各个层面落实“由谁负责，负什么责，怎么负责”，从而实现在责任区范围内“谁领导谁负责，谁指挥谁负责，谁审批谁负责，谁在岗谁负责，谁签发谁负责”的规范化管理要求。④加大了对责任制的检查和考核力度，在制定办法上体现一个“细”字，在管理措施上抓住一个“实”字，在考核过程中突出一个“严”字，在奖惩兑现上落实一个“真”字。逐步建立起“管理职责明确，工作标准科学，考核办法实用，奖惩尺度合理”的干部责任考核和责任追究体系。⑤最后针对部分施工单位项目指挥长或项目经理有岗不到位的现象，进行了“查领导岗”，对检查出来“第一管理者脱岗”的单位，批评的同时限定归岗日期。

(3) 加强用工培训

树立“以人为本”的管理思想，通过有组织地对职工进行培训，不断提高职工队伍政治和技术业务素质，是实现施工安全的根本保证。

1) 尽管各个项目经理在上岗前都接受了铁道部营业线安全施工知识考核，但由于铁路局的行车速度、车流密度、设备种类、行车办法等有其种种特殊性，要求各单位安全负责人在开工前15天到位，接受“安全法”和铁路局安全管理“七项机制”等制度学习并参加考试。

2) 重视施工现场的安全治理。由于各个施工单位组队的基本模式是少量路工带领众多民工，要求各单位在对民工加强安全作业教育的同时，也要加强政治思想教育，并通过上网核查身份证等措施，确保铁路运输的绝对安全。

3) 加强对安全防护队伍的建设和人员教育，特别是针对各单位携带的防护用具和设置防护不规范的现象要强化教育，从而提高了安全管理和防护队伍工作的可靠性。

4) 加强营业线作业遵章守纪的教育，在培训中重点建立安全生产的自觉性。

5) 及时进行安全工作教育，结合平推检查中的问题反复讲明“思想一溜号，事故就冒泡”。对所有的培训和教育坚持“要考试、要记名、要签名”的制度，基本做到了“一人不漏，有据可查”。

(4) 优化施工方案

在京秦线施工中，必须确保营业线施工安全，尽可能减少对行车的干扰，在车站内施工时必须尽可能减少对车站作业的干扰，确保运输安全生产的条件。在施工时尽可能减少对路容、路貌、环境的破坏。在实施中，针对不同项目的特点，重点抓了方案细化。特别是在京秦200km/h地段施工中，实施模块法管理，针对水泥土挤密桩、桥涵改造、人工换枕、大机换碴、曲线拨接、车站改造等施工模块的不同特点，制定了详细的施工日进度计划和切实可行的安全保证方案，认真组织实施。在大机换碴施工中，为确保跨区间无缝线路开通后的运输安全，反复总结经验，制定了稳妥的“10捣9稳”作业方案，确保了整个施工期间的安全。同时，根据“事故发生概率与封锁施工次数成正比”的原理，以一点多用、统筹兼顾为指导思想，以大机施工顺序为主轴，组织相关施工单位，将该段桥涵改造、曲线拨接、线间距调整等项目统一纳入一个点内，依次安排落实，减少了重复封锁要点次数。

(5) 抓好天窗施工组织

凡在营业线上的施工均需在“封锁天窗”内进行。京秦线封锁天窗为每日4h。在确保天窗内施工安全的基础上，保完成进度、保工程质量、保正点开通就成为施工组织的核心，也是所有安全管理理念和措施的着力点。为此分两个方面进行卡控，在施工组织原则上：采取了凡是影响营业线安全的施工，都必须提前召开各有关部门参加的“施工方案审查会”，并制定相应的运输组织方案，以明确各施工、监护、监理、配合单位的任务，确保方案“安全合理”；在施工封锁前一天召开“施工预备会”，检查各施工、监护、配合等单位准备工作的落实情况，对可能出现的问题或漏洞“填平补齐”，最后确认来日施工的程序和责任范围；在施工封锁完毕后，召开“当日小结会”，总结当日施工情况，重点对安全情况进行深入分析，做到随时发现问题，及时解决问题。对发现的安全问题制定不出有效的解决办法，次日不得进行施工。实践证明，这是搞好连续封锁要点施工组织和安全控制的好办法。为保证安全所必须遵守的基本制度，即“施工计划未经批准不准施工、不准超计划范围施工、施工方案未经相应级别的运输和设备管理部门的审查批准不准施工、未办理规定的施工慢行或封闭等手续不准施工、未按规定设好行车防护标志及防护人员不到位不准施工、未与设备管理及监护等单位办理施工配合协议不准施工、施工配合人员不到位不准施工、施工准备及设备整备不好不准施工、未经安全考试合格的人不准上道施工、未达到放行列车条件不准放行列车”。在当日施工的安全控制方面，按“三环节两靠前”的脉络进行管理。所谓抓住“三个环节”，即抓好“点前准备、点中作业和点后开通”。在点前准备中，重点要“一抓施工领导和技术负责人到位、二抓准备工作不超限、三抓防护员是否到岗、四抓关键设备是否带齐、五抓封锁命令的确认”；在点中作业时，重点要“一查防护设置是否合格、二查作业是否标准、三查质量是否达标、四查各工序分配的作业的时间是否超时、五查双线避车是否遵守”；在点后开通前，重点要“一要确认线路状况达到开通标准、二要确认防护已经撤除、三要确认各种减速行车标志等是否树立好、四是确认站内应解锁的道岔是否解锁、五是巡查巡检人员是否到位”。所谓“两靠前”，是指建设、施工和设备管理单位的相当级别的领导必须到达现场“靠前指挥”，对临时发生的问题“靠前决策”，及时解决问题，以确保安全和正点开通。上述制度的推行，较好地界定了建设、施工、配合、监理和设备管理单位的责任，为确保施工及行车安全起到了较好的作用。

(6) 重视结合部的管理

所谓结合部，不仅仅指施工地段的接口，而且也是指两个相邻单位间、上下工序间、两个相邻时间段间，两项工作交接间，甚至包括气候突变的时段等多种形式。在站场改造、钢轨焊接和曲线拨移工作中，各个单位间出现了互相借调劳力的情况，但在管理中出现了“以包代管”。为此，除了要求各单位对结合部的管理要加强检查，不要因小失大外，同时要求各单位间在签订有明确安全责任范围的施工协议的同时，也必须把结合部的管理纳入本单位管理范畴。对结合部管理“可以重叠，不许失控”。

(7) 特殊时间段的施工管理

对导致职工“精力分散和精神分散”的时间段及因环境改变造成的特殊时间段的施工，必须强化安全管理。例如节假日、领导不在工地时、年末年初、职工家里有事时或休假前后、工程快完工前、出现事故后、受到批评和表扬后等，都是职工情绪易受波动、安全注意力易分散的时间；又如暑季和冬季，高热和严寒期，安全措施也复杂得多。为此，除了按通常规律在暑季、冬季和洪期进行专门管理外，在日常管理和工地检查时，及时提醒并要求各单位从各方面强化特殊时间段的管理，要关心职工生活，及时发现职工的思想问题并做好思想政治工作。

(8) 加强安全巡查工作

为确保各施工单位临管的线路在临时开通运行后的行车安全，亦考虑到社会治安出现一些新的情况，强化各单位负责地段的安全巡查工作的管理是非常重要的。为此建立了现场安全巡查和治安保卫组织，加强巡检的组织领导，充实巡检力量，配齐必要的通信器材和交通工具；对在线路上行驶的轨道车、运碴车、架线车、大型机械要加强检查保养；对油库、药库、材料堆放区加强夜间巡查；对慢行地段采用速度监控仪实施慢行速度随机监控。同时规定，凡因安全巡检不到位而出现事故或意外事件的，也要追究单位的责任。

(9) 抓好安全平推大检查

开展安全平推大检查活动是“提高职工安全意识、宣传安全法规、堵塞安全漏洞、交流管理经验、确保安全生产”的行之有效的好办法。在实施中采取了“五结合”的做法。第一是与贯彻国家、铁道部和路局安全法规相结合，边检查、边学习、边贯彻。第二是与企业自检自查相结合，以堵塞自查的漏洞、监督自查的深度和巩固自查的结果。第三是重点检查与一般检查相结合，以对行车和人身安全威胁最大的“施工防护、夜间巡守、材料侵限、工地防火、食品卫生、油库防卫、火工品保管、主要工种执证上岗、高空作业安全防护、电气设备安全和民工教育”为重点，检查施工安全制度是否严密，措施是否严格，办法是否有效。第四是与现场整改建标相结合，对检查发现的问题要在现场及时解决；对发生的事故和发现的重大问题要按“三不放过”的原则限期整改，要求“措施到位、管理到位”；对共性的问题及时制定作业规定，通报全线执行。第五是与专门检查相结合，特别是与暑运防胀、防洪，冬季防寒、防断、防煤气中毒，日常防火、防爆、防盗，专运和节假日运输安全检查相结合，以提高效率和突出重点。实践证明，安全平推大检查对保证安全确实起到了非常重要的作用。

(10) 加强设备管理部门的施工监护

设备管理部门对施工进行安全监护，能有效发挥其对设备熟悉的优势，便于把其在营业线进行维修作业的安全管理的经验引申到基本建设施工中去，对保证施工安全起到非常关键的作用。施工安全监护人员的主要职责是按系统、按专业对各项施工作业的安全、质量进行检查监督，了解和掌握现场安全措施是否到位、防范是否有效，对可能发生的安全隐患制定应对措施，必要时参与抢修。工务安全监护人员还应对监护工程的施工方案、施工地点、封锁时间、慢行条件、标志设置，施工后放行列车是否有安全保证等内容做到心中有数；供电部门对由线路平面、纵断面变化引起的供电设施变化进行监控，主动配合施工单位进行导线中心位置的调整，检查是否达到送、断电条件等；机务系统严把行车命令传达、行车速度控制、反方向运行指挥等关键；车务系统除了按运行图指挥图定列车外，还要重点监控好轨道车、卸碴车、架线车、大机作业车等进入区间和返回车站的安全运行，检查道岔的锁定是否符合规定等。

5. 项目管理经验总结

通过对京秦既有线改造工程项目管理特点的分析，可以为以后同类既有线改造项目管理提供参考。

安全管理是重中之重，它除了与企业本身的管理和技术素质相关外，还受建设环境、资金到位率和工期安排等因素影响；由于设计周期过短等原因，使得设计深度严重不足，客观上造成变更过多，误工严重，现场管理被动；大量前期工程，都由项目管理单位承担，分散了现场管理的注意力；工期的制定不科学，造成施工组织无序变化；在运营线上指导性施工组织的批复与现场实际的运输封锁条件差距太大，增大了施工与运营协调的难度；项目高层管理人员观念需要转变，技术人员素质有待提高，有经验的管理人员和工人短缺。上述问题的存在，就为均衡组织施工和营造一个稳定的管理环境造成很大困难。所以在实施既有线提速改造时，要求冷静地分析客观形势，坚持科学的发展观，以系统科学的理论和观点，从上至下灵活制定针对性的措施和策略，强化过程控制，实施有效管理，保证施工安全，确保既有线改造项目的圆满完工。

3.2.2 电气化改造工程总承包项目案例分析(京沪线)

1. 工程概况及承包模式

京沪线电气化改造工程全长1450km，工程内容包括征地拆迁、路基、桥涵、轨道、通信信号、电力及电力牵引供电、房屋、其他运营生产设施、大型临时设施及过渡工程，还包括老龄桥改造、站场扩建、曲线改直线、落道等诸多配套工程，几乎涵盖了铁路建设的所有专业和项目，是多项工程同步进行、施工运输紧密配合、关系协调错综复杂的庞大系统工程，其规模之大、工期之紧、要求之高、协调之难前所未有，是铁道部首次在长大繁忙干线上实行施工总承包模式，属于第一次重点铁路干线的项目总承包管理模式，工期1年。

2. 总承包模式下的合同管理

(1) 构建和谐的合同体系

总承包单位与业主签订了施工总承包合同(主合同)后，为实现主合同的目标，又分别与各项目部签订了内部承包合同。在这个合同体系中，主合同和分合同与各分合同之间存在着复杂的关系，构成了合同网络。要保证项目的顺利实施，就必须对合同网络做出周密的计划和安排，对分合同进行合理的划分，从而构建一个和谐的合同体系。

在京沪电气化改造工程中，合同体系存在下述一些不足。整个合同体系对联合体及内部承包合同的划分是基于分劈概算章节确定的，而《联合体补充协议》又规定各联合体伙伴承建范围为路基工程、桥涵工程、轨道工程等，其合同价款按照概算中各章节的费用进行了确定。在这种合同价格基本确定的条件下，就出现了联合体及各项目部实施的工作量越少，利润越大，风险越小的情况，这导致在合同执行过程中出现纠纷就成为必然。

如由于征地及拆迁工作由联合体主办方承包，联合体伙伴在车站改造工程施工过程中，遇到需拆迁的地上建筑物及地下障碍物时，便提出这些工作不在其合同范围内，不属于其合同工作范围，而拒绝实施。但是，这些拆迁工作是由联合体主办方实施，由于其不如联合体伙伴了解工程实施情况，对拆迁范围、款额等的谈判有力不从心之感，势必影响工程的进度。为此，在工程实施过程中，联合体主办方与联合体伙伴经多次协商，最后才在1年工期的压力下达成共识：为确保主体工程的尽快实施，由引起拆迁的主体工程的实施者进行相关拆迁，从而确保了工程的进度和投资的控制。

又如合同对房屋工程的描述为全部房屋及相关土石方、室内外给水排水、场外进出场道路和附属工程，并规定房屋工程由联合体主办方承建。联合体伙伴在进行站场土石方施工时，提出接触网工区的土方亦是房屋的相关土石方工程，故应由联合体主办方实施。后经业主多方协调，才确定接触网工区的土方作为站场土方工程密不可分的部分，应由联合体伙伴实施，从而纠纷才得到解决。

由此可见，联合体合同体系的构建应注意以下几个方面：

1) 确保工程和工作内容的完整性，在工作内容上不应有缺陷或遗漏

在实际工程中，联合体伙伴的合同分工中不包括其工程引起的相关拆迁，这种缺陷就导致双方的争执，从而影响了拆迁工作的进度。为避免这种现象，应系统地进行项目的结

构分解，将整个项目任务分成几个独立的工作包，每个工作包都列出完整的工程量表，这些分解的工作包应成为联合体协议和内部承包合同划分的基础。合同划分只有是项目结构分解的结果，才能确保各分包工作内容的完整性，从而保证整个项目的工作完整。

2）明确界面，减少合同纠纷

进行项目任务(各个合同或各个承包单位，或项目单元)之间的界面分析，各合同所定义的专业工程之间应有明确的界面与合理的搭接，也就是说，各工作包之间要有符合工程逻辑性的搭接，这个搭接应存在明确的责任分界面。各合同只有在技术上协调，才能共同构成符合总目标的工程技术系统。事先确定的界面也可能会出现遗漏和缺陷，因此，在划分合同时，对界面应做出尽可能明确的规定，以减少如上述的接触网工区土方的归属问题的纠纷。

3）风险共担

公平地分配合同风险是构建和谐合同体系的基础。实际上，每一个合同都存在风险分配的问题，但并不是所有的合同对风险都作了平均的分配。京沪线电气化改造工程合同谈判之初，主合同被要求签订为不可调整合同价款的固定总价合同，这样，征地拆迁价格不可预测，工程材料价格飞涨的价格风险，业主就都转嫁给了总承包商。这样的合同一旦签订，总承包商面临的风险不言而喻，但业主也要面临巨大的风险。承包商在抗风险能力不足的情况下，将面临财务危机，势必给项目带来无法完成或实施不力的风险。后经多方谈判、协商，业主也充分认识到固定总价合同不便共担风险的危害性，于是合同的第19条“合同价款调整”中规定：“除征地拆迁单价差引起的合同价款增减速报原审批单位批准后可调整总包价外，其余费用不调整(铁道部调整除外”)。该条款对风险做出了合理的分配，使得京沪电气化改造工程得以顺利完工。只有在合理地分配风险的基础上，项目才能具有更高的抗风险能力，才能得以顺利的实施。

(2) 注重合同交底

在京沪电气化改造工程的实施过程中，津浦线K69km处的机械排水作为一个独立的配合辅助工程由某联合体成员承建，该工程包含泵站的房屋工程、给泵房供电的电力工程、排水工程等工作内容，而津浦线K69km正处在联合体主办方某个电力工程项目部管区内，故联合体成员要求该项目部来完成机排工程的电力施工，这就引来了一场合同纠纷。如果工程伊始，就对各个承建单位的承包范围进行详细的合同交底，明确其各自作包中的具体内容，即可避免这样的纠纷。

在现代项目管理理念中，对项目的目标和承包商的责任都是通过合同来定义的。因此，作为工程管理者的总承包商应该从“按图施工”转变到更广泛意义上的“按合同施工”上来，将合同交底作为合同管理工作中的重要步骤来实施。“合同交底”与“图纸交底”并不矛盾。因为“图纸交底”仅包含了工程图纸和技术规范等内容，而合同交底进一步考虑了业主的要求、承包商的责任、工程实施步骤、工程界面等内容，甚至还考虑了承包商的目标。因此，“图纸交底”不能涵盖“合同交底”，不能反映其合同责任。“合同交底”与“图纸交底”是相辅相成，不能相互取代的。

(3) 加强合同支付中的工程计量

计量支付是工程建设的一个重要工作内容，是确保工程质量的有效控制手段，是控制项目投资支出的关键环节，是约束承包商履行合同义务的手段，是合同支付中的基础环节。长期以来，为保证投资计划的完成，铁路工程的计价常常偏离工程的实际进展情况，使现场的工程计量在验工计价程序中成为一个无足轻重的环节。

在京沪电气化改造工程中，施工总承包商建立了工程计量支付制度，按合同约定的时间、方法，对工程项目进行工程计量，然后按双方确认的计量结果及时进行支付。同时，为保障工程计量支付制度的实施，总承包商还为各个专业配备了工程计量人员，并经过培训和学习，使这些计量人员充分了解主合同和相关分合同的目标、内容和要求，熟悉相关的图纸和技术规范。总承包商通过采取上述计量支付措施，从而使合同支付与验工计价相互协调，投资控制与工程进度相互保持一致。

(4) 重视合同管理资料的收集整理和保存

合同资料的收集整理和保存无论从技术的角度还是经济的角度都是至关重要的。对类似京沪线电气化改造这样大型的总承包项目而言，总承包商无论是从企业自身的发展角度出发，还是从对国家大中型项目负责的态度出发，都应当保存一份技术与经济相统一的、完整的档案文件，并为国家对大中型项目的审计、财政评审等各项审计工作提供基础资料，为项目后评价提供原始数据，为电气化铁路长期以来的更新改造提供宝贵的原始记载。

3. 总承包模式下的物资管理

京沪电气化改造工程工作量大，设计标准高，工期要求紧迫，因此，对工程所需物资采购质量和供货期的要求也就十分严格。在项目管理中针对物资管理，就有别于常规管理模式。

(1) 正视不利因素，加强集中管理

京沪电气化改造工程的物资采购供应任务十分紧张，异常艰苦。从质量要求上来说，在京沪线这样最繁忙的铁路上，需要提高线路运行的可靠性，物资质量等级要求高，安全系数要求大，对所采购物资的质量不能有半点疏忽；从数量上来说，这么大的工程需要大量的物资，仅导线、承力索就需要上万吨，接触网杆塔需 60000 多根，瓷瓶需 43 万余只；从时间上来说，虽说工期是一年，但是扣掉“十一”黄金周、春运等影响，实际施工时间最多只有 7～8 个月，给物资供应留出的空间太少了。

公开招标需要时间，产品的生产周期需要时间，设备、器材的供应和安装调试还需要时间；从资源方面来说，物资货源十分紧缺，如接触网导线的需求量是全国生产厂家年生产能力的 80%。棒式绝缘子的用量是 4～5 个生产厂家的年产量，而国内较有规模和信誉的生产厂也就在这个数量级上。而且同时在建的同家重点工程还有浙赣线、沪杭线等电气化铁路改造项目。如此不利的市场环境，对于物资工作人员的压力之大可想而知。施工单位领导从工程尚未开始就意识到这一点，为了万无一失，决定这项工程主要物资的采购供应采取以物资处牵头的集中管理模式，要在物资设备的采购供应过程中，发挥整体优势，充分利用市场资源和价格杠杆，控制物资质量，节约工程成本，保证施工工期。

(2) 强化基础管理，落实岗位责任

针对京沪电气化改造工程工期紧、材料设备质量要求高、需求量大、施工现场战线长、供料点多和市场环境严峻的特点，物资处对物资采购供应工作进行了精心策划、精心组织。制定了《京沪铁路电气化工程物资管理办法》，强化了物资管理责任制。建立了物资处、项目部二级物资采购管理体系和物资处、项目部、作业队三级物资供应管理体系，明确了各级岗位的职责和权限，从采购、供应、服务到进入现场物资的检验、存储、发放、使用的控制等都严格制定了详细的管理责任，从而加强了物资采购、供应的控制力度。

(3) 公开招标采购，确保物资质量，争取最大利益

为了确保京沪电气化改造工程的工期和整体质量，降低工程成本，工程所需主要物资实行集中公开招标采购。对招标工作进行了认真地安排，从组织和程序上保证了招标采购工作的合法性和有序开展，并制定了切实合理的采购方案。物资业务人员在组织招标期间连续加班加点，放弃休息日，不分昼夜地按不同的专业赶制标书。群策群力、集思广益，详细地对各个设计院提供的设计文件进行认真研究，向专家和设计单位请教和咨询，不放过一丝细节。

按要求编制出了接触网、变电等专业招标文件800余份，资料累计近50000张，按时出色地完成了京沪电气化改造工程物资招标采购的准备工作，并向社会公开发布了招标公告。由于市场大环境的影响，已经对电气化产品采购形成了极为不利的卖方市场，价格谈判十分艰苦。但由于基础资料扎实，使招评标工作以较低的价格顺利完成。直接面对物资供应厂商进行的大批量集中招标采购，既能控制物资的质量，保证施工工期，又可降低采购成本。集中采购的批量越大，获得的折扣越多，争取到的利益也就越多。

(4) 加强现场服务，保证物资供应

为确保工程用物资按照工期的要求供应到现场，组建了物资供应保障组等“四组”和物资调度网等“网”的物资供应保障体系，从组织、人员、任务、责任等方面落实了责任。“四组”、“网”在对京沪电气化改造工程所需物资及施工进度进行全面监控的基础上，对主要物资的生产、运输、现场供应进行全程跟踪。物资人员数十次到可能会影响施工进度的各个棒瓷、线材、电气化器材等生产厂家进行考察摸底、了解生产情况，为京沪线按时完成供应任务打下了良好的基础。有60多人参加的催料小组，直接进入到各厂的生产车间盯岗催料，把重要物资的排产、下料、组装等工序和发运安排都摸查得一清二楚，准确、及时地将动态反映给物资调度网，为施工组织和领导决策提供了准确的依据。

在接触网全面挂线时，由于个别供货厂的生产线出现了问题，延误了120mm导线的供货，直接影响了有关铁路局施工区段的施工进度。为此，调度网根据合同条款削减了这个厂家的生产数量，增加了生产情况较好、供货及时的生产厂的供应量，及时解决了供需矛盾，缓解了施工压力，保证了工程的正常进行。在物资陆续供应到现场的同时，统筹安排，组织供应厂商到现场进行技术服务，解决物资设备出现的问题等达上百次之多，使得设备、器材的安装得以顺利完成。

(5) 加强现场物资监控，追溯加工产品源头

为了严格过程控制，严把物资质量关，组织人员对已经入库的和即将进入施工现场的物资质量进行了监督检查。对参建单位的现场物资管理、一般物资采购的程序、进料检验、仓储安全以及不合格品的处置等相关作业进行了专项检查。在肯定了较好管理工作的同时，也针对存在的问题提出了整改要求。在对自加工产品的检查中，检查组深入到各项目部、作业队，检查了铁塔、硬横梁、腕臂和其他零配件的焊接与镀锌层质量及配套状况。之后，又到后方的十余个加工厂检查了上述产品加工过程的质量控制，对原材料的进货渠道和质量证明文件进行了追溯，从源头上对产品的质量管理进行了有效的监控。由于

对物资管理工作实行了严格的控制措施，在京沪电气化改造整个工程中没有出现因为物资管理不善或物资质量问题而影响工程质量的事件发生。

(6) 施工总承包模式是实施物资集中采购管理模式的有效途径

京沪电气化改造工程物资采购供应的成功经验表明，主要物资集中采购供应的管理模式对于总承包工程控制物资质量、保证施工需求、提高供应效率、降低采购成本、规避市场风险和实现整体效益的增长都有着积极的现实意义，并存在巨大的经济潜力和社会效益。同时，为适应总承包工程物资采购供应管理模式也摸索出了一套有效途径。随着经济的发展、技术的进步、工程项目规模的扩大、总承包模式的推进，物资采购供应的集中管理已成为工程管理发展的必然趋势。

4. 总承包模式下的风险控制

京沪电气化改造工程资金投入高、区域跨度大，极易受到国家宏观经济政治和区域经济环境以及意外事故、洪水、台风、地震等自然因素和人为因素的影响，都可能给工程项目总承包者带来这样或那样的损失。因此，正确认识和化解施工总承包项目风险不仅必要而且十分紧迫。京沪铁路涉及范围广，风险因素数量多且种类繁杂，致使其在全寿命周期内面临的风险多种多样，而且大量风险因素之间的内在关系错综复杂、各风险因素之间及与外界交叉影响又使风险显示出多层次性，这是重大工程项目风险的主要特征之一。

(1) 总承包项目的风险来源广，风险因素多

1) 经济观念滞后带来的风险。在计划经济条件下价格稳定、政府定价、政府提供价格信息、政府保护国有企业的中国工程承包企业，面对市场经济条件下的价格机制“随行就市”，人们对于价格运行规律、价格风险、汇率风险、合同风险等的认识，远远滞后于市场经济发展的需要，滞后于国外的承包企业，这会带来很大的经济风险，观念上的滞后，极易造成决策失误，酿成经济损失。

2) 不规范的市场行为造成的经济风险。建设、设计、监理、施工各方都是市场的主体，都应按照市场“游戏规则”办事，但是现实中市场主体的一些行为往往不是很规范，比如管理无序、压价无度、索要回扣、带资承包、拖欠工程款等，这些不规范的行为带给总承包企业很大的风险。

3) 对总承包模式的陌生产生的风险。目前铁路建设工程管理实行的仍是传统的设计与施工相分离，单一进行施工专业承包或施工总承包。这种管理模式使施工承包企业对设计项目管理陌生，设计企业对施工项目管理陌生，总承包企业发育缓慢，企业缺乏实行总承包的机制等，这些问题有可能成为总承包项目潜在经济风险。

(2) 积极采取技术性对策，回避、减轻、预防、分散总承包项目风险

1) 铁路总承包项目回避风险对策。如果项目威胁太大，风险量和发生的可能性都很大，企业难以承担和控制风险，便应当在承包之前放弃承包或在实施之前毅然放弃项目实施，以免造成更大的风险损失。制定并执行企业制度禁止实施某些活动、依法规避某些可能造成风险的行为，也是风险回避的有效对策。

2) 铁路总承包项目减低风险对策。这种对策可降低风险发生的概率或减少风险发生后的损失量。对于已知风险，可动员项目资源予以减少；对于可预测和不可预测风险，应尽量通过假定和限制条件，使之变为已知风险，再采取措施降低其发生的可能性，降低到风险可以被接受的水平。

3）铁路总承包项目预防风险对策。采取技术组织措施预防风险对策的作用有三个：防止风险因素出现；减少已存在风险因素；减低风险事件发生概率。

4）铁路总承包项目分散风险对策。把风险分散给其他单位，包括业主、分包人、合伙人、投资人、供应商等。

5）铁路总承包项目自留风险对策。即将有些不太严重的已知风险造成的损失由自己承担下来。但是必须自己有能力，有应急措施，有后备措施，有财力准备。

（3）对京沪电气化改造工程风险控制的总结

通过京沪电气化改造工程的风险分析及一些基本对策，为以后的总承包风险控制提供参考。铁路工程项目风险管理贯穿于一个铁路工程项目从拟订规划、确定项目规模、工程设计、工程施工、直至建成投产的全部过程，所以实行工程总承包的公司应认清形势，苦练内功。同时向有成功经验的同行认真取经，不断完善风险管理体制，适应国际竞争的需要，只能这样才能在激烈的市场较量中站稳脚跟，加快发展。

3.3 铁路工程质量与安全事故案例

3.3.1 新建铁路桥梁工程质量事故案例分析

1. 事故经过

2009 年 4 月 28 日，某铁路项目业主在进行静态验收时，发现某单位施工的三座特大桥部分支座存在支座限位块无工作间隙与盆环顶面顶死，支座无法活动问题，随即责成相关单位进行处理。

施工单位高度重视，迅速派原项目经理等人到现场对业主检查反馈的问题支座进行处理，通过勘查分析，编制处置方案，报业主评审，及时得到批准。对调查发现支座工作间隙≤5mm 的 8 个问题支座，于 5 月 10 日前及时要点进行更换处理，同时对所有桥梁支座工作状况进行一次详细调查，并对所有桥梁支座底垫板与支承垫石之间的灌浆垫层进行一次压力注浆填充补强措施，于 2009 年 5 月 25 日处理结束。

2. 原因分析

经对 8 个问题支座工作间隙顶死，支座无法活动进行勘查分析和处理，发现支承垫石与下支座板之间空隙采用重力式灌浆工艺，灌浆料填充不密实，有空隙，在荷载作用下支座垫板向下凹，造成上下支座无工作间隙，上支座限位块与下支座盆环顶面顶死，支座无法活动。

造成问题支座影响简支箱梁正常工作的原因：

（1）关键部位施工工艺采用不正确

项目部对客运专线现浇简支箱梁支座安装不采用最新版本指南、验标，仍采用《铁路桥涵施工工规范》TB 1023—2002，架桥机架设支座安装规范和“铁科基［2005］101 号”《关于发布〈客运专线高性能混凝土暂行技术条件〉等 8 个暂行技术条件的通知》之一《客运专线桥梁盆式橡胶支座暂行条件》“7.3.2 采用重力式灌浆方式”安装支座；而不是采用后期 2005 年 9 月 22 日发布的《客运专线铁路桥涵工程施工技术指南》TZ 213—2005“11.2.2 支座下垫板与支座垫石之间，锚栓孔内进行压力注浆，注浆材料强度不应低于垫石的强度，注浆压力不小于 1.0MPa”和铁建设［2005］160 号（2005-09-17 发布）《客运专线铁路桥涵工程施工质量验收暂行标准》“14.1.4 预留锚栓孔，支撑垫石顶面与支座底面间隙应采用压力注浆填实，注浆压力不得小于1.0MPa”的压力注浆施工工艺，是造成支座垫板中间下凹、无工作间隙的主要原因。

(2) 施工工艺监控不力

1) 关键工序连续监控问题。支座安装关键工序交民工操作，现场监控人员对灌浆民工操作行为没有进行连续监控，任由民工自行操作，根据一些资料图片显示，少数支座安装从采用灌浆工艺变成了塞浆工艺，《施工日志》中只简单描述“支座安装”，是造成这次桥梁支座安装问题的直接原因。

2) 灌浆料配合比计量不准确。据调查询问有关人员，灌浆浆液施工配合比实施过程，施工配合比没有按重量比准确计量，而采用原始的体积配合比，重力灌浆过稠流动性差，盒内浆液装平，座板中间空气未排出，座板底中间形成空隙；过稀影响强度，是造成这次桥梁支座安装问题的直接原因。

3) 下部结构施工控制不严。下部结构墩、台、支承垫石标高施工程序误差超限，少数墩台支承石面低于设计标高达70mm，全部用灌浆浆液找平，配合比不准确造成了强度偏低，也易造成座板中间下凹、顶死等问题。

4) 项目在桥梁竣工后，没有组织全面自检，没有及早发现问题及时纠正处理，而造成被动的负面影响。

3. 处理措施

2009年5月6日，铁路项目业主召开“支座处理施工方案审查会”，决定对出现问题的支座采取更换方案，并在要点封锁线路状况下进行。于5月10日前要点进行更换处理，同时对所有桥梁支座工作状况进行一次详细调查，并对所有桥梁支座底垫板与支承垫石之间的灌浆垫层进行一次压力注浆填充补强措施。

4. 事故教训

(1) 选择正确合理的工艺和方法，是保证工程质量的前提。在施工方案编制、评审时要对施工工艺和方法严格把关。

(2) 关建工序施工过程中技术质量管理人员要全过程监控，施工完成后认真检查验收。

3.3.2 新建铁路隧道工程安全事故案例分析

1. 事故经过

2007年11月20日8时40分左右，某公司施工的某隧道进口处发生岩崩大面积崩塌，造成3名作业人员死亡，途经的32名乘客遇难，国道交通中断。

2. 原因分析

(1) 洞口段未严格按照批准的设计方案组织爆破施工。设计的小导坑断面为4.0m×4.0m，而实际开挖断面达到4.4m×4.5m，使得小导坑开挖爆破所需的炸药量增加，导致爆破震动的负面效应增大。11月20日爆破掌子面装药的50个炮眼，按施工设计方案，应为五段延时起爆，但在实施中只分二段起爆，违反了“小导坑出洞施工方案”的爆破参数设计规定，从而进一步加剧了爆破有害效应，加剧了崩塌体与母岩的分离。

(2) 对高边坡防护工程措施不到位。没有严格按照施工设计图纸的有关要求和工程措施组织施工，边坡防护的工程设计锚杆直径为25mm，实际施工采用22mm；设计喷混凝土厚度为10mm，实际喷混凝土厚度最薄处只有3mm，达不到边坡设计防护要求。同时，在隧道出洞前没有对高边坡的岩腔进行嵌补；没有完成拱顶以上两排锚索的张拉。

(3) 高边坡施工防护和隧道洞口施工监控方案不落实，对洞口边坡的变形观察范围和标准不明确，观察不仔细，无专人负责连续观察；施工日志记录不规范、不真实。

3. 事故教训和防范措施

(1) 对特殊岩土和不良地质必须制定专项施工方案，安全防范措施必须全面细致，掘进、支护方案慎重选择，施工方案必须严格按照程序审核、批准。

(2) 严格按照审批的方案组织施工，安全防护措施落实到位，特别是超前地质预报必须做好，提前了解围岩情况，制定应变措施。

(3) 支护结构和防护措施确保到位的情况下，才能继续掘进，不得盲目冒进。

(4) 加强对施工人员的教育，施工人员必须严格遵守操作规程进行施工，严禁偷工减料，拒绝违章指挥和违章作业。

(5) 加强监控量测、地质素描工作，并将量测的信息全面分析处理后及时反馈到施工管理决策人员手中。

(6) 特别是在连续降雨等灾害天气情况下，要加强对掌子面、初支结构、山体结构等观察，提前发现围岩结构的变形情况，规避施工安全风险。

3.3.3 营业线改造工程安全事故案例分析

1. 事故经过

2008年1月23日20时48分，某铁路动车与擅自上道的作业人员相撞，造成18人死亡，9人受伤。

2. 原因分析

(1) 作业施工人员擅自砸开铁路安全防护栅栏门锁，破坏铁路行车设备，强行进入营业线活动，与正常运行的动车相撞。

(2) 施工作业队没有严格执行施工组织设计方案，施工组织不力，致使现场作业人员在施工作业时间未到、施工慢行命令未下达和施工负责人及监理、设备管理部门、建设单位现场监控人员没有到位的情况下，擅自强行进入作业区并擅自在营业线上活动。

3. 事故教训及防范措施

(1) 凡涉及营业线施工或在营业线附近施工有可能影响到营业线都要认真学习并严格遵守《铁路营业线施工及安全管理办法》。

(2) 施工前仔细调查营业线设备管线情况，必要时人工挖探坑调查，对已经探明的设备管线采用切实可行的保护措施进行保护隔离，避免施工中损坏。

(3) 做好物资、机具设备的摆放、固定工作，避免侵限影响行车。

(4) 做好施工区域与行车区域的隔离、防护。同时，与既有铁路营业线设备管理单位共同做好现场监护。

3.3.4 重大事故应急处理预案

1. 应急响应

铁路行车事故的应急响应，根据属地化为主的原则，各铁路运输企业全面负责应急处置工作，铁道部根据情况给予协调配合。

2. 分级响应程序

根据《国家安全生产事故灾害应急预案》确定的事故灾难等级和分级启动的原则，发生铁路行车事故后，达到本预案响应条件时，应启动本预案及以下各级预案；超出本级应急救援处置能力时，在启动本预案同时，请求国家应急救援指挥机构启动上一级应急预案。

符合下列情况之一者，启动本应急预案：

(1) 铁路行车事故造成死亡 10 人及其以上；

(2) 事故可能造成重大社会影响；

(3) 事故直接经济损失达到或超过 1000 万元；

(4) 事故发生局应急力量和资源不足，无力控制事态，需要铁道部支援；

(5) 铁道部决定需要启动本预案的铁路行车事故；

(6) 其他需要启动本预案的情况。

启动预案后，按下列程序和内容响应：

(1) (事故灾难应急协调办公室)立即通知铁道部应急领导小组有关成员组成铁道部行车事故应急指挥部(简称应急指挥部，下同)，并根据事故具体情况通知有关专家参加；

(2) 开通与事故发生地铁路运输企业应急救援指挥机构、事故现场应急救援指挥部、各应急协调组的通信联系，随时掌握事故进展情况；

(3) 铁道部有关司局经本部门主要领导批准后，其工作状态由日常管理变为应急状态管理，并按其应急职责立即开展工作，直至事故灾难消除为止；

(4) 根据专家和各应急协调组的建议，应急领导小组确定事故救援的支援和协调方案；

(5) 派出有关人员和专家赶赴现场参加、指导现场应急救援；

(6) 协调事故现场应急救援指挥部提出的支援请求；

(7) 向国务院安委会办公室报告有关事故情况；

(8) 超出本级应急救援处置能力时，及时请求国务院启动相应预案。

3. 信息共享和处理

(1) 铁道部、各铁路运输企业分级建立行车安全信息综合管理中心，满足行车安全信息的综合查询与分析，并通过现代网络技术，构建中国铁路行车安全信息管理体系，实现铁路行车安全信息集中管理、资源共享。

(2) 外国铁路担当的列车在我国境内运行期间发生行车事故，或铁路行车事故中发生港、澳、台人员或外国人失踪、伤亡、被困时，除按应急预案组织营救、搜救外，应及时上报铁道部，由铁道部国际合作司按有关规定协调处理；事故发生地铁路运输企业，应在应急领导小组批准后，立即向所在地政府通报信息，请地方政府配合做好搜救工作。

(3) 内地和香港铁路间开行的旅客列车在内地发生行车事故，应及时上报铁道部。京九、沪九列车发生事故，在按本预案处理的同时，执行《京九、沪九直通旅客列车突发事件处理办法》。

4. 通信

(1) 铁路系统内部以行车调度电话为主通信方式，各级值班电话为辅助通信方式。

铁路电话“117”为应急通信电话，实施“立接制”服务。

(2) 事故发生后，按事故处理应急通信要求，设置事故现场指挥电话，确定现场联系方式，确保应急指挥联络的畅通。

逐步实现事故现场与铁道部应急指挥部的视频、音频和数据信息的实时传输。

(3) 事故灾难应急协调办公室负责建立并维护铁道部有关司局、各铁路运输企业、上级应急机构、专家的通信数据库，包括手机、办公电话、家庭电话、传真等多种联系方式。

5. 指挥和协调

(1) 应急状态时，铁道部成立应急指挥部，负责行车事故应急协调指挥和重大决策工作。指挥部成立前，铁道部有关司局根据职责分工协调相关工作。

(2) 铁道部应急指挥部根据行车事故情况，提出事故现场控制行动原则和要求，通知相邻铁路运输企业救援队伍，协调其他部委专业救援人员支援；各应急机构接到事故信息和支援命令后，要立即派出有关人员和队伍赶赴现场，在现场应急救援指挥部统一指挥下，按照批准的救援起复处置方案，密切配合，相互协同，共同实施救援起复和紧急处置行动。

(3) 现场应急救援指挥部成立前，由发生地铁路运输企业应急领导小组指定的车站站长任组长并组织有关单位组成事故现场临时调查处理小组，按《铁路行车事故处理规则》的规定，开展事故前期现场人员救护、事故救援、机车、车辆起复，事故前期调查等工作，全力控制事故态势，防止事故扩大。

(4) 事故现场的起复工作，根据《铁路行车事故救援规则》，由救援列车主任(或代理人)单一指挥。

(5) 行车事故发生后，行车指挥部门要立即封锁事故影响的区间(站场)，并指挥全面做好防护工作，防止二次事故的发生。

(6) 铁道部应急指挥部统一指挥协调全路应急资源实施紧急处置行动。

(7) 应急状态时，铁道部有关司局和专家，要及时、主动向事故灾难应急协调办公室提供事故应急救援有关基础资料以及事故发生前设备技术状态和相关情况，并迅速对事故灾难信息进行分析、评估，提出应急处置方案和建议，供铁道部应急指挥部领导决策参考。

6. 紧急处置

(1) 现场处置主要依靠事故发生地铁路运输企业应急处置力量，事故发生后当地铁路单位(列车工作人员)立即组织开展自救、互救，并根据《铁路行车事故处理规则》迅速上报。

(2) 发生铁路行车事故需要启动本预案时，各级应急领导小组分别按权限组织处置。根据事故具体情况、等级和实际需要调动应急队伍，集结专用设备、器械、物质、药品，落实处置措施。如需要调集公安、武警对现场施行保护、警戒和协助抢救时，由铁路运输企业应急领导小组负责协调处理。所在地政府、部队、地方单位应满足铁路的要求。

(3) 铁道部应急指挥部根据现场请求，负责紧急调集铁路内部救援力量、专用设备和物资，参与应急处置；协调其他部委的专业救援力量、专用设备和物资的紧急支援。

7. 救护和医疗

(1) 铁道部应急指挥部根据现场请求，及时协调有关医疗救护、医疗专家、特种药品和特种救治装备进行支援，协调现场防疫有关工作。

(2) 事故发生地铁路运输企业按照本局应急预案中确定的医疗救护网点，迅速组织开展紧急医疗救护和现场卫生处置。

（3）对可能发生疫情的行车事故，铁路运输企业应立即通知防疫部门采取防疫措施。

8. 应急人员的防护

应急救援起复方案，必须在确保现场人员和设备安全的情况下实施救援。应急救援人员的自身安全防护，必须按设备、设施操作规程、标准和《铁路行车事故救援规则》要求执行，参加应急救援和现场指挥、事故调查处理的人员，必须配戴具有明显标识并符合防护要求的安全帽、防护服、防护靴等。

根据请求，铁道部应急领导小组具体协调调集相应的安全防护装备。

9. 群众的安全防护

（1）现场应急救援指挥部负责组织群众的安全防护工作，铁道部应急指挥部负责协调指导。

（2）凡发生旅客列车行车重大事故需应急救援时，必须先将旅客和列车乘务人员疏散到安全区域后方准开始应急救援。列车乘务人员应在旅客疏散完毕后，方准撤离现场。

（3）凡需要对旅客进行安全防护、疏散时，在现场应急救援指挥部未到达现场前，在区间由列车长统一指挥，乘警配合；在车站由站(段)长负责指挥，驻站公安人员配合，现场应急救援指挥部到达现场后，由现场应急救援指挥部指派专人成立工作小组，负责旅客的安全防护或疏散。需要对沿线群众进行安全防护、疏散时，在现场应急救援指挥部未到达现场前，由就近站段的站(段)长负责指挥，驻站公安人员配合，现场应急救援指挥部到达现场后，由现场应急救援指挥部指派专人成立工作小组，负责安全防护或疏散。

（4）旅客、群众安全防护、紧急疏散后的治安管理，由所在地铁路公安负责，必要时，由铁路运输企业应急领导小组协调部队和地方公安配合协助。

10. 应急结束

行车事故发生后，现场对人员的危害性消除，伤亡人员和旅客、群众已得到医疗救护和安置，列车恢复正常运输后，经现场应急救援指挥部批准，现场应急救援工作结束，应急救援队伍撤离现场，由事故发生地铁路运输企业宣布应急结束。

完成行车事故救援起复后期处置工作后，现场应急救援指挥部对整个应急救援情况进行总结，并写出报告报送铁道部事故灾难应急协调办公室。

4 建造师职业道德

4.1 建造师职业道德的主要内容

职业道德是指人们在一定范围内所必须遵守与其行业相适应的行为规范，是同人们的职业活动紧密联系的符合职业特点所要求的道德准则、道德情操与道德品质的总和，它既是对本职人员在职业活动中行为的要求，同时又是职业对社会所负的道德责任与义务。

每一项职业都是神圣的，每个从业人员，不论是从事哪种职业，在职业活动中都要遵守道德。如教师要遵守教书育人、为人师表的职业道德，医生要遵守救死扶伤的职业道德等。职业道德是社会道德在职业生活中的具体化。

建造师是以专业技术为依托、以工程项目管理为主业的执业注册人员，近期以施工管理为主。建造师是懂管理、懂技术、懂经济、懂法规，综合素质较高的复合型人员，既要有理论水平，也要有丰富的实践经验和较强的组织能力。建造师注册受聘后，可以建造师的名义担任建设工程项目施工的项目经理，从事其他施工活动的管理，从事法律、行政法规或国务院建设行政主管部门规定的其他业务。作为铁路工程专业的建造师，要遵守国家、铁道部门的相关规定，要具有守法、诚信的职业道德。

职业道德的涵义包括以下八个方面。

（1）职业道德是一种职业规范，受社会普遍的认可。

（2）职业道德是长期以来自然形成的。

（3）职业道德没有确定形式，通常体现为观念、习惯、信念等。

（4）职业道德依靠文化、内心信念和习惯，通过员工的自律实现。

（5）职业道德大多没有实质的约束力和强制力。

（6）职业道德的主要内容是对员工义务的要求。

（7）职业道德标准多元化，代表了不同企业可能具有不同的价值观。

（8）职业道德承载着企业文化和凝聚力，影响深远。

每个从业人员，不论是从事哪种职业，在职业活动中都要遵守道德。

在内容方面，职业道德总是要鲜明地表达职业义务、职业责任以及职业行为上的道德准则。它不是一般地反映社会道德和阶级道德的要求，而是要反映职业、行业乃至产业特殊利益的要求；它不是在一般意义上的社会实践基础上形成的，而是在特定的职业实践的基础上形成的，因而它往往表现为某一职业特有的道德传统和道德习惯，表现为从事某一职业的人们所特有的道德心理和道德品质。职业道德甚至会造成从事不同职业的人们在道德品貌上的差异，如人们常说，某人有“军人作风”、“工人性格”、“农民意识”、“干部派头”、“学生味”、“学究气”、“商人习气”等。

其次，在表现形式方面，职业道德往往比较具体、灵活、多样。它总是从本职业的交流活动的实际出发，采用制度、守则、公约、承诺、誓言、条例，以至标语口号之类的形式，这些灵活的形式既易于为从业人员所接受和实行，又易于形成一种职业的道德习惯。

再次，从调节的范围来看，职业道德一方面是用来调节从业人员的内部关系，加强职业、行业内部人员的凝聚力；另一方面，它也是用来调节从业人员与其服务对象之间的关系，用来塑造本职业从业人员的形象。

最后，从产生的效果来看，职业道德既能使一定的社会或阶级的道德原则和规范"职业化"，又使个人道德品质"成熟化"。职业道德虽然是在特定的职业生活中形成的，但它绝不是离开阶级道德或社会道德而独立存在的道德类型。在阶级社会里，职业道德始终是在阶级道德和社会道德的制约和影响下存在和发展的；职业道德和阶级道德或社会道德之间的关系，就是一般与特殊、共性与个性之间的关系。任何一种形式的职业道德，都在不同程度上体现着阶级道德或社会道德的要求。同样，阶级道德或社会道德，在很大范围上都是通过具体的职业道德形式表现出来的。同时，职业道德主要表现在实际从事一定职业的成人的意识和行为中，是道德意识和道德行为成熟的阶段。职业道德与各种职业要求和职业生活结合，具有较强的稳定性和连续性，形成比较稳定的职业心理和职业习惯，以致在很大程度上改变人们在学校生活阶段和少年生活阶段所形成的品行，影响道德主体的道德风貌。

作为一名铁路工程专业的建造师，要本着对自己、对所在企业、对铁路行业和国家高度负责的态度，做好自己的本职工作，要讲诚信，要认真遵守国家和铁道部门的相关规定，修建出高标准、高质量的铁路工程。

4.2 建造师职业道德的特点

1. 职业道德具有适用范围的有限性

每种职业都担负着一种特定的职业责任和职业义务。由于各种职业的职业责任和义务不同，从而形成各自特定的职业道德的具体规范。

2. 职业道德具有发展的历史继承性

由于职业具有不断发展和世代延续的特征，不仅其技术世代延续，其管理员工的方法、与服务对象打交道的方法，也有一定历史继承性。如"有教无类"、"学而不厌，诲人不倦"，从古至今始终是教师的职业道德。

3. 职业道德表达形式多种多样

由于各种职业道德的要求都较为具体、细致，因此其表达形式多种多样。

4. 职业道德兼有强烈的纪律性

纪律也是一种行为规范，但它是介于法律和道德之间的一种特殊的规范。它既要求人们能自觉遵守，又带有一定的强制性。就前者而言，它具有道德色彩；就后者而言，又带有一定的法律的色彩。就是说，一方面遵守纪律是一种美德，另一方面，遵守纪律又带有强制性，具有法令的要求。例如，工人必须执行操作规程和安全规定；军人要有严明的纪律等。因此，职业道德有时又以制度、章程、条例的形式表达，让从业人员认识到职业道德具有纪律的规范性。

4.3 建造师职业道德的社会作用

职业道德是社会道德体系的重要组成部分，它一方面具有社会道德的一般作用，另一方面它又具有自身的特殊作用，具体表现在：

1. 调节职业交往中从业人员内部以及从业人员与服务对象间的关系

职业道德的基本职能是调节职能。它一方面可以调节从业人员内部的关系，即运用职业道德规范约束职业内部人员的行为，促进职业内部人员的团结与合作。如职业道德规范要求各行各业的从业人员，都要团结、互助、爱岗、敬业、齐心协力地为发展本行业、本职业服务。另一方面，职业道德又可以调节从业人员和服务对象之间的关系。如职业道德规定了制造产品的工人要怎样对用户负责；营销人员怎样对顾客负责；医生怎样对病人负责；教师怎样对学生负责等。

2. 有助于维护和提高本行业的信誉

一个行业、一个企业的信誉，也就是它们的形象、信用和声誉，是指企业及其产品与服务在社会公众中的信任程度。提高企业的信誉主要靠产品的质量和服务质量，而从业人员职业道德水平高是产品质量和服务质量的有效保证。若从业人员职业道德水平不高，很难生产出优质的产品和提供优质的服务。

3. 促进本行业的发展

行业、企业的发展有赖于高的经济效益，而高的经济效益源于高的员工素质。员工素质主要包含知识、能力、责任心三个方面，其中责任心是最重要的。而职业道德水平高的从业人员其责任心是极强的，因此，职业道德能促进本行业的发展。

4. 有助于提高全社会的道德水平

职业道德是整个社会道德的主要内容。职业道德一方面涉及每个从业者如何对待职业，如何对待工作，同时也是一个从业人员的生活态度、价值观念的表现；是一个人的道德意识，道德行为发展的成熟阶段，具有较强的稳定性和连续性。另一方面，职业道德也是一个职业集体，甚至一个行业全体人员的行为表现，如果每个行业，每个职业集体都具备优良的道德，对整个社会道德水平的提高肯定会发挥重要作用。

为贯彻落实铁道部党组关于做好稳定工作的部署要求，确保铁路建设和谐稳定推进，施工单位需要做好如下工作：

1. 建立维稳工作组织机构

为切实加强维稳工作的组织领导，明确分工，落实责任，项目部应成立维稳工作领导小组，项目机关和各分部主要领导参加，领导小组下设维稳工作办公室。各级高度重视，抓紧抓实这项工作。

2. 落实维稳工作责任制度

严格维稳工作责任追究制，有下列情形之一的，对责任单位给予通报批评，并对相关责任人及其所在单位，按相关规定实施挂钩考核：(1)对本部门和本单位发生涉稳事件，不及时、不主动向项目部如实报告情况，造成影响的；(2)对群众反映的问题事先不知情，缺乏工作预案和应对措施，或不按政策规定给予解释，而是上交矛盾，控制措施不落实，或因工作失误，处置不当，致使发生越级访或集体访的；(3)群众到本单位、本部门集体上访，责任单位领导不出面接待，对群众反映的符合政策的问题不及时协调处理，或对群众反映涉及多个单位或部门的信访问题，有关单位或部门领导不配合、不支持、推诿扯皮，造成群众越级访或集体访的；(4)群众发生越级访时责任单位领导在接到通知后行动不迅速，或派出的工作人员不负责任，造成上访人员长时间滞留上级机关，缠访、闹访，造成不良影响的；将群众接回后，不及时认真处理，不按期答复群众，导致群众再次进行越级访的；(5)对群众的无理要求或过高要求，乱开口子，乱表态，作无原则让步，造成工作被动或引发连锁反应的，等等。

3. 农民工工资发放

做好农民工工资发放，要做到三个到位：一是认识到位。兑现农民工工资是大局的需要、是铁路建设的需要、是农民工生活保障的需要。二是钱要发到位。要慎重对待，专款专用，保证发到农民合同工手中。三是工作做到位。各分部领导要深入细致地做好农民工的思想工作，保证队伍稳定。

4. 加强监督检查，坚决保证兑现

工资收入是员工和农民合同工最关心、最敏感、最现实的利益问题。项目各级领导和项目部财务部门，增强政治责任感，落实责任。坚决执行“拨改代”制度，将其作为一项纪律要求，不是一拨了之、拨而不管，而是监督并确保将工资直接发到农民合同工手中。

5 铁路工程建设法律法规与规范文件

5.1 铁路工程建设法律法规

5.1.1 建设工程质量管理条例相关规定

1. 铁路建设单位质量责任和义务

(1) 铁路建设单位必须严格执行有关法律、法规、规章和工程建设强制性标准，依据批准的设计文件组织工程建设，对工程质量负总责。

(2) 铁路建设单位应依法对工程建设项目的勘察设计、施工、监理进行招标，并应在所签订的合同中依法明确质量目标、责任。

由铁路建设单位采购建筑材料、构配件和设备的，铁路建设单位应当保证其质量符合设计文件和合同要求。

(3) 铁路建设单位应合理划分铁路建设工程标段，不得将铁路建设工程肢解发包，不得迫使投标人以低于成本的价格竞标，不得迫使中标人分包工程，不得任意压缩合理工期。

(4) 铁路建设单位不得明示或者暗示设计单位或施工单位违反工程建设强制性标准，降低工程质量；不得明示或者暗示施工单位使用不合格的建筑材料、构配件和设备。

铁路建设单位及其工作人员不得指定、推荐、介绍建筑材料、构配件和设备的生产厂、供应商。

(5) 铁路建设单位应当按规定在开工前到铁道部委托的铁路建设工程质量监督机构办理工程质量监督手续。

(6) 铁路建设单位应当建立现场质量管理机构，配备相应的质量管理人员，制定建设项目质量管理制度，建立健全质量保证体系，落实质量责任。

(7) 铁路建设单位应按规定对初步设计和Ⅰ类变更设计进行初审，对Ⅱ类变更设计进行审批，按规定组织工程地质勘察监理、设计咨询、施工图审核等。未经审核的施工图，不得使用。

(8) 铁路建设单位应督促铁路建设工程的勘察设计、施工、监理单位按照投标承诺和合同约定落实组织机构、人员和机械设备，以保证工程质量。

(9) 铁路建设单位应认真组织编制工程项目施工组织设计，加强施工过程质量检查，并按规定对有关单位进行质量信誉评价，及时处理存在的质量问题，及时组织单位工程质量验收，并应加强基础技术资料管理，保证竣工文件符合要求。

(10) 发生工程质量事故后，铁路建设单位应按规定及时组织事故调查、处理和报告，不得隐瞒不报、谎报或拖延不报，并按规定妥善保管有关资料。

(11) 铁路建设工程所涉及的新技术、新工艺、新材料、新设备，应按规定通过技术鉴定或审批，并制定相应质量验收标准。没有经过鉴定、批准或没有质量验收标准的，不得采用。

(12) 铁路建设工程未经验收或验收不合格，不得交付使用。

2. 勘察设计单位质量责任和义务

(1) 勘察设计单位应按其资质等级及业务范围承揽铁路建设工程，不得转包或违法分包所承揽的工程。

(2) 勘察设计单位必须严格执行有关法律、法规、规章和工程建设强制性标准，按照有关规程、规范和标准进行勘察设计，并对其勘察设计的质量负责。

(3) 勘察单位的勘察成果必须真实、准确，设计单位应根据勘察成果进行设计，不得简化程序和工序。

勘察设计应当达到规定的内容及深度要求，明确工艺工序及质量要求，注明工程合理使用年限。特殊工程、新技术、新工艺、新设备、新材料等应在设计文件中作出详细说明。

(4) 设计单位在设计文件中选用的建筑材料、构配件和设备，应当注明标准、规格、性能等技术指标，其质量要求必须符合国家和行业有关标准。

除有特殊要求的建筑材料、专用设备等外，设计单位不得指定生产厂、供应商。

(5) 勘察设计单位应对审核合格的施工图进行交底，向施工单位作出详细说明，并应设置现场机构，及时解决施工过程中有关勘察设计问题。

(6) 勘察设计单位必须加强质量管理，制定项目质量管理制度，建立健全质量保证体系，明确和落实质量责任。应分阶段采取有效的质量控制措施和必要的质量技术保证，按照工程地质勘察监理、设计咨询、施工图审核意见等对勘察设计进行优化完善。

(7) 勘察设计单位应按规定参加工程检查和检验批以及分项、分部、单位工程的验收。发现违反设计文件进行施工的，应及时通知建设、施工、监理单位。

(8) 勘察设计单位应当参加铁路建设工程质量事故分析，提出相应的技术处理方案。对因勘察设计原因造成的工程质量事故承担相应责任。

(9) 勘察设计单位应按规定做好质量技术资料的整理、归档。

3. 施工单位质量责任和义务

(1) 施工单位应在其资质等级许可的范围内承揽铁路建设工程。

施工单位不得转包、违法分包工程，使用劳务的必须符合国家和铁道部劳务分包有关规定。

(2) 施工单位必须严格执行有关法律、法规和规章，严格执行工程建设强制性标准，按照有关规程、规范、标准和审核合格后的施工图施工，对施工质量负责。

(3) 依法分包的专项工程，分包单位应当对分包工程的质量向总承包单位负责，总承包单位对分包工程的质量承担连带责任。联合体中标的，联合体牵头人应对中标工程质量负总责。联合体各方应当共同与招标人签订合同，就中标项目工程质量向招标人承担连带责任。

(4) 施工单位必须按照投标承诺和合同约定，设置现场施工管理机构，确定项目经理、技术负责人和质量负责人，明确其质量责任，并按规定在工程档案中明确记载，且未经铁路建设单位同意，不得更换。施工单位现场应实行扁平化管理。

(5) 施工单位应按照 ISO 9000 质量标准要求，在现场管理机构设置专门质量管理部门，配足专职工程质量管理人员，制定项目质量管理制度，建立健全质量保证体系，明确和落实质量责任。

质量管理部门的人员一般应具有工程系列中级技术职称，至少有一人具有工程系列高级技术职称。

(6) 施工单位应加强从业人员的教育培训，坚持先培训、后上岗。未经教育培训或者考核不合格的人员，不得上岗作业。特种作业人员必须持证上岗。

(7) 施工单位必须按规定对建筑材料、构配件、设备等进行检验。未经检验或检验不合格的，禁止使用。涉及结构安全的，必须按规定进行见证取样。

施工单位设置的工地实验室必须符合有关规定。检验结果必须真实、准确，并按规定做好检验签认，保存检验资料。

(8) 施工单位开工前必须核对施工图，提出书面意见。施工中发现有差错或与现场实际情况不符的，应及时书面通知监理、勘察设计和建设单位，不得修改设计和继续施工。若继续施工造成损失的，施工单位与监理、勘察设计单位要承担同等责任。

(9) 发生工程质量事故后，施工单位必须按规定及时报告，并立即采取有效措施，防止事故扩大，保护事故现场，协助事故调查。对因施工原因造成的工程质量事故承担相应责任。

(10) 施工单位必须加强质量管理，在施工过程中强化质量自控，建立健全质量检验制度，严格工序管理，按规定做好隐蔽工程的检查、记录和签认，做到工程质量全过程控制。

(11) 施工单位在竣工验收时应落实工程保修责任，并对铁路建设工程合理使用年限内的施工质量负责。

(12) 施工单位应按规定做好质量技术资料的收集、整理和归档，保证竣工文件真实、完整。

4. 监理单位质量责任和义务

(1) 监理单位必须按其资质等级及业务范围承担铁路建设工程监理业务，不得转让所承担的工程监理业务。

(2) 监理单位必须严格执行有关法律、法规和规章，依照有关规程、规范、标准、批准的设计文件和委托监理合同实施监理，并对施工质量承担监理责任。

(3) 监理单位与被监理工程的施工单位以及建筑材料建筑构配件和设备供应单位有隶属关系或者其他利害关系的，不得承担该项建设工程的监理业务。

(4) 监理单位必须按照投标承诺和委托监理合同约定，设置现场监理机构，配置现场监理人员，配备必需的试验、检测、办公设备及交通、通信工具等。

总监理工程师及监理工程师变动必须经建设单位同意。

(5) 监理单位必须加强现场监理管理，制定监理工作管理制度，建立健全质量保证体系，明确和落实质量责任，并分阶段采取有效的质量控制措施，保证监理工作质量。

(6) 监理单位在开工前和施工中应核对施工图，发现差错或与现场实际情况不符，必须及时书面通知建设、设计、施工单位。

(7) 监理单位在开工前和施工中，必须按规定对施工单位的施工组织设计、开工报告、分包单位资质、进场机械数量及性能、投标承诺的主要管理人员及资质、质量保证体系、主要技术措施等进行审查，提出意见和要求，并检查整改落实情况。

(8) 监理单位应按规定组织或参加对检验批、分项、分部、单位工程验收。

(9) 监理单位应参与工程质量事故调查处理，对因监理原因造成的工程质量事故承担相应责任。

(10) 监理单位应按规定做好监理资料的整理、归档。

(11) 建设单位可根据工作需要调配使用监理人员。

5. 监督管理

(1) 铁道部及铁道部委托的铁路建设工程质量监督机构应当加强对有关建设工程质量的法律、法规和强制性标准执行情况的监督检查。

从事铁路建设工程质量监督的机构，必须按国家有关规定经铁道部考核合格后，方可实施质量监督。

(2) 铁路建设工程质量监督的主要内容是各责任主体的质量行为及工程实体质量，监督的主要方式是抽查和对竣工验收实施监督，并按规定出具工程质量监督报告。

(3) 铁路建设工程质量监督机构应将各责任主体及检测机构等有关单位的不良质量行为进行核实、记录，并按规定进行通报、公布。

(4) 铁路建设工程质量监督机构履行监督检查职责有权采取下列措施：

1) 要求被检查的单位提供有关工程质量的文件和资料；

2) 进入被检查单位的施工现场进行检查；

3) 发现工程质量问题时，责令改正或临时停工。

(5) 铁路建设工程质量监督机构进行监督检查时，有关单位和个人应予以支持和配合，不得拒绝或阻碍质量监督检查人员依法执行职务。

(6) 任何单位和个人对铁路建设工程质量事故、质量缺陷和影响工程质量的行为有权进行举报。

对因举报而避免或消除重大质量问题、隐患的，由铁路建设工程质量监督机构或报请有关部门给予表彰和奖励。

6. 法律责任

(1) 铁路建设工程的建设、勘察设计、施工、监理单位及其有关人员违反本规定，责令改正，并由铁道部或铁道部委托的铁路建设工程质量监督机构依照《建设工程质量管理条例》规定进行行政处罚。

(2) 铁路建设工程的勘察设计、施工、监理单位的建筑师、结构工程师、建造师、监理工程师等注册执业人员因过错造成质量大事故的，一年内不得在铁路建设市场执业；造成重大质量事故的，五年内不得在铁路建设市场执业；情节特别严重的，建议国家有关部门吊销执业资格。

在铁路工程建设中弄虚作假，编制或出具虚假技术资料和实验、检测结果的责任人员，五年内不得在铁路建设市场执业；情节特别严重的，建议国家有关部门吊销相关资格。

(3) 铁道部有关工作人员或铁路建设工程质量监督管理人员在监督管理工作中玩忽职守、滥用职权、徇私舞弊，未构成犯罪的，责令改正，并依法给予行政处分；构成犯罪的，依法移交司法机关追究刑事责任。

除以上规定外，《建设工程质量管理条例》(中华人民共和国国务院令第 279 号)于

2000 年 1 月 30 日发布。其中与铁路建设相关的有：

（1）国家实行建设工程质量监督管理制度。

国务院建设行政主管部门对全国的建设工程质量实施统一监督管理。国务院铁路、交通、水利等有关部门按照国务院规定的职责分工，负责对全国的有关专业建设工程质量的监督管理。

县级以上地方人民政府建设行政主管部门对本行政区域内的建设工程质量实施监督管理。县级以上地方人民政府交通、水利等有关部门在各自的职责范围内，负责对本行政区域内的专业建设工程质量的监督管理。

（2）国务院建设行政主管部门和国务院铁路、交通、水利等有关部门应当加强对有关建设工程质量的法律、法规和强制性标准执行情况的监督检查。

7. 质量监督相关规定

为确保铁路工程建设的质量，铁道部于颁布了《铁路工程质量监督检测管理办法》以及《关于设立铁道部工程质量安全监督总站的通知》。

（1）铁路工程质量监督检测管理办法

1）为规范铁路工程质量监督检测工作，加强监督工作的权威性和科学性，更好地履行铁路工程质量监督职能，根据《铁路建设工程质量安全监督管理办法》等有关规定，制定本办法。

2）本办法所称工程质量监督检测是指铁道部工程质量安全监督总站各区域监督站(含直属监督站，以下称监督站)委托具有相应检测资质的检测机构，采用试验仪器、检测设备对工程实体及原材料、构配件等进行质量抽查检测，以判断其是否满足验收标准和设计要求。

3）监督检测作为一种有效的监督手段，主要用于监督检查时对工程质量进行抽查，以及在举报或事故调查时进行必要的检测。

4）铁道部工程质量安全监督总站(以下称监督总站)负责制订铁路工程质量监督检测机构条件和监督检测费用单价参考标准，确定并公布监督检测机构名录。

5）申请参与铁路工程质量监督检测工作的检测机构，填写《铁路工程质量监督检测机构基本情况表》，连同所需附件于每年的 1 月 1 日至 15 日提交监督总站。

6）监督总站对申请参与铁路工程质量监督检测工作的检测机构组织审查，从满足条件的申请单位中择优选定检测机构作为监督检测的委托对象，并在每年 1 月 31 日前公布当年铁路工程质量监督检测机构名录，有效期截至下次公布之日。

7）监督站应结合工程的性质、特点、规模、结构形式、施工进度和质量状况等因素，针对影响工程质量和结构安全的关键部位及相应的原材料、构配件等，拟定检测计划，确定检测项目和费用。

8）单次检测费用达到国家规定招标标准的，必须按照有关规定招标选择检测机构。未达到标准的，应在监督检测机构名录内选择。因特殊情况需委托名录外检测机构进行检测的，应书面征得监督总站同意。

9）监督站与检测机构必须签订委托合同，明确双方责任义务及相关费用，严格合同管理。检测单价不得高于公布的监督检测费用单价参考标准，没有单价参考标准的检测项目通过双方协商确定。

10）监督站不得委托与被检测工程建设、勘察设计、施工、监理等单位及建筑材料、构配件和设备厂家、供应商等有隶属关系及其他利害关系的检测机构进行检测工作。

11）检测机构应按照与监督站约定的时间和地点到达工地现场，并按照检测计划和委托协议开展工作。

12）检测机构应安排满足资格要求的检测人员开展检测工作，并保证检测所用仪器设备符合国家和铁道部有关要求。

13）检测机构在现场检测工作完成后，应及时对检测结果进行分析，按约定的期限提供检测结果，并确保检测结果完整、真实和准确。

检测机构按有关规定对检测结果承担法律责任。

14）检测机构应严格执行国家及铁道部有关工程检测的标准、规程、规范及管理办法。

15）检测机构严禁以监督站的名义承揽检测业务、出具检测结果。

16）对于检测机构无正当理由拒绝接受委托任务、所派人员资格不符合有关规定、出具虚假检测报告、检测数据和结论与实际工程实体严重不符等情况，委托单位应及时书面向监督总站汇报，经核实后取消铁路工程质量监督检测资格。

（2）关于规范铁路工程质量安全监督机构有关问题的通知

1）主要职责

① 贯彻国家有关工程质量安全监督管理的方针、政策、法律、法规和铁道部的有关规定，制定监督站工程质量安全监督相关工作制度；

② 对管辖区域内铁路建设工程质量安全情况进行监督检查，通报工程质量安全情况，上报工程质量安全信息，交流监督工作情况；

③ 参加铁路建设项目竣工验收，出具铁路建设工程质量安全监督报告；

④ 及时向监督总站报告铁路建设工程发生的质量安全事故，参与事故的调查、处理，并监督检查事故处理方案的执行；

⑤ 组织监督人员培训，管理聘用监督人员证件；

⑥ 受理有关铁路建设工程质量安全问题和隐患的人民来信、来电、来访等举报；

⑦ 按照委托权限依法实施行政处罚；

⑧ 完成监督总站组织或指定的监督检查等其他任务。

2）机构设置和人员配置

根据监督工作的性质和特点，各监督站为铁路局的附属机构，独立设置并开展工作。站长可由铁路局建设管理处处长兼任(不占编制)，同时设专职常务副站长1名，主持监督站日常工作，副站长兼总工程师(具有工程系列高级专业技术资格)1名。专职质量安全监督人员中，线路、桥梁、隧道、四电、房建等专业，具有工程系列高级专业技术资格的人员，每个专业不少于1名。

监督人员必须从事过铁路建设相关工作5年以上，熟悉建设工程质量安全相关法律法规和专业知识，经国家或铁道部工程质量安全监督培训并考试合格，具有铁路工程系列中级以上专业技术资格。

监督站常务副站长的变动，在征求监督总站意见后按规定程序办理；监督人员的选调和变动应满足任职资格条件要求。

3）基本设备配置

为保证现场监督工作的有效开展，每个监督站必须配备2台现场用车（根据项目情况可采用购买或租用方式）、通信、检测（如数码相机、测温、红外探测等）等设备，以满足监督工作的基本需要，其他设备按照国家和铁道部的有关规定进行采购管理。

5.1.2 建设工程安全管理条例相关规定

为加强铁路建设工程安全生产管理，明确安全生产责任，有效预防安全事故，保障人民群众生命和财产安全，铁路建设工程安全生产管理应贯彻“安全第一、预防为主、综合治理”的方针。

1. 建设单位安全责任

（1）建设单位应严格执行工程建设程序，制定建设项目安全生产措施，督促并检查参建单位加强安全生产管理，保证建设项目安全生产。

（2）建设单位在发包勘察设计、施工、监理及其他铁路建设业务时，应考察承包单位的安全生产情况，选择综合素质好、具有相应资质等级的勘察设计、施工、监理及其他有关单位承担铁路建设业务。

（3）建设单位在工程招标资格审查时，应检查施工企业的安全生产许可证原件，审查拟任项目负责人、专职安全管理人员的安全记录和铁道部安全培训合格证。

建设单位不得接受没有安全生产许可证原件、拟任项目负责人或专职安全管理人员安全培训考试不合格或被限制进入铁路建设市场的施工企业的投标文件。

（4）建设单位应当向施工单位提供施工现场及毗邻区域内供水、排水、供电、供气、供热、通信、信号、广播电视等地下管线资料，气象和水文观测资料，拟建工程可能影响的相邻建筑物和构筑物、地下工程的有关资料，并保证有关资料的真实、准确、完整。

（5）建设单位应按规定将批准概算中所确定的铁路建设工程安全作业环境及安全施工措施费用，通过工程承包合同拨付施工企业，不得挪作他用。

（6）建设单位在组织编制施工组织设计时，应包含安全生产保证措施，对勘察设计、施工、监理以及其他参建单位的安全生产要求，包括安全生产制度要求和安全生产管理人员配置要求，以及应急救援预案等。

（7）建设单位应及时调查核实施工、监理等单位反馈的设计未考虑或考虑不周而客观存在的安全隐患，并采取防范措施。

（8）建设单位不得对勘察设计、施工、监理等单位提出不能保证安全生产的要求，不得明示或暗示施工单位在不具备安全保证的条件下施工，不得明示或暗示施工单位购买、租赁、使用不符合安全施工要求的建筑材料、安全防护用具、机械设备、施工机具及配件、消防设施和器材。

（9）建设项目发生安全事故后，建设单位应及时启动应急救援预案组织营救，根据国家和铁道部有关规定上报事故情况，并参加事故调查处理。

2. 勘察设计单位安全责任

（1）勘察设计单位应当按照法律、法规、规章和工程建设强制性标准进行勘察设计，对勘察设计质量负责。

勘察设计工作应达到规定深度，符合国家和铁道部规定的质量标准，提供能够满足铁路建设工程安全生产要求的设计文件，防止因勘察工作错误或设计不合理发生安全事故。

(2) 勘察设计单位应系统考虑施工安全操作和防护的需要，以及项目周边环境对施工安全的影响，提出保证施工和安全生产的具体技术措施，并纳入设计文件；各种安全技术措施应翔实周到，准确无误，对涉及施工安全的重点部位和环节，应在设计文件中注明，并提出防范安全事故的指导意见。

(3) 勘察设计单位应依据勘察成果向建设单位提供施工现场及毗邻区域内供水、排水、供电、供气、供热、通信、信号、广播电视等地下管线资料，气象和水文观测资料，拟建工程可能影响的相邻建筑物和构筑物、地下工程的有关资料。

(4) 勘察设计单位应按规定，在设计文件中提出改善安全作业环境和安全施工的措施，所需费用纳入工程概算。

(5) 勘察设计单位应根据营业线施工情况，提出营业线施工过渡方案，提出保证营业线在施工期间保证安全运营的措施和施工注意事项。

(6) 勘察设计单位应根据隧道的工程地质条件，研究提出隧道工程的风险等级，提出施工超前地质预报的措施和方法，选择合适的施工方法和施工机具配置，合理确定衬砌类型和工艺，提出施工注意事项，以及事故逃逸措施。

(7) 建设项目采用新结构、新材料、新工艺以及特殊结构的，设计单位应当在设计中提出保障施工作业人员安全和预防安全事故的措施及相关要求。

(8) 勘察设计单位应参加安全事故分析，对因勘察设计原因造成的安全事故承担相应责任，并对建设工程合理使用年限内因勘察设计原因发生的安全事故承担责任。

3. 监理及有关单位安全责任

(1) 监理单位应按法律、法规、规章和工程建设强制性标准实施监理，安全生产监理应与工程质量、工期和投资控制同步实施，监理单位对铁路建设工程安全生产承担监理责任。

(2) 监理单位应协助建设单位制定建设项目安全生产保证措施，编制建设项目安全监理细则，制定针对施工单位安全技术措施的检查方案，按照安全生产监理细则实施安全监理。

(3) 监理单位应依据工程建设强制性标准和安全生产标准，审查施工单位编制的施工组织设计和专项施工方案，对不符合工程建设强制性标准和安全生产标准的，责成施工单位修改完善。

(4) 监理单位在安全监理过程中，发现存在安全事故隐患的，应要求施工单位限时整改；情况严重的，应立即要求施工单位停工整改，并向建设单位报告；施工单位对重大事故隐患不及时整改的，应立即向建设单位报告。

(5) 为铁路建设工程提供机械设备和配件的单位，应提供符合国家有关技术标准的机械设备和配件。机械设备应具有齐全有效的保险、限位等安全设施和装置，并提供安全操作说明；禁止提供不合格的机械设备、施工机具及配件。

(6) 在施工现场安装、拆卸施工起重机械和整体提升脚手架、模板等自升式架设设施，必须由具有相应资质的单位承担。

(7) 施工起重机械和整体提升脚手架、模板等自升式架设设施的使用时间达到国家规定的检验检测期限的，必须经具有检验检测专业资质的机构检测，检测不合格的，不得继续使用。

4. 施工单位安全责任

(1) 施工单位从事铁路建设工程活动，应当具备相应等级的资质证书，依法取得并持有安全生产许可证，单位负责人、拟任项目负责人、专职安全管理人员安全培训考试合格且无重大安全事故记录，方可在其资质等级许可的范围内承揽铁路施工业务。

(2) 施工单位主要负责人依法对本单位的安全生产工作全面负责。施工单位应当建立健全安全生产责任制度和安全生产教育培训制度，制定安全生产规章制度和操作规程，保证本单位建立和完善安全生产条件所需资金的投入，对所承担的铁路工程进行定期和专项安全检查，并做好安全检查记录，组织制定本单位安全事故应急救援预案等。

(3) 铁路建设工程的项目负责人应当由取得相应执业资格的人员担任，对铁路建设工程项目的安全施工负责。项目负责人负责落实安全生产责任制度、安全生产规章制度和操作规程，根据工程的特点组织制定安全施工措施，消除安全事故隐患，确保安全生产费用的有效使用，并组织制定本项目安全事故应急救援预案，及时、如实报告安全事故等。

(4) 施工单位在投标报价中应当包含工程施工安全作业环境及安全施工措施所需费用；对纳入合同的安全作业环境及安全施工措施费用，应当用于安全生产，不得挪作他用。

(5) 施工单位应在铁路施工现场配备与其生产规模相适应、具有工程系列技术职称的专职安全生产管理人员。

专职安全生产管理人员负责对安全生产进行现场监督检查，督促作业人员遵守安全操作规程和技术标准，及时制止并纠正违反施工安全技术规范、规程的行为，发现安全事故隐患，应及时向项目负责人和安全生产管理机构报告。

(6) 施工单位在营业线施工时，应严格执行营业线施工的各项规章制度，根据批准的施工组织设计，科学制定施工方案，建立完善的安全施工责任制，落实施工安全措施和责任。

施工方案经建设单位审核、铁路局或铁道部主管部门批准后方可实施，施工单位应严格按照批准的施工方案组织施工。

(7) 施工现场的安全管理由施工单位负责。铁路建设工程实行施工(工程)总承包的，由总承包单位对施工现场的安全生产负总责。

总承包单位依法将建设工程分包给其他单位的，分包合同中应当明确各自的安全生产权利、义务。总承包单位和分包单位对分包工程的安全生产承担连带责任。

(8) 施工单位的主要负责人、项目负责人和专职安全人员应接受铁道部组织的安全培训，考试合格后方可任职。

垂直运输机械作业人员、安装拆卸工、电气焊(割)作业人员、爆破作业人员、起重信号工、登高架设及水上(下)作业等特种作业人员，必须经过专门的安全作业培训，在取得特种作业操作资格证书后，方可上岗作业。

(9) 施工单位应将安全生产作为施工组织设计的内容，对下列达到一定规模的工程应编制专项施工方案，进行安全检算，经技术负责人签字，总监理工程师审核后实施，并由施工单位专职安全生产管理人员进行现场监督。

1) 基坑支护与降水、基桩开挖、围堰、沉井工程；

2) 高坡、陡坡土石方开挖工程；

3）模板工程；

4）起重吊装工程和钢结构安装工程；

5）脚手架工程；

6）拆除、爆破工程；

7）高空、水上、潜水作业；

8）高墩、大跨度、深水和结构复杂的桥梁工程；

9）隧道工程；

10）铺轨、架梁工程；

11）既有线工程；

12）其他危险性较高的工程。

（10）施工单位应在施工现场入口处和施工起重机械、临时用电设施、脚手架、桥梁口、隧道口、基坑边沿等危险部位，设置明显的安全警示标志。安全警示标志必须符合国家标准。

（11）铁路建设工程施工前，施工单位负责本项目的技术人员应就有关安全施工的技术要求向施工作业班组、作业人员作详细说明，并由双方签字确认。

作业人员有权对施工现场的作业条件、作业程序和作业方式中存在的安全问题提出批评、检举和控告，有权拒绝违章指挥和冒险作业。

（12）施工单位应向作业人员提供安全防护用具和安全防护服装，并书面告知危险岗位的操作规程和违章操作的危害。

施工单位在施工现场搭建临时建筑物的选址和结构等应当符合安全使用要求，施工现场使用的装配式活动房屋应具有产品合格证。

（13）作业人员应当遵守安全施工的强制性标准、规章制度和操作规程，正确使用安全防护用具、机械设备等，做好自身防护工作。

（14）施工单位采购、租赁的安全防护用具、机械设备、施工机具及配件，应当具有生产（制造）许可证、产品合格证，特种劳动防护用品、用具还应具有安全鉴定证，并在进入施工现场前进行查验。

施工现场的安全防护用具、机械设备、施工机具及配件必须由专人管理，定期进行检查、维修和保养，建立相应的资料档案，并按照国家有关规定及时报废。

（15）施工单位应合理选择施工机械，保证施工需要和安全生产。禁止使用不合格的机械设备、施工机具及配件。

（16）既有线施工应选择与既有线施工相适应、保证既有线运输安全的机械设备。隧道工程应使用与施工方法匹配的施工设备和机具，需要实施工程地质超前预报的，必须配备相应的人员和设备；有瓦斯的隧道，必须按相关规定配置机电设备，不得使用与既有线和隧道施工不匹配的施工机具。

（17）施工单位在使用施工起重机械和整体提升脚手架、模板等自升式架设设施前，应委托具有相应资质的检验检测机构进行验收；使用承租的机械设备和施工机具及配件的，由施工总承包单位、分包单位、出租单位和安装单位共同进行验收，验收合格方可使用。

（18）施工单位应当对管理人员和作业人员每年至少进行一次安全生产教育培训，教育培训情况记入个人工作档案。安全生产教育培训考核不合格的人员，不得上岗。

施工单位在采用新技术、新工艺、新设备、新材料时，应当对作业人员进行相应的安全生产教育培训。

5. 监督管理

(1) 铁道部安全监察司对铁路建设工程安全生产工作实施监督检查；铁路局安全监察室对本局范围内涉及既有线的铁路建设工程和本局负责的新建铁路建设工程安全工作实施监督检查。

(2) 铁道部安全监察司与建设管理司共同对既有线建设工程安全生产实施管理；建设管理司对新建铁路建设工程安全生产实施管理。

铁道部工程质量安全监督总站及派出机构具体负责铁路建设工程安全监督工作，对施工现场进行安全监督检查。

(3) 铁路安全监察和铁路建设工程质量安全监督人员依法履行监督检查职责时，有权采取下列措施：

1) 要求被检查单位提供有关安全生产的文件和资料；

2) 进入被检查单位施工现场进行检查；

3) 纠正施工中违反安全生产要求的行为；

4) 对检查中发现的安全事故隐患，责令立即排除；重大安全事故隐患排除前或排除过程中无法保证安全的，责令从危险区域内撤出作业人员或暂时停止施工。

(4) 铁道部工程质量安全监督总站及其派出机构应建立安全举报制度，受理对铁路建设工程安全事故及安全事故隐患的检举、控告和投诉，并配合调查处理。

6. 安全事故救援和报告

(1) 建设单位应组织制定本建设项目的安全事故应急救援预案，并定期组织演练。应急救援预案应包括应急救援的组织机构、人员配备、物资准备、应急程序、人员财产救援措施、事故分析与报告以及事故处理后的恢复措施等方面的内容。

建设单位应将本建设项目的应急救援预案报所在地区铁路监督机构核备。

(2) 施工单位应根据建设项目的特点和范围，对施工现场易发生重大事故的部位、环节进行监控，制定施工现场安全事故应急救援预案。

实行施工(工程)总承包的，由总承包单位统一组织编制铁路工程建设安全事故应急救援预案，总承包单位和分包单位按照应急救援预案，各自建立应急救援组织或者配备应急救援人员，配备救援器材、设备并定期组织演练。

7. 应急救援处理

(1) 建设项目发生建设部《工程建设重大事故报告和调查程序规定》(建设部令第3号)所列出的重大安全事故，建设单位及其他有关单位应按国家有关规定向当地安全生产监督管理部门报告，按铁道部有关规定向铁道部安全监察司、铁道部建设管理司、铁道部工程质量安全监督总站和铁路监督机构报告，并在规定时间内提交书面报告。

(2) 既有线建设发生铁路行车事故的，建设单位及其他有关单位应按《铁路行车事故处理规定》等有关要求向铁道部安全监察司、铁道部建设管理司、铁道部工程质量安全监督总站和铁路监督机构报告，并在规定时间内提交书面报告。

(3) 施工现场发生建设部《工程建设重大事故报告和调查程序规定》(建设部令第3

号)所列出的重大安全事故，施工单位应立即如实向建设单位和当地安全生产监督管理部门报告，并在规定时间内提交书面报告。

(4) 建设项目发生安全事故后，施工单位和建设单位应严格保护事故现场，采取有效措施抢救人员和财产，防止事故扩大。

采取有效措施防止事故扩大，需要移动现场物件时，应做出标志并做好书面记录，现场重要痕迹应当拍照或录像，妥善保管好有关物证。

(5) 铁路工程质量安全监督机构接到事故报告后，应立即赶赴现场参与组织抢险；既有线铁路建设工程发生事故后，铁路安全监察机构也必须立即赶赴现场，组织事故调查处理；并按规定及时将现场情况上报。

(6) 对铁路建设工程安全事故的调查、事故责任单位和责任人的处罚与处理，按照国家有关法律、法规和规定执行。

8. 铁路营业线施工安全管理办法

营业线施工是指影响营业线设备稳定、设备使用和行车安全的各种施工，分为施工作业和维修作业。主要项目如下：

(1) 施工作业

1) 线路及站场设备技术改造，增建双线、新线引入、电气化改造等施工。

2) 跨越、穿越线路、站场，架设、铺设桥梁、人行过道、管道、渡槽和电力线路、通信线路、油气管线等设施的施工。

3) 在线路安全保护区内架设、铺设管道、渡槽和电力线路、通信线路、油气管线等设施的施工。

4) 在规定的安全区域内实施爆破作业，在线路隐蔽工程(含通信、信号、电力电缆径路)上作业，影响路基稳定的各种施工。

5) 在信号、联锁、闭塞、CTC/TDCS、列控、通信等行车设备上的大中修施工作业。

6) 线路大中修，路基、桥隧大修及大型养路机械施工作业，接触网大修作业。

(2) 维修作业

维修作业应利用维修天窗进行，作业开始前不需限速，结束后须达到正常放行列车条件。

营业线施工必须把确保行车安全放在首位，坚持“安全第一、预防为主、综合治理”的方针，建设、设计、施工、监理、行车组织、设备管理等单位和部门必须严格执行《中华人民共和国安全生产法》、《铁路运输安全保护条例》、《建设工程安全生产管理条例》、《铁路交通事故应急救援和调查处理条例》等有关规定。影响营业线设备稳定、使用和行车安全的施工，必须纳入天窗，对影响行车和施工安全的每个环节，都必须强化管理，确保行车和施工安全。

营业线施工必须坚持运输、施工兼顾的原则，加强施工计划管理，加强施工组织和施工期间的运输组织。积极推广使用先进的施工机具和科学的施工方法，提高施工作业效率，按计划、有组织地进行各项施工。

(3) 天窗和慢行的规定

天窗是指列车运行图中不铺画列车运行线或调整、抽减列车运行线为营业线施工、维修作业预留的时间，按用途分为施工天窗和维修天窗，规定如下：

1）施工天窗：技改工程、线路大中修及大型机械作业、接触网大修时，不应少于180分钟。

2）维修天窗：电气化双线不应少于90分钟，单线不应少于60分钟；非电气化双线不应少于70分钟，单线不应少于60分钟。

维修天窗在时间安排上应与施工天窗重叠套用，除春运、暑运，黄金周及铁道部调度命令停止外，原则上每月每区间不应少于20次（双线为单方向）。维修单位不需要时，可不申请或减少天窗时间，不计入天窗修考核。

3）各条线路天窗时间和位置在编制列车运行图时确定，铁路局调整繁忙干线和影响跨局运输的干线天窗必须报铁道部运输局批准。

4）双线车站同时影响上下行正线的渡线道岔或影响全站信号设备正常使用的电务为主、工务综合利用的设备检修，每月应保证2次，每次不少于30分钟的封锁时间。编组、区段站，可按接发列车方向划分联锁区，按联锁区每月应保证1次不少于30分钟封锁时间。

5）编组、区段站每个供电臂每月应保证1次不少于30分钟封锁停电时间。具备条件的电气化双线区段，应适当安排垂直检修天窗。

6）不影响跨局运输的干线和支线施工，天窗时间和次数可由铁路局适当调整。

为做好日常运输调整工作，全路周六、周日停止安排施工天窗和维修天窗，货物列车对数小于8对的区段除外，不影响局间分界口运输的区段可由铁路局调整。遇有成段清筛道床、更换钢轨、更换轨枕等连续性施工，只安排周六停止施工。

各项施工、维修作业要采用平行作业的方式，综合利用天窗，提高天窗的利用率。要严格按照运行图预留的慢行附加时分控制线路慢行处所，原则上单线1个区段慢行处所不超过2处，双线1个区段每个方向慢行处所不超过2处，同一区间内慢行处所不超过1处（包括施工慢行处所）。各项施工要按规定控制慢行距离和慢行速度，桥涵顶进施工慢行限制速度为45km/h。

针对施工需要，编制了施工分号运行图时，可依据慢行附加时分，适当增加施工慢行处所。滚动施工阶梯提速，按一处慢行处所掌握。施工后产生的慢行在12小时以内恢复常速时，可不统计慢行处所。

（4）施工等级的划分

营业线施工等级分为三级。

1）Ⅰ级施工

① 繁忙干线封锁5小时及以上、干线封锁6小时及以上或繁忙干线和干线影响信联闭8小时及以上的大型站场改造、新线引入、信联闭改造、电气化改造施工。

② 繁忙干线和干线大型换梁施工。

③ 繁忙干线和干线封锁2小时及以上的大型上跨铁路结构物施工。

2）Ⅱ级施工

① 繁忙干线封锁正线3小时及以上，影响全站（全场）信联闭4小时及以上的施工。

② 干线封锁正线4小时及以上，影响全站（全场）信联闭6小时及以上的施工。

③ 繁忙干线和干线其他换梁施工。

④ 繁忙干线和干线封锁2小时以内的大型上跨铁路结构物施工。

大型养路机械维修、清筛，更换钢轨和轨枕，以及不影响正线行车的更换道岔施工除外。

3）Ⅲ级施工

除Ⅰ级、Ⅱ级施工以外的各类施工。

（5）施工组织领导

为加强营业线施工的组织领导，铁路局、站段针对每次施工应成立相应的施工领导小组。

Ⅰ级施工由铁路局主管运输副局长、有关主管副局长担任施工领导小组正、副组长，成员由行车组织、设备管理、建设、设计、施工、监理、安监等有关部门和单位负责人组成。

Ⅱ级施工由铁路局运输处、有关业务处主管副处长担任正、副组长，成员由行车组织、设备管理、建设、设计、施工、监理、安监等有关部门和单位主管人员组成。

Ⅲ级施工由车务段(直属站)主管副段长(副站长)、设备管理单位主管副段长(或以上单位的指定人员)担任施工领导小组正、副组长，成员由行车组织、设备管理、建设、施工等有关单位成员组成。

（6）施工领导小组的职责

1）Ⅰ、Ⅱ级施工领导小组负责审定相应施工等级的施工方案、施工过渡方案、施工安全措施。

2）负责组织相关部门和单位协调解决营业线施工、运输、安全等问题，做到运输、施工统筹兼顾，确保行车和施工安全。

3）负责施工现场的组织协调工作。检查施工前的准备工作，检查各项安全措施的落实，掌握施工进度，维护施工期间的运输秩序，协调解决施工各部门临时发生的问题。

（7）施工计划审批权限

营业线施工实行铁道部、铁路局、车务段(直属站)分级管理，逐级审批制度。

1）铁道部审批的施工计划

① 影响跨局旅客列车停运、变更运行区段、改变始发终到时刻和局间分界站运行时刻。

② 影响繁忙干线和干线跨局货物列车停运。

③ 调整繁忙干线和干线跨局货物列车编组计划。

④ 调整繁忙干线和干线跨局车流运行径路，实行迂回运输。

⑤ 变更繁忙干线和干线跨局货物列车牵引定数。

⑥ 编制跨局施工分号列车运行图。

⑦ 繁忙干线封锁正线 180 分钟及以上、影响全站(全场)信联闭 240 分钟及以上的施工。

⑧ 因特殊原因，繁忙干线(大秦线，石太线，侯月线，新焦线新乡至月山段，新菏线，兖菏线除外)慢行处所超过第 7 条的规定时。铁道部审批的施工计划，应明确施工项目、时间、地点、工作量概况、跨局运输调整措施，并提出相关要求。

2）铁道部负责审批的施工计划以外的施工及维修天窗，全部由铁路局负责审批。

3）车务段(直属站)负责维修天窗作业计划的编制。对运输影响较小的正线、到发线以外的施工管理权限，由铁路局界定。

大型客运站、枢纽、繁忙干线和干线影响较大的Ⅰ级施工，按规定须铁道部审批时，由铁路局主管领导亲自组织研究，提出施工方案、运输组织和安全措施等报铁道部运输局。根据施工对运输的影响情况，运输局组织相关铁路局及施工单位进行专题研究审定。

影响行车或影响行车设备稳定、使用的施工项目未经申报批准严禁施工，擅自施工或擅自扩大施工内容和范围的，一经发现立即停工并追究施工单位责任。

(8) 施工安全管理责任

1) 确保施工安全是建设、设计、施工、监理、行车组织、设备管理等单位和部门的共同责任。各单位要牢固树立安全意识，严格执行各项规章制度，建立健全安全责任制，落实安全措施和责任，正确处理施工与行车安全的关系，严格遵循“安全第一”的原则，服从行车安全的需要。做到分工明确，责任清楚，措施具体，管理到位。

2) 建设单位负责按照国家及铁道部有关规定审核设计、施工、监理单位的资质，审查施工单位的工程技术人员、机械设备、施工组织设计、安全生产保障措施等。在设计、工程招标投标、审批施工方案、项目经理和有关人员的安全培训、法制教育、工程质量和安全的日常监督检查、工程竣工验收等各个环节上，要做好确保行车安全的组织协调和监督检查工作。

建设单位或负责大修、中修、维修施工项目的管理单位每半年一次组织行车组织、设备管理、设计、施工、监理等单位和部门对营业线施工安全进行联合检查。

3) 设计单位在设计文件中，必须明确施工期间营业线的行车安全条件，施工影响范围内各种行车设备的状况，对所涉及的行车设备的防护措施，以及为确保行车安全必须采取的施工工艺和指导性施工安全方案等。

4) 监理单位要认真履行监理合同，按旁站监理的原则监督施工单位按设计标准和有关规范、规定施工，及时防范施工中的安全隐患，彻底消除因施工质量不良给行车安全留下的隐患。

5) 施工单位要建立健全施工安全保证体系，按规定设置安全生产管理机构，配备安全生产管理人员，履行施工安全管理和日常检查的职责；负责对全体施工人员进行施工安全教育，建立完善的施工安全责任制；要严格执行营业线施工的各项规章制度，科学制定施工方案，对Ⅰ、Ⅱ级施工还要制定施工方案示意图、施工作业流程计划图、安全关键卡控表，并严格按审定的方案、范围和批准的封锁慢行计划组织施工。

6) 施工单位必须明确施工负责人。施工负责人对施工项目的安全工作全面负责。因施工原因发生的铁路交通事故，首先要追究施工负责人的责任。

施工负责人应具备必需的施工安全素质。施工项目经理、副经理，安全、技术、质量等主要负责人必须经铁道部(或铁路局)营业线施工安全培训，不允许未经培训或培训不合格的人员担任上述工作。

7) 施工单位的安全员、防护员、爆破员、带班人员和工班长必须经过铁路局有关部门培训。未经培训或培训不合格的人员担任上述工作，要追究施工单位领导的责任；培训合格的上述人员担任上述工作时，因业务素质不达标发生事故的，将追究培训部门的责任。

8) 施工单位在施工前，要做好充分准备，并提前向设备管理和使用单位进行技术交底，特别是影响行车安全的工程和隐蔽工程；施工中，要严格执行技术标准、作业标准、工艺流程和卡控措施，严禁超范围作业，确保施工质量；施工完成后，必须达到放行列车条件并经设备管理单位确认后；方可申请开通线路。

轨道车、施工机械等自轮运转特种设备上线运行必须符合铁道部的有关规定。施工单位要接受运输、设备管理单位和部门安全检查人员的监督检查，对检查出的问题要立即整改。

9）封锁施工开通后，施工单位和设备管理单位要加强检查和整修，设备管理单位要严格把关；开通后列车运行速度必须按速度阶梯逐步提高。线路慢行应尽快恢复正常速度，并按有关规定尽快办理交接。

10）施工单位至少在正式施工 72 小时前向设备管理单位提出施工计划、施工地点及影响范围。设备管理单位接到施工单位的施工请求后，应对施工方案和计划及影响范围进行认真核对，并在施工开始前派员进行施工安全监督。

11）设备管理部门和单位要建立施工安全监督体系，加强对施工安全和工程质量的监督检查。设备管理部门应根据工程规模和专业性质，对安全监督检查人员进行培训，并对合格人员发培训合格证。设备管理单位应加强对本单位派出的安全监督检查人员的管理，要委派熟悉业务的安全监督检查人员持证上岗，对各种施工涉及行车安全的各方面实行全程监督检查。安全监督检查人员对施工单位违章作业、安全措施不落实以及危及行车安全的施工，有权停止作业；对封锁施工要根据施工质量，最终确认满足线路放行列车条件后，方可开通线路；线路开通后，对于需要慢行的地段还要对慢行的速度、距离和时间进行检查，督促施工单位进行整修，直到列车恢复常速、线路质量稳定。

设备管理单位要加强对施工的点前准备、点中控制、点后开通、逐步提速等情况的监护工作，实行开通、提速检查签认制度。

12）设备管理单位应积极协助设计和施工单位核查既有设备情况，提供地下管、线、电缆等隐蔽设施的准确位置。无法提供准确位置时，由设计单位会同施工、设备管理单位(对行车安全影响较大的还必须有铁路局参加)共同探查、核实，划定防护范围，并在签订安全协议时，明确各方安全责任。

13）设计和施工单位对既有设施应有可靠的防护措施，防止施工中造成损坏。由于设备管理单位提供的设施位置错误造成损坏的，设备管理单位应承担责任并及时修复。因设计单位提供的设施位置不准确或遗漏造成损坏的，设计单位应负主要责任；提供的设施位置准确，因施工造成的损坏，施工单位应负主要责任。施工单位和设备管理部门要经常监视既有设备，发现异常必须立即停工处理，确认对既有设备无影响后，方可继续施工。因施工造成既有设备发生损坏时，施工单位应及时组织抢修，设备管理部门应积极配合，尽快恢复正常使用。

14）行车组织部门必须积极做好施工组织协调工作，制定非正常情况下的行车组织措施，提前调整车流，加强施工期间的行车组织指挥，为施工作业创造条件。

行车部门要加强施工期间行车组织和调度指挥，非正常情况下接发列车，站长(或主管副站长、车间主任)必须到岗监督作业，严格执行作业标准，落实施工安全卡控措施。控制好发布行车命令、确认区间空闲、进路检查确认、行车凭证填写交付、引导信号使用等关键环节。施工开通必须严格执行施工单位、设备管理单位登记开通、车站签认和列车调度员发布开通命令的程序。

15）运营单位的安全监督检查及配合费用纳入概(预)算，按铁道部《铁路基本建设工程设计概(预)算编制办法》(铁建设［2006］113号)的规定和安全协议支付。

16）各级施工领导小组，必须提前确定现场监控人员，深入施工现场，做好组织协调工作，强化现场安全监控。建设、设计、施工、监理、设备管理、行车组织、安全监察等部门、单位人员，要在组长或副组长的领导下，明确工作重点，盯住关键环节，督促安全措施落实，协调解决施工过程中临时发生的问题，保证施工安全。

(9) 加强施工安全专项管理

1）施工单位要严格执行《铁路技术管理规程》、《既有线提速200～250km/h线桥设备维修规则》、《铁路线路修理规则》、《铁路工务安全规则》、《信号维护规则》、《接触网运行检修规程》、《接触网安全工作规程》和有关规范等各项安全生产规定。对于施工前超范围准备、施工中挖断电缆、爆破损坏行车设备、作业车辆溜逸、轨道车辆违章行驶、施工后线路未达到放行列车条件违章放行列车、开通后整修线路不及时、机械和料具侵限、使用封联线和违章使用手摇把等危及行车安全的问题，要制定专项管理制度，坚决杜绝此类问题发生。施工料具要集中管理，必要时派人看守。对影响行车的各个环节，必须加强管理，落实措施，严密防范，确保行车安全。

2）参加营业线施工(包括营业线维修)的劳务工必须由具有带班资格的正式职工(即带班人员)带领，不准劳务工单独上道作业。用工单位对劳务工要进行施工安全培训、法制教育和日常管理；要先培训，培训合格后方可上岗。对营业线施工的轨道、桥隧、信号、接触网等技术复杂、可能危及行车安全的作业项目，严禁分包。劳务工不能担任营业线施工的爆破工、施工安全防护员及带班人员等工作，不准单独使用各类作业车辆。

3）切实加强雨期施工安全工作。营业线施工要认真执行铁道部《铁路实施(中华人民共和国防汛条例)细则》，落实防洪措施。施工中必须保持营业线排水系统的畅通，对可能影响营业线路基、桥涵、隧道等设施设备稳定的任何作业，必须有足够可靠的安全防护措施，做到防患于未然。

建设单位要及时组织设计、施工、监理及设备管理等单位和部门，对施工地段联合进行汛前防洪检查，发现问题由设计、施工单位及时处理。

凡可能影响安全度汛的施工地段，施工单位要认真接受防洪部门的防洪检查和指导，按要求认真落实责任，并制定防洪预案。

4）施工期间需设置临时道口时，要依照铁道部《设置或拓宽铁路道口人行过道审批办法》(铁道部令第20号)办理相关的行政审批手续。施工单位在临时道口设置期间要设人看守，并按规定日期拆除。施工单位在施工中必须保证道口(含临时道口)设备符合标准，并按铁路道口管理有关规定进行管理。对因双线工程造成道口不符合要求的，要修改道口设计，达到道口标准后方可启用，防止道口事故。

(10) 特大事故按照国家和铁道部有关规定办理

1）铁路局安监室每月10日前将铁路局管内上月有关施工单位发生事故(包括特别重大、重大、较大、一般事故)调查处理和责任情况，上报铁道部安监司。铁道部建设司根据安监司的事故统计报告按有关规定及时进行处理。铁路工程项目招标投标时，招标人要将事故责任情况作为评标重要的评审条件。

2）若发生事故，要按照《铁路交通事故调查处理规则》，本着“四不放过”的原则，对事故进行认真分析，查明原因；铁路安全监督管理办公室对施工的责任事故调查处理和定责情况，要及时通知有关单位(设计院、工程局、监理公司等)，责成其对事故责任者、责任单位及有关领导进行严肃处理，追究其责任。

5.1.3 生产安全事故调查处理条例相关规定

为了规范生产安全事故的报告和调查处理，落实生产安全事故责任追究制度，防止和减少生产安全事故，对生产安全事故调查处理办法做了严格的规定。

1. 事故等级的规定

(1) 根据生产安全事故(以下简称事故)造成的人员伤亡或者直接经济损失，事故一般分为以下等级：

1) 特别重大事故，是指造成30人以上死亡，或者100人以上重伤(包括急性工业中毒，下同)，或者1亿元以上直接经济损失的事故；

2) 重大事故，是指造成10人以上30人以下死亡，或者50人以上100人以下重伤，或者5000万元以上1亿元以下直接经济损失的事故；

3) 较大事故，是指造成3人以上10人以下死亡，或者10人以上50人以下重伤，或者1000万元以上5000万元以下直接经济损失的事故；

4) 一般事故，是指造成3人以下死亡，或者10人以下重伤，或者1000万元以下直接经济损失的事故。

(2) 事故报告应当及时、准确、完整，任何单位和个人对事故不得迟报、漏报、谎报或者瞒报。

事故调查处理应当坚持实事求是、尊重科学的原则，及时、准确地查清事故经过、事故原因和事故损失，查明事故性质，认定事故责任，总结事故教训，提出整改措施，并对事故责任者依法追究责任。

(3) 县级以上人民政府应当依照本条例的规定，严格履行职责，及时、准确地完成事故调查处理工作。

事故发生地有关地方人民政府应当支持、配合上级人民政府或者有关部门的事故调查处理工作，并提供必要的便利条件。

参加事故调查处理的部门和单位应当互相配合，提高事故调查处理工作的效率。

(4) 工会依法参加事故调查处理，有权向有关部门提出处理意见。

(5) 任何单位和个人不得阻挠和干涉对事故的报告和依法调查处理。

(6) 对事故报告和调查处理中的违法行为，任何单位和个人有权向安全生产监督管理部门、监察机关或者其他有关部门举报，接到举报的部门应当依法及时处理。

2. 事故报告的规定

(1) 事故发生后，事故现场有关人员应当立即向本单位负责人报告；单位负责人接到报告后，应当于1小时内向事故发生地县级以上人民政府安全生产监督管理部门和负有安全生产监督管理职责的有关部门报告。

情况紧急时，事故现场有关人员可以直接向事故发生地县级以上人民政府安全生产监督管理部门和负有安全生产监督管理职责的有关部门报告。

(2) 安全生产监督管理部门和负有安全生产监督管理职责的有关部门接到事故报告

后，应当依照下列规定上报事故情况，并通知公安机关、劳动保障行政部门、工会和人民检察院：

1）特别重大事故、重大事故逐级上报至国务院安全生产监督管理部门和负有安全生产监督管理职责的有关部门；

2）较大事故逐级上报至省、自治区、直辖市人民政府安全生产监督管理部门和负有安全生产监督管理职责的有关部门；

3）一般事故上报至设区的市级人民政府安全生产监督管理部门和负有安全生产监督管理职责的有关部门。

安全生产监督管理部门和负有安全生产监督管理职责的有关部门依照规定上报事故情况，应当同时报告本级人民政府。国务院安全生产监督管理部门和负有安全生产监督管理职责的有关部门以及省级人民政府接到发生特别重大事故、重大事故的报告后，应当立即报告国务院。

必要时，安全生产监督管理部门和负有安全生产监督管理职责的有关部门可以越级上报事故情况。

（3）安全生产监督管理部门和负有安全生产监督管理职责的有关部门逐级上报事故情况，每级上报的时间不得超过 2 小时。

（4）报告事故应当包括下列内容：

1）事故发生单位概况；

2）事故发生的时间、地点以及事故现场情况；

3）事故的简要经过；

4）事故已经造成或者可能造成的伤亡人数(包括下落不明的人数)和初步估计的直接经济损失；

5）已经采取的措施；

6）其他应当报告的情况。

（5）事故报告后出现新情况的，应当及时补报。

自事故发生之日起 30 日内，事故造成的伤亡人数发生变化的，应当及时补报。道路交通事故、火灾事故自发生之日起 7 日内，事故造成的伤亡人数发生变化的，应当及时补报。

（6）事故发生单位负责人接到事故报告后，应当立即启动事故相应应急预案，或者采取有效措施，组织抢救，防止事故扩大，减少人员伤亡和财产损失。

（7）事故发生地有关地方人民政府、安全生产监督管理部门和负有安全生产监督管理职责的有关部门接到事故报告后，其负责人应当立即赶赴事故现场，组织事故救援。

（8）事故发生后，有关单位和人员应当妥善保护事故现场以及相关证据，任何单位和个人不得破坏事故现场、毁灭相关证据。

因抢救人员、防止事故扩大以及疏通交通等原因，需要移动事故现场物件的，应当做出标志，绘制现场简图并做出书面记录，妥善保存现场重要痕迹、物证。

（9）事故发生地公安机关根据事故的情况，对涉嫌犯罪的，应当依法立案侦查，采取强制措施和侦查措施。犯罪嫌疑人逃匿的，公安机关应当迅速追捕归案。

（10）安全生产监督管理部门和负有安全生产监督管理职责的有关部门应当建立值班

制度，并向社会公布值班电话，受理事故报告和举报。

3. 事故调查的规定

(1) 特别重大事故由国务院或者国务院授权有关部门组织事故调查组进行调查。

重大事故、较大事故、一般事故分别由事故发生地省级人民政府、设区的市级人民政府、县级人民政府负责调查。省级人民政府、设区的市级人民政府、县级人民政府可以直接组织事故调查组进行调查，也可以授权或者委托有关部门组织事故调查组进行调查。

未造成人员伤亡的一般事故，县级人民政府也可以委托事故发生单位组织事故调查组进行调查。

(2) 上级人民政府认为必要时，可以调查由下级人民政府负责调查的事故。

自事故发生之日起30日内(道路交通事故、火灾事故自发生之日起7日内)，因事故伤亡人数变化导致事故等级发生变化，依照本条例规定应当由上级人民政府负责调查的，上级人民政府可以另行组织事故调查组进行调查。

(3) 特别重大事故以下等级事故，事故发生地与事故发生单位不在同一个县级以上行政区域的，由事故发生地人民政府负责调查，事故发生单位所在地人民政府应当派人参加。

(4) 事故调查组的组成应当遵循精简、效能的原则。

根据事故的具体情况，事故调查组由有关人民政府、安全生产监督管理部门、负有安全生产监督管理职责的有关部门、监察机关、公安机关以及工会派人组成，并应当邀请人民检察院派人参加。

事故调查组可以聘请有关专家参与调查。

(5) 事故调查组成员应当具有事故调查所需要的知识和专长，并与所调查的事故没有直接利害关系。

(6) 事故调查组组长由负责事故调查的人民政府指定。事故调查组组长主持事故调查组的工作。

(7) 事故调查组履行下列职责：

1) 查明事故发生的经过、原因、人员伤亡情况及直接经济损失；

2) 认定事故的性质和事故责任；

3) 提出对事故责任者的处理建议；

4) 总结事故教训，提出防范和整改措施；

5) 提交事故调查报告。

(8) 事故调查组有权向有关单位和个人了解与事故有关的情况，并要求其提供相关文件、资料，有关单位和个人不得拒绝。

事故发生单位的负责人和有关人员在事故调查期间不得擅离职守，并应当随时接受事故调查组的询问，如实提供有关情况。

事故调查中发现涉嫌犯罪的，事故调查组应当及时将有关材料或者其复印件移交司法机关处理。

(9) 事故调查中需要进行技术鉴定的，事故调查组应当委托具有国家规定资质的单位进行技术鉴定。必要时，事故调查组可以直接组织专家进行技术鉴定。技术鉴定所需时间不计入事故调查期限。

(10) 事故调查组成员在事故调查工作中应当诚信公正、恪尽职守，遵守事故调查组的纪律，保守事故调查的秘密。

未经事故调查组组长允许，事故调查组成员不得擅自发布有关事故的信息。

(11) 事故调查组应当自事故发生之日起60日内提交事故调查报告；特殊情况下，经负责事故调查的人民政府批准，提交事故调查报告的期限可以适当延长，但延长的期限最长不超过60日。

(12) 事故调查报告应当包括下列内容：

1) 事故发生单位概况；

2) 事故发生经过和事故救援情况；

3) 事故造成的人员伤亡和直接经济损失；

4) 事故发生的原因和事故性质；

5) 事故责任的认定以及对事故责任者的处理建议；

6) 事故防范和整改措施。

事故调查报告应当附具有关证据材料。事故调查组成员应当在事故调查报告上签名。

(13) 事故调查报告报送负责事故调查的人民政府后，事故调查工作即告结束。事故调查的有关资料应当归档保存。

4. 事故处理的规定

(1) 重大事故、较大事故、一般事故，负责事故调查的人民政府应当自收到事故调查报告之日起15日内做出批复；特别重大事故，30日内做出批复，特殊情况下，批复时间可以适当延长，但延长的时间最长不超过30日。

有关机关应当按照人民政府的批复，依照法律、行政法规规定的权限和程序，对事故发生单位和有关人员进行行政处罚，对负有事故责任的国家工作人员进行处分。

事故发生单位应当按照负责事故调查的人民政府的批复，对本单位负有事故责任的人员进行处理。

负有事故责任的人员涉嫌犯罪的，依法追究刑事责任。

(2) 事故发生单位应当认真吸取事故教训，落实防范和整改措施，防止事故再次发生。防范和整改措施的落实情况应当接受工会和职工的监督。

安全生产监督管理部门和负有安全生产监督管理职责的有关部门应当对事故发生单位落实防范和整改措施的情况进行监督检查。

(3) 事故处理的情况由负责事故调查的人民政府或者其授权的有关部门、机构向社会公布，依法应当保密的除外。

5. 法律责任

(1) 事故发生单位主要负责人有下列行为之一的，处上一年年收入40%～80%的罚款；属于国家工作人员的，并依法给予处分；构成犯罪的，依法追究刑事责任：

1) 不立即组织事故抢救的；

2) 迟报或者漏报事故的；

3) 在事故调查处理期间擅离职守的。

(2) 事故发生单位及其有关人员有下列行为之一的，对事故发生单位处100万元以上

500万元以下的罚款；对主要负责人、直接负责的主管人员和其他直接责任人员处上一年年收入60%～100%的罚款；属于国家工作人员的，并依法给予处分；构成违反治安管理行为的，由公安机关依法给予治安管理处罚；构成犯罪的，依法追究刑事责任：

1）谎报或者瞒报事故的；

2）伪造或者故意破坏事故现场的；

3）转移、隐匿资金、财产，或者销毁有关证据、资料的；

4）拒绝接受调查或者拒绝提供有关情况和资料的；

5）在事故调查中作伪证或者指使他人作伪证的；

6）事故发生后逃匿的。

（3）事故发生单位对事故发生负有责任的，依照下列规定处以罚款：

1）发生一般事故的，处10万元以上20万元以下的罚款；

2）发生较大事故的，处20万元以上50万元以下的罚款；

3）发生重大事故的，处50万元以上200万元以下的罚款；

4）发生特别重大事故的，处200万元以上500万元以下的罚款。

（4）事故发生单位主要负责人未依法履行安全生产管理职责，导致事故发生的，依照下列规定处以罚款；属于国家工作人员的，并依法给予处分；构成犯罪的，依法追究刑事责任：

1）发生一般事故的，处上一年年收入30%的罚款；

2）发生较大事故的，处上一年年收入40%的罚款；

3）发生重大事故的，处上一年年收入60%的罚款；

4）发生特别重大事故的，处上一年年收入80%的罚款。

（5）有关地方人民政府、安全生产监督管理部门和负有安全生产监督管理职责的有关部门有下列行为之一的，对直接负责的主管人员和其他直接责任人员依法给予处分；构成犯罪的，依法追究刑事责任：

1）不立即组织事故抢救的；

2）迟报、漏报、谎报或者瞒报事故的；

3）阻碍、干涉事故调查工作的；

4）在事故调查中作伪证或者指使他人作伪证的。

（6）事故发生单位对事故发生负有责任的，由有关部门依法暂扣或者吊销其有关证照；对事故发生单位负有事故责任的有关人员，依法暂停或者撤销其与安全生产有关的执业资格、岗位证书；事故发生单位主要负责人受到刑事处罚或者撤职处分的，自刑罚执行完毕或者受处分之日起，5年内不得担任任何生产经营单位的主要负责人。

为发生事故的单位提供虚假证明的中介机构，由有关部门依法暂扣或者吊销其有关证照及其相关人员的执业资格；构成犯罪的，依法追究刑事责任。

（7）参与事故调查的人员在事故调查中有下列行为之一的，依法给予处分；构成犯罪的，依法追究刑事责任：

1）对事故调查工作不负责任，致使事故调查工作有重大疏漏的；

2）包庇、袒护负有事故责任的人员或者借机打击报复的。

（8）违反本条例规定，有关地方人民政府或者有关部门故意拖延或者拒绝落实经批复的对事故责任人的处理意见的，由监察机关对有关责任人员依法给予处分。

6. 引起铁路行车事故的工程质量责任调查及经济损失赔偿暂行规定

(1) 为规范引起铁路行车事故的工程质量责任调查及经济损失赔偿行为，依据国家和铁道部相关规定，制定本规定。

(2) 本规定所称引起铁路行车事故的工程质量责任调查及经济损失赔偿是指铁路工程验收合格并交付运营后的合理使用期限内，因工程质量原因引起营业线发生重大及以下行车事故造成经济损失的，依法对原参建单位工程质量责任的调查及责任认定，以及由工程质量事故责任单位依据工程承发包合同约定和所承担的责任对相关运输企业直接经济损失进行的赔偿。

(3) 发生行车事故后，事故调查组初步认定行车事故与原工程参建单位有关时，应专门成立工程质量责任调查小组，在事故调查组领导下，具体负责调查工程质量责任。调查小组由铁路建设管理部门牵头，相关业务部门和专家参加。具体单位由事故调查组根据事故等级确定。

(4) 工程质量责任调查小组经调查提出的工程质量责任单位及其所承担责任的意见，应及时报事故调查组。事故调查组应及时对工程质量责任进行认定。

(5) 事故调查组认定的事故责任单位，应按其所承担的责任对事故造成的直接经济损失进行赔偿。非参建单位对事故负有责任的，应按事故调查组认定的责任承担相应比例的赔偿；其余直接经济损失为原参建单位赔偿费用总额，由工程质量责任单位依据事故调查组认定的责任程度和原铁路建设项目勘察设计、工程(施工)承包、监理合同约定的赔偿责任及赔偿比例进行赔偿。

(6) 行车事故造成的直接经济损失的总额按国家有关规定确定。

(7) 铁道部投资或参与投资的铁路建设项目，建设单位(甲方)应在铁路建设项目勘察设计、工程(施工)承包、监理招标文件及合同条款中，按规定明确并约定甲、乙双方因工程质量原因引起行车事故的赔偿责任及赔偿比例，并明确约定由工程质量责任单位与相关运输企业签订赔偿协议。在投标文件及合同条款中不做出相应承诺的勘察设计、工程(施工)承包、监理单位，不得参与铁路工程建设。

(8) 参建单位被认定为承担事故全部责任的，承担赔偿费用总额的100%；被认定为承担主要责任的，承担赔偿费用总额的50%以上；被认定为承担重要责任的，承担赔偿费用总额的50%以下；被认定为承担次要责任的，承担赔偿费用总额的30%以下。

(9) 赔偿协议属原铁路建设项目勘察设计、工程(施工)承包、监理合同的补充合同。赔偿协议应包括赔偿内容、赔偿方式、赔偿数额、赔偿时限及违约责任等事项。赔偿协议一经签订必须严格履行。行车事故发生地所在铁路运输企业要依据赔偿协议向工程质量责任单位追缴赔偿费用，相关建设单位应协助追偿；相关建设单位负有责任的，也应当依据原铁路建设项目勘察设计、工程(施工)承包、监理招标文件及合同条款约定以及赔偿协议向行车事故发生地所在铁路运输企业进行赔偿。

(10) 工程质量责任单位对事故调查组认定的事故责任有异议的，可向组织事故调查的行政机关提出申诉。

(11) 原工程质量责任单位进行企业分立、合并、转让的，赔偿费用依据企业分立、合并、转让合同约定，由资产继承单位承担。

（12）工程质量责任认定后，事故调查由铁路管理机构牵头组织的，应将事故责任认定书及时抄报铁道部建设管理司和铁道部工程质量安全监督总站。

5.1.4 铁路交通事故应急救援和调查处理条例相关规定

为了加强铁路交通事故的应急救援工作，规范铁路交通事故处理，减少人员伤亡和财产损失，保障铁路运输安全和畅通，铁道部根据《中华人民共和国铁路法》和其他有关法律的规定，制定了铁路交通事故应急救援和调查处理条例。

1. 事故等级的划分

（1）根据事故造成的人员伤亡、直接经济损失、列车脱轨辆数、中断铁路行车时间等情形，事故等级分为特别重大事故、重大事故、较大事故和一般事故。

（2）有下列情形之一的，为特别重大事故：

1）造成30人以上死亡，或者100人以上重伤(包括急性工业中毒，下同)，或者1亿元以上直接经济损失的；

2）繁忙干线客运列车脱轨18辆以上并中断铁路行车48小时以上的；

3）繁忙干线货运列车脱轨60辆以上并中断铁路行车48小时以上的。

（3）有下列情形之一的，为重大事故：

1）造成10人以上30人以下死亡，或者50人以上100人以下重伤，或者5000万元以上1亿元以下直接经济损失的；

2）客运列车脱轨18辆以上的；

3）货运列车脱轨60辆以上的；

4）客运列车脱轨2辆以上18辆以下，并中断繁忙干线铁路行车24小时以上或者中断其他线路铁路行车48小时以上的；

5）货运列车脱轨6辆以上60辆以下，并中断繁忙干线铁路行车24小时以上或者中断其他线路铁路行车48小时以上的。

（4）有下列情形之一的，为较大事故：

1）造成3人以上10人以下死亡，或者10人以上50人以下重伤，或者1000万元以上5000万元以下直接经济损失的；

2）客运列车脱轨2辆以上18辆以下的；

3）货运列车脱轨6辆以上60辆以下的；

4）中断繁忙干线铁路行车6小时以上的；

5）中断其他线路铁路行车10小时以上的。

（5）造成3人以下死亡，或者10人以下重伤，或者1000万元以下直接经济损失的，为一般事故。

2. 事故报告的相关规定

（1）事故发生后，事故现场的铁路运输企业工作人员或者其他人员应当立即报告邻近铁路车站、列车调度员或者公安机关。有关单位和人员接到报告后，应当立即将事故情况报告事故发生地铁路管理机构。

（2）铁路管理机构接到事故报告，应当尽快核实有关情况，并立即报告国务院铁路主管部门；对特别重大事故、重大事故，国务院铁路主管部门应当立即报告国务院并通报国家安全生产监督管理等有关部门。

发生特别重大事故、重大事故、较大事故或者有人员伤亡的一般事故，铁路管理机构还应当通报事故发生地县级以上地方人民政府及其安全生产监督管理部门。

(3) 事故报告应当包括下列内容：

1) 事故发生的时间、地点、区间(线名、公里、米)、事故相关单位和人员；

2) 发生事故的列车种类、车次、部位、计长、机车型号、牵引辆数、吨数；

3) 承运旅客人数或者货物品名、装载情况；

4) 人员伤亡情况，机车车辆、线路设施、道路车辆的损坏情况，对铁路行车的影响情况；

5) 事故原因的初步判断；

6) 事故发生后采取的措施及事故控制情况；

7) 具体救援请求。

事故报告后出现新情况的，应当及时补报。

(4) 国务院铁路主管部门、铁路管理机构和铁路运输企业应当向社会公布事故报告值班电话，受理事故报告和举报。

3. 事故应急救援的相关规定

(1) 事故发生后，列车司机或者运转车长应当立即停车，采取紧急处置措施；对无法处置的，应当立即报告邻近铁路车站、列车调度员进行处置。

为保障铁路旅客安全或者因特殊运输需要不宜停车的，可以不停车；但是，列车司机或者运转车长应当立即将事故情况报告邻近铁路车站、列车调度员，接到报告的邻近铁路车站、列车调度员应当立即进行处置。

(2) 事故造成中断铁路行车的，铁路运输企业应当立即组织抢修，尽快恢复铁路正常行车；必要时，铁路运输调度指挥部门应当调整运输径路，减少事故影响。

(3) 事故发生后，国务院铁路主管部门、铁路管理机构、事故发生地县级以上地方人民政府或者铁路运输企业应当根据事故等级启动相应的应急预案；必要时，成立现场应急救援机构。

(4) 现场应急救援机构根据事故应急救援工作的实际需要，可以借用有关单位和个人的设施、设备和其他物资。借用单位使用完毕应当及时归还，并支付适当费用；造成损失的，应当赔偿。

有关单位和个人应当积极支持、配合救援工作。

(5) 事故造成重大人员伤亡或者需要紧急转移、安置铁路旅客和沿线居民的，事故发生地县级以上地方人民政府应当及时组织开展救治和转移、安置工作。

(6) 国务院铁路主管部门、铁路管理机构或者事故发生地县级以上地方人民政府根据事故救援的实际需要，可以请求当地驻军、武装警察部队参与事故救援。

(7) 有关单位和个人应当妥善保护事故现场以及相关证据，并在事故调查组成立后将相关证据移交事故调查组。因事故救援、尽快恢复铁路正常行车需要改变事故现场的，应当做出标记、绘制现场示意图、制作现场视听资料，并做出书面记录。

任何单位和个人不得破坏事故现场，不得伪造、隐匿或者毁灭相关证据。

(8) 事故中死亡人员的尸体经法定机构鉴定后，应当及时通知死者家属认领；无法查找死者家属的，按照国家有关规定处理。

4. 事故调查处理的规定

(1) 调查处理

1) 特别重大事故由国务院或者国务院授权的部门组织事故调查组进行调查。重大事故由国务院铁路主管部门组织事故调查组进行调查。较大事故和一般事故由事故发生地铁路管理机构组织事故调查组进行调查；国务院铁路主管部门认为必要时，可以组织事故调查组对较大事故和一般事故进行调查。

根据事故的具体情况，事故调查组由有关人民政府、公安机关、安全生产监督管理部门、监察机关等单位派人组成，并应当邀请人民检察院派人参加。事故调查组认为必要时，可以聘请有关专家参与事故调查。

2) 事故调查组应当按照国家有关规定开展事故调查，并在下列调查期限内向组织事故调查组的机关或者铁路管理机构提交事故调查报告：

① 特别重大事故的调查期限为 60 日；

② 重大事故的调查期限为 30 日；

③ 较大事故的调查期限为 20 日；

④ 一般事故的调查期限为 10 日。

事故调查期限自事故发生之日起计算。

3) 事故调查处理，需要委托有关机构进行技术鉴定或者对铁路设备、设施及其他财产损失状况以及中断铁路行车造成的直接经济损失进行评估的，事故调查组应当委托具有国家规定资质的机构进行技术鉴定或者评估。技术鉴定或者评估所需时间不计入事故调查期限。

4) 事故调查报告形成后，报经组织事故调查组的机关或者铁路管理机构同意，事故调查组工作即告结束。组织事故调查组的机关或者铁路管理机构应当自事故调查组工作结束之日起 15 日内，根据事故调查报告，制作事故认定书。

事故认定书是事故赔偿、事故处理以及事故责任追究的依据。

5) 事故责任单位和有关人员应当认真吸取事故教训，落实防范和整改措施，防止事故再次发生。

国务院铁路主管部门、铁路管理机构以及其他有关行政机关应当对事故责任单位和有关人员落实防范和整改措施的情况进行监督检查。

6) 事故的处理情况，除依法应当保密的外，应当由组织事故调查组的机关或者铁路管理机构向社会公布。

(2) 事故赔偿

1) 事故造成人身伤亡的，铁路运输企业应当承担赔偿责任；但是人身伤亡是不可抗力或者受害人自身原因造成的，铁路运输企业不承担赔偿责任。

违章通过平交道口或者人行过道，或者在铁路线路上行走、坐卧造成的人身伤亡，属于受害人自身的原因造成的人身伤亡。

2) 事故造成铁路旅客人身伤亡和自带行李损失的，铁路运输企业对每名铁路旅客人身伤亡的赔偿责任限额为人民币 15 万元，对每名铁路旅客自带行李损失的赔偿责任限额为人民币 2000 元。

3) 事故造成铁路运输企业承运的货物、包裹、行李损失的，铁路运输企业应当依照

《中华人民共和国铁路法》的规定承担赔偿责任。

4）事故当事人对事故损害赔偿有争议的，可以通过协商解决，或者请求组织事故调查组的机关或者铁路管理机构组织调解，也可以直接向人民法院提起民事诉讼。

（3）法律责任

1）铁路运输企业及其职工违反法律、行政法规的规定，造成事故的，由国务院铁路主管部门或者铁路管理机构依法追究行政责任。

2）铁路运输企业及其职工不立即组织救援，或者迟报、漏报、瞒报、谎报事故的，对单位，由国务院铁路主管部门或者铁路管理机构处10万元以上50万元以下的罚款；对个人，由国务院铁路主管部门或者铁路管理机构处4000元以上2万元以下的罚款；属于国家工作人员的，依法给予处分；构成犯罪的，依法追究刑事责任。

3）国务院铁路主管部门、铁路管理机构以及其他行政机关未立即启动应急预案，或者迟报、漏报、瞒报、谎报事故的，对直接负责的主管人员和其他直接责任人员依法给予处分；构成犯罪的，依法追究刑事责任。

4）干扰、阻碍事故救援、铁路线路开通、列车运行和事故调查处理的，对单位，由国务院铁路主管部门或者铁路管理机构处4万元以上20万元以下的罚款；对个人，由国务院铁路主管部门或者铁路管理机构处2000元以上1万元以下的罚款；情节严重的，对单位，由国务院铁路主管部门或者铁路管理机构处20万元以上100万元以下的罚款；对个人，由国务院铁路主管部门或者铁路管理机构处1万元以上5万元以下的罚款；属于国家工作人员的，依法给予处分；构成违反治安管理行为的，由公安机关依法给予治安管理处罚；构成犯罪的，依法追究刑事责任。

5.2 铁路工程建设规范文件

5.2.1 《铁路建设管理办法》要点解读

铁路建设必须贯彻执行国家有关方针政策，严格执行国家法律、法规和国务院铁路主管部门的规章及工程建设强制性标准，严格执行《中华人民共和国铁路法》、《中华人民共和国招标投标法》、《建设工程质量管理条例》、《建设工程勘察设计管理条例》等有关法律、法规。铁路建设必须加强质量、安全管理，保证工程质量，保护人民生命和财产安全。

1. 建设程序

（1）铁路建设程序包括立项决策、设计、工程实施和竣工验收。

（2）立项决策阶段。依据铁路建设规划，对拟建项目进行预可行性研究，编制项目建议书；根据批准的铁路中长期规划或项目建议书，在初测基础上进行可行性研究，编制可行性研究报告。项目建议书和可行性研究报告按国家规定报批。

工程简易的建设项目，可直接进行可行性研究，编制可行性研究报告。

（3）设计阶段。根据批准的可行性研究报告，在定测基础上开展初步设计。初步设计经审查批准后，开展施工图设计。

工程简易的建设项目，可根据批准的可行性研究报告，直接进行施工图设计。

（4）工程实施阶段。在初步设计文件审查批准后，组织工程招标投标、编制开工报告。开工报告批准后，依据批准的建设规模、技术标准、建设工期和投资，按照施工图和施工组织设计文件组织建设。

(5) 竣工验收阶段。铁路建设项目按批准的设计文件全部竣工或分期、分段完成后，按规定组织竣工验收，办理资产移交。

2. 项目管理机构及职责

(1) 铁路建设项目的建设管理单位是建设项目的组织实施机构，是实现建设目标的直接责任者。建设管理单位由建设项目投资人选择或组建。建设项目投资人按权力和责任统一的原则，明确建设管理单位的职责和权限，并监督其完成建设工作。

(2) 中央政府直接投资的铁路建设项目，由国务院铁路主管部门根据建设项目的特点，选择建设管理单位。

实行项目法人责任制的铁路建设项目，由项目法人选择或组建建设管理单位。其他铁路建设项目，按国家规定并参照本办法选择或组建建设管理单位。

(3) 铁路建设管理单位必须是依法设立、从事铁路建设业务的企业或具有独立法人资格的事业单位，并满足下列条件：

1) 具有管理同类建设项目的工作业绩，其负责建设的项目工程质量合格、投资控制良好，经运输检验，没有质量隐患。

2) 具有与建设项目相适应、专业齐全的技术、经济管理人员。其中：单位负责人、技术负责人、财务负责人，必须具有大专以上学历，熟悉国家和国务院铁路主管部门有关铁路建设的方针、政策、法规和规定，有较高的政策水平。

单位负责人必须有较强的组织能力，具有建设项目管理工作的经验，或担任过同类建设项目施工现场高级管理职务，并经实践证明是称职的项目高级管理人员。

主要技术负责人必须熟悉铁路建设的规程规范，具有建设项目技术管理的实践经验，或担任过同类建设项目的技术负责人，并经实践证明是称职的。

主要财务负责人必须熟悉铁路建设的财务规定，具有建设项目投资控制和财务管理的实践经验，或担任过同类建设项目财务负责人，并经实践证明是称职的。

3) 具有与建设项目建设管理相适应的技术、质量和经济管理机构，能够确保建设项目的质量、安全等符合国家规定，良好地控制工程投资，依法进行财务管理和会计核算。

(4) 建设管理单位的主要职责：

1) 贯彻国家和国务院铁路主管部门的有关工程建设的方针、政策、法规和规定，按照批准的建设规模、技术标准、建设工期和投资，组织铁路工程项目建设，就工程质量、安全、工期、投资等全过程对委托方负责；

2) 组织勘察设计招标，组织实施勘察设计、工程地质勘察监理和设计咨询工作；

3) 组织施工、监理、物资设备采购招标，与中标企业签订合同；

4) 办理工程质量监督手续；

5) 负责项目的征地、拆迁工作，负责审批建设项目中单项工程开工(复工)报告；

6) 组织编制工程项目施工组织设计；

7) 负责审核施工图，供应设计文件，组织工程设计现场技术交底；

8) 编报工程项目年度建设计划及建设资金预算建议；

9) 组织、协调工程建设中出现的问题，负责统计、报告工程进度；

10) 按规定办理变更设计；

11）按规定组织或参与对工程质量、人身伤亡和行车安全等事故的调查和处理；

12）负责工程项目的财务管理工作，按规定使用建设资金，办理与工程项目有关的各种结算业务；

13）负责验工计价，及时办理工程价款等资金的拨付与结算；

14）负责工程竣工验收前期工作，组织编制工程竣工文件和竣工决算，组织编写工程总结。

3. 招标投标与合同管理

（1）铁路建设必须按照社会主义市场经济体制的要求，构建统一、开放、有序的铁路建设市场。

（2）铁路建设项目工程勘察设计、施工、监理以及工程建设有关的重要物资、设备等采购，应当依法进行招标投标。

（3）铁路建设工程招标投标活动应当遵循公开、公平、公正和诚实信用的原则。

（4）铁路建设工程招标投标活动不受地区或部门限制，任何单位和个人不得违法限制或排斥本地区、本系统以外的具备相应资格的企业或其他组织参加投标，不得以任何方式非法干涉招标投标活动。

任何单位和个人不得将依法必须招标的铁路建设项目化整为零或以其他任何理由规避招标。

（5）铁路建设工程招标投标活动受国家法律保护，招标投标活动及其当事人应当接受国务院铁路主管部门及其委托部门的监督。

（6）建设管理单位不得要求中标企业分割标段；勘察设计、施工企业不得转包或违法分包承接的铁路建设工程业务；监理企业不得转让承接的铁路建设工程监理业务。

（7）招标确定中标人后，建设管理单位和中标人必须在规定的时限内，按照招标投标文件约定的合同条款，签订书面合同，明确当事人双方的权利和义务。当事人应严格履行合同约定，违约方必须承担相应的经济、法律责任。

（8）铁路建设勘察设计、施工、监理承包实行履约担保制度，积极推行保险制度。

（9）铁路建设实行合同备案制度，合同签订 15 日内，建设管理单位应向国务院铁路主管部门或其指定单位备案。

4. 勘察设计管理

（1）铁路建设工程勘察设计应当与社会、经济发展水平及铁路发展目标相适应，遵循经济效益、社会效益和环境效益统一的原则。

（2）铁路建设工程勘察设计应认真贯彻执行国家和国务院铁路主管部门颁布的技术政策、工程建设强制性标准和国家有关部门关于项目建议书、可行性研究报告和初步设计审查批复意见。

（3）铁路建设工程勘察设计按有关规定实行招标投标制度、工程地质勘察监理制度、设计咨询制度和设计文件审查制度。

（4）承担铁路建设工程勘察设计的企业必须加强技术管理和质量管理。工程地质勘察资料必须真实、准确；设计工作应认真做好经济社会调查，运用系统工程理论，综合考虑运输能力、运输质量、建设规模和投资，推荐先进适宜的技术标准。在充分进行方案论证和经济技术比较的基础上，推荐最佳设计方案。

（5）铁路建设工程设计文件必须达到规定的深度，初步设计概算静态投资与批复可行性研究报告静态投资的差额一般不得大于批复可行性研究报告静态投资的10%。

（6）铁路建设工程设计选用的材料、设备，应当注明其规格、型号、性能等技术指标，其质量要求必须符合国家规定的标准。

除有特殊要求的建筑材料、专用设备和工艺生产线等外，设计单位不得指定生产厂、供应商。

（7）铁路建设项目开工前，勘察设计企业必须按勘察设计合同约定，向施工、监理企业说明设计意图，解释设计文件，并选派设计代表机构与人员常驻现场，及时解决施工中出现的勘察设计问题，完善和优化勘察设计，并按规定进行变更设计。

（8）铁路建设工程勘察、设计取费，按国家和国务院铁路主管部门有关规定实行优质优价。

5. 施工管理

（1）承担铁路建设项目的工程施工承包企业必须执行国家有关质量、安全、环境保护等法律、法规，接受相关部门依法进行的监督、检查。

（2）工程施工承包企业必须履行合同，按照合同约定，组建现场管理机构，配备相应的工程技术人员、施工力量和机械设备。

（3）工程施工承包企业必须详细核对设计文件，依据施工图和施工组织设计施工。对设计文件存在的问题以及施工中发现的勘察设计问题，必须及时以书面形式通知设计、监理和建设管理单位。

（4）工程施工承包企业必须建立质量责任制，强化质量、安全管理，建立健全质量、安全保证体系，开展文明施工，推行标准化工地建设。

（5）工程施工承包企业对工程施工的关键岗位、关键工种，必须严格执行先培训后上岗的制度。

（6）工程施工承包企业必须对建筑材料、混凝土、构配件、设备等按规定进行检查和检验，严禁使用不合格的材料、产品和设备。

（7）工程施工承包企业不得转包和违法分包工程。确需分包的工程，应在投标文件中载明，并在签订合同中约定。工程施工承包企业对分包工程的质量、安全负责。

（8）工程施工承包企业在工程施工中应准确填写各种检验表格，按规定编制竣工文件。

6. 监理管理

（1）铁路建设工程监理实行总监理工程师负责制和监理执业人员持证上岗制。

（2）工程监理必须执行铁路建设有关规程规范，依据设计文件、工程质量检验评定标准进行监理。

（3）监理企业必须按照监理合同和投标承诺，设置现场监理机构，配备总监理工程师、专业监理工程师以及必需的检测设备。

（4）施工现场应建立总监理工程师、监理工程师、监理员各负其责的工程监理体系，现场监理人员的配置必须满足监理工作需要，涉及工程结构安全的关键工序和隐蔽工程，必须实行旁站监理。

（5）监理人员必须认真审阅、检查设计文件，依据设计文件和施工组织设计实施监理，对发现的勘察设计问题，必须及时以书面形式通知设计和建设管理单位。

(6) 建筑材料、构配件和设备必须经监理工程师检查签字后方可使用或安装，涉及工程结构安全的关键工序和隐蔽工程，必须经监理工程师签字后方可进行下一道工序作业。

(7) 建设管理单位拨付工程款之前，验工计价文件应经总监理工程师签认。

7. 质量管理

(1) 铁路建设应严格遵守《建设工程质量管理条例》建设管理单位和勘察设计、施工、监理企业依法承担相应的质量责任。

(2) 铁路建设实行工程质量监督制度，铁路工程质量监督机构及派出单位依法对铁路建设工程质量实施监督。建设管理单位必须在工程项目开工前，按规定办理质量监督手续。

(3) 铁路建设工程质量事故的报告、调查和处理，执行国家和国务院铁路主管部门的有关规定。发生工程质量事故，建设管理单位和施工、监理企业必须按规定及时报告，并组织或协助调查处理。严禁延误报告或隐瞒不报。

工程质量事故处理资料应作为竣工资料移交接管单位。

(4) 铁路建设实行工程质量保修制度。工程施工承包企业应对保修范围和保修期限内发生的质量问题，按规定履行保修义务，并对造成的损失承担赔偿责任。

8. 安全管理

(1) 铁路建设必须严格执行《中华人民共和国安全生产法》和其他有关安全生产的法律、法规，严格执行保障安全生产的国家标准和国务院铁路主管部门制定的有关安全规定。

(2) 铁路建设的建设管理、勘察设计、施工、监理企业，应当建立健全劳动安全教育培训制度，加强对职工安全生产的教育培训，未经安全生产培训的人员，不得上岗作业。

(3) 铁路建设实行安全责任制和事故责任追究制度，依法追究事故责任人员的法律责任。

(4) 铁路建设项目安全设施必须与主体工程同时设计、同时施工、同时竣工，经验收合格后方可投入正式运营。

(5) 严格安全事故报告、调查和处理制度，发生安全事故的工程施工承包企业、建设管理单位及监理企业等均必须按规定及时报告，并协助调查和处理。严禁延误报告和隐瞒不报。

(6) 承担既有线改建的建设管理单位和勘察设计、施工、监理企业，必须严格执行国务院铁路主管部门关于既有线施工的规章制度，接受运营单位的指导和监督，确保运输和施工安全。

既有线改造过渡工程必须经验收合格后方可开通运营。

9. 建设资金管理

(1) 铁路建设应合理确定建设项目投资，建设项目初步设计批准概算静态投资超出批复可行性研究报告静态投资的部分不应大于批复可行性研究报告静态投资的10%，因特殊情况而超出者，须报原可行性研究报告批准单位批准。

(2) 铁路建设必须严格控制工程投资，避免损失和浪费，提高投资效益。除政策和特殊原因外，不得调增建设项目初步设计批准概算。

(3) 铁路建设必须严格执行国家有关财务管理制度，加强资金管理。

(4) 铁路建设项目的财政投资，必须按规定编制建设资金预算，严格执行批准预算。

(5) 铁路建设必须严格执行有关建设资金支付规定，严格按照合同约定拨付工程价款，不得超拨，也不得拖欠。严禁挤占、截留或挪用建设资金。

(6) 铁路建设资金的使用和管理，依法接受审计和监督检查。

10. 竣工验收

(1) 铁路建设项目按批准的设计文件建成后，必须按国家规定验收。未经验收或验收不合格的，不得交付使用。

(2) 铁路建设项目由验收机构组织验收，验收机构按国家规定设立。验收包括初验、正式验收和固定资产移交。限额以下项目和小型项目可一次验收。

(3) 建设管理单位确认建设项目达到初验条件后提出申请初验报告，验收机构认为达到初验标准后，组织对项目进行初验；初验合格后，方可交付临管运营。

(4) 正式验收原则上在初验一年后进行。验收机构认为建设项目达到正式验收标准后，组织验收。验收合格后交付正式运营。

(5) 建设项目正式验收合格后，按规定办理固定资产移交工作。

11. 罚则

(1) 参与铁路建设活动的单位和个人，在铁路建设中发生违规违法行为的，依法承担相应的行政、经济和法律责任。

国务院铁路主管部门及其委托部门对违反本办法的行为进行行政处罚。

(2) 铁路建设管理单位违反本办法规定，有下列行为之一者，责令改正；情节严重的，降低资质等级；对直接责任人员依法给予行政处罚；构成犯罪的，依法追究刑事责任。

1) 必须招标的建设工程项目不进行招标，或违法、违规进行招标，或将工程项目发包给不具有相应资质条件的承包单位；

2) 不履行建设管理单位职责，造成延误工期、工程质量低劣或发生重大质量、安全事故；

3) 未按规定办理工程质量监督手续擅自开工；

4) 建设项目未经验收或验收不合格，擅自交付使用；

5) 擅自扩大建设项目规模、提高或降低建设标准；

6) 挤占、截留或挪用建设资金；

7) 未按批准的工期组织建设，盲目压缩工期，造成工程质量低劣，发生重大质量、安全事故；

8) 其他违法违规行为。

(3) 勘察设计企业承担铁路工程勘察设计业务违反本办法规定，有下列行为之一者，责令改正；情节严重的，暂停投标资格，由资质审批部门降低铁路专业资质等级直至撤销资质；对直接责任人员依法给予行政处罚；构成犯罪的，依法追究刑事责任。

1) 超越资质等级许可的范围承揽铁路工程勘察设计业务，允许其他单位或者个人以本单位名义承揽铁路勘察设计业务，将所承揽的铁路勘察设计业务进行转包或违法分包；

2）未按照工程建设强制性标准进行设计，或未根据勘察成果资料进行工程设计；

3）设计失误，造成严重经济损失；

4）未按规定进行变更设计；

5）其他违法违规行为。

（4）工程施工承包企业承担铁路建设项目工程施工业务违反本办法规定，有下列行为之一者，责令改正；情节严重的，暂停投标资格，由资质审批部门降低铁路专业资质等级直至撤销资质；构成犯罪的，依法追究刑事责任。

1）违法、违规参加工程投标，以非法手段中标；允许其他单位或者个人以本单位名义承揽铁路工程施工业务，转包或违法分包工程；

2）未按照设计文件、施工技术标准施工；施工中偷工减料，使用不合格的建筑材料、建筑构配件和设备；施工现场管理混乱，造成工程质量低劣和安全隐患；

3）不履行合同和投标承诺，不履行保修义务；

4）不接受工程质量监督机构监督，不接受监理单位检查；

5）发生重大工程质量事故或重大安全事故隐瞒不报、谎报或拖延报告；

6）发现设计文件错误不报，造成工程质量低劣和安全隐患；

7）其他违法违规行为。

（5）工程监理企业承担铁路工程监理业务违反本办法规定，有下列行为之一者，责令改正；情节严重的，暂停投标资格，由资质审批部门降低铁路专业资质等级直至撤销资质；构成犯罪的，依法追究刑事责任。

1）违法、违规参加工程监理投标，采用非法手段中标，转让监理业务；

2）与建设管理、设计、施工企业串通，弄虚作假；

3）不认真履行委托监理合同和投标承诺，监理人员因过错或失职造成质量事故；

4）监理人员收受贿赂，接收礼品，索要钱物；

5）发现设计文件错误不报，或接到施工单位关于设计文件错误的报告而未及时向建设管理单位报告，造成工程质量低劣和事故隐患；

6）其他违法违规行为。

（6）铁路建设管理部门的工作人员有徇私舞弊、滥用职权、玩忽职守行为的，依法给予纪律或行政处分；构成犯罪的，依法追究刑事责任。

5.2.2 《铁路建设项目技术交底管理暂行办法》要点解读

铁路建设项目技术交底包括设计技术交底和施工技术交底两部分。技术交底是铁路建设的重要程序，是铁路建设技术管理的重要内容。各参建单位要提高对做好技术交底工作的认识，按照标准化管理要求，完善技术交底程序、规范交底内容，切实做好技术交底工作，为建设精品工程、安全工程奠定基础。

1. 设计技术交底

（1）设计技术交底是指在建设单位组织下，勘察设计单位根据审核合格的施工图，就设计内容、设计意图和施工注意事项向施工、监理等单位进行说明，解答施工、监理等单位提出的问题。

（2）设计技术交底可分为首次交底、专项交底、新技术交底和变更设计交底。交底工作一般在现场进行。

（3）首次交底是指工程项目开工前，由建设单位组织勘察设计单位在现场对整个项目的设计情况向施工、监理单位进行的全面技术交底。首次交底包括站前专业交底和站后专业交底。

站前专业首次交底主要包括项目总体情况、主要技术标准及设计原则、线路走向、接轨点及主要控制点、地质概况、不良地质及特殊岩土、重点桥隧、重点车站和重大路基工点，以及与站后专业接口等。

站后专业首次交底主要包括站后专业设计意图、技术标准、与站前工程接口、施工注意事项等。

站后专业在项目开工前不具备首次交底条件的，交底时间由建设单位根据建设项目情况确定。

（4）专项交底是设计单位针对工程项目的四电集成以及重点工程、特殊工程、高风险工程进行的详细交底，包括大型客站、高等级风险隧道、跨越大江大河等特殊结构桥梁、铺轨架梁、无砟轨道、特殊路基、工程测量网、路基防排水系统等。

（5）新技术交底是设计单位对工程项目中采用的新结构、新材料、新工艺及结合科研项目的单个工程进行详细的交底。

（6）变更设计交底是设计单位根据批准的变更设计图纸进行的交底。

（7）首次交底为集中交底，施工单位项目经理、总工程师、主要技术管理人员，监理单位总监、副总监、主要监理人员参加。首次交底由项目管理机构总工程师主持，勘察设计单位技术负责人或项目总体介绍总体设计情况，专业负责人介绍专业设计情况。

其他设计技术交底参加单位及人员由建设单位根据情况研究确定，交底由项目管理机构工程管理部负责人主持，设计单位专业负责人介绍专业设计情况，对需要澄清的问题和建议意见进行解答。

涉及营业线的建设项目、特殊工点以及采用新技术的设计技术交底，应请运营维护单位及人员参加，运营维护单位及人员应准时参加。

（8）首次交底、专项交底、新技术交底和变更设计交底前，建设单位应提前将审核合格的施工图交付施工、监理单位；设计单位应认真做好交底准备工作；施工、监理单位应在现场核对的基础上，提出需要澄清的问题和建议意见，保证技术交底质量。

（9）除首次交底外，设计技术交底时必须按照工点件名以及审核合格的施工图分件名进行，没有设计图纸或没有工点件名的不得进行技术交底，施工图未经审核合格的不得进行技术交底。

桥梁、隧道、路基防护及排水系统等应在工点现场进行交底。

（10）施工、监理单位应全面理解设计意图，将勘察设计问题解决在施工之前。施工过程中需要设计单位解释施工图的，应及时向建设单位提出技术交底申请；建设单位审核后联系设计单位进行交底。

（11）设计技术交底的主要内容：

1）设计说明。主要介绍设计依据、设计原则、设计文件组成及内容、设计范围及内容（包括工点、临时设施、用地、排水系统、测量控制网等）、主要技术标准和质量标准、工程条件（地质、水文、气候、交通及有关建设协议等）、设计采用主要技术规程规范及新技术工程、工程数量、工程造价等。

2）主要施工方案和施工注意事项。主要介绍重点工程以及采用新技术、新工艺、新材料的工程的施工方法、检测要求和施工注意事项，技术复杂结构工程采取施工安全措施，对影响施工及行车安全、干扰运营所采取的措施等。

3）文件中尚未说明的问题。主要介绍施工图文件完成时尚未明确及需要建设、施工单位和地方进一步协调配合解决落实的问题。

（12）建设单位应在设计技术交底结束后形成设计技术交底纪要，纪要内容包括：技术交底主持人、技术交底人员、设计技术交底内容，施工、监理单位参加人员，对建设、施工、监理等单位所提问题的答复及存在问题的处理意见，待定问题解决时间等。纪要应及时下发给各参加单位并存档。

2. 施工技术交底

（1）施工技术交底是施工单位项目总工程师及技术主管人员依据设计文件和设计技术交底纪要，将施工方案及施工工艺、施工进度计划、过程控制及质量标准、作业标准、材料设备及工装配置、安全措施及施工注意事项等向参与施工的技术管理人员和作业人员传达的过程。

（2）施工技术交底应分级进行，项目总工程师对项目部各部室及技术人员进行技术交底，技术主管人员对作业队技术负责人进行技术交底，作业队技术负责人对班组长及全体作业人员进行技术交底。

（3）项目总工程师对项目部各部室及技术人员的技术交底，主要内容包括：工程概况、图纸、实施性施工组织设计、总体施工顺序及主要节点进度计划安排；施工现场调查情况、施工场地布局、大临设施及过渡工程方案；主要施工技术方案、工艺方法，采用的新技术、新结构、新材料和新的施工方法；工程的重难点、主要危险源；主要工程材料设备、主要施工装备、劳动力安排及资金需求计划；工程技术和质量标准，重大技术安全环保措施；设计变更内容、施工中应注意的问题等。

（4）技术主管人员对作业队技术负责人进行技术交底，主要内容包括：总体施工组织安排、施工作业指导书、分部分项工程交底；作业场所、作业方法、操作规程及施工技术要求；采用新技术、新工艺的有关操作要求；工程质量、安全环保等施工方面的具体措施及标准；有关施工详图和加工图，包括设备加工图和拼装图、模板制作设计图、钢筋配筋图、基坑开挖图、工程结构尺寸大样图、隧道支护设计图等；试验参数及配合比；测量放样桩橛、测量控制网、监控量测等；爆破设计；重大危险源的应急救援措施；成品保护方法及措施；施工注意事项等。

（5）作业队技术负责人向班组长及全体作业人员的技术交底，主要内容包括：作业标准、施工规范及验收标准，工程质量要求；施工工艺流程及施工先后顺序；施工工艺细则、操作要点及质量标准；质量问题预防及注意事项；施工技术措施和安全技术交底；出现紧急情况下的应急救援措施、紧急逃生措施等。

（6）各分部、分项工程、关键工序、专项方案实施前，项目总工程师或技术部门负责人必须会同技术主管人员向作业队进行交底，并对交底后的实施情况进行检查验收。

（7）桥、隧、涵等结构物的测量放样技术交底，由项目部测量主管负责；交底资料经技术部门负责人复核、项目总工程师审核，测量队在技术交底后进行施工放样。

（8）施工技术交底要求：

1）技术交底要细致全面，讲求实效，不能流于形式，要交到基层施工班组。

2）施工技术交底后应形成技术交底纪要，并附必要的图表。参加技术交底人员应签字确认，并加盖项目技术部门公章后生效。

3）施工技术交底纪要应累计留存编号，装订成册，由技术部门负责保存，工程竣工时纳入工程档案。

（9）施工单位在施工过程中发现需要设计澄清问题的，应书面上报监理单位，经监理单位确认后报建设单位，由建设单位签认后转发设计单位，设计单位应在五日内书面回复，并纳入下一次的设计技术交底纪要。

（10）施工技术交底应交到工班和作业人员，使施工人员明确和掌握桥隧涵等结构物的几何尺寸、标高、施工工艺、质量标准、安全技术措施要求，明确工程材料、工艺、质量、安全、环保、进度要求及所采用施工规范、工程验收标准等，严格按照施工图、施工组织设计、作业指导书、施工及验收规范的有关技术规定施工。

3. 技术交底管理

（1）建设单位要提高对技术交底工作重要性的认识，将技术交底作为落实“六位一体”管理要求的重要内容，按照铁路建设标准化管理的要求，加强对技术交底工作的管理，及时协调解决技术交底中存在的问题。

（2）建设单位应组织好设计首次交底工作，安排好重难点、高风险工程，采用新结构、新材料、新工艺的工程和完成Ⅰ类变更设计的设计技术交底工作，将设计意图、设计要求和施工注意事项及时传达到施工和监理单位。

（3）建设单位应督促施工、监理单位做好施工图设计文件现场核对，将现场核对和实施过程中发现的问题及时向勘察设计单位反馈，提请勘察设计单位进行交底。

（4）勘察设计单位应将设计技术交底作为勘察设计工作的重要组成部分，要认真做好技术交底准备工作，及时将设计意图、设计内容、施工注意事项等向施工、监理单位交代清楚。

（5）施工单位应将施工技术交底作为施工的基础，必须认真做好施工技术交底准备工作，将施工方案及施工工艺、施工注意事项等向作业人员交代清楚。经批准，施工方案及施工工艺发生变化的应及时进行补充交底。

（6）建设单位、监理单位应加强对施工单位技术交底工作的监督管理，对分级交底工作进行检查，对施工技术交底纪要进行检查和抽查，督促施工单位全面做好技术交底工作，准确交到具体作业层面。

（7）技术交底工作纳入勘察设计单位施工图考核和施工单位信用评价。对于勘察设计单位或施工单位技术交底不到位、处理问题不及时、影响工程建设的，建设单位应在施工图考核或信用评价中予以扣分。

5.2.3 《铁路建设工程质量事故处理规定》要点解读

为加强铁路建设工程质量管理，及时调查处理铁路建设工程质量事故及质量问题，根据《建设工程质量管理条例》（国务院令第 279 号）、《铁路建设管理办法》（铁道部令第 11 号）、《铁路建设工程质量管理规定》（铁道部令第 25 号）等法规规章，制定了铁路建设工程质量事故调查处理规定，适用于铁道部及所属单位投资和合资新建、改建的铁路工程。地方投资建设的铁路、专用铁路、铁路专用线参照执行。

1. 工程质量事故分类

(1) 铁路建设工程质量事故分为特别重大事故、重大事故、较大事故、一般事故及工程质量问题。

(2) 具有下列情形之一者，属工程质量特别重大事故：

1) 直接经济损失1000万元及以上；

2) 导致铁路交通重大及以上事故，或对运输生产、安全以及铁路建设安全、工期、投资等产生重大影响。

(3) 具有下列情形之一者，属工程质量重大事故：

1) 直接经济损失500万元及以上，1000万元以下；

2) 导致铁路交通较大事故，或对运输生产、安全以及铁路建设安全、工期、投资等产生很大影响。

(4) 具有下列情形之一者，属工程质量较大事故：

1) 直接经济损失100万元及以上，500万元以下；

2) 直接导致铁路交通一般事故，或对运输生产、安全以及铁路建设安全、工期、投资等产生较大影响。

(5) 具有下列情形者，属工程质量一般事故：

1) 直接经济损失100万元以下；

2) 直接导致铁路交通一般事故，或对运输生产、安全以及铁路建设安全、工期、投资等产生一般影响。

(6) 直接经济损失范围包括：工程返工修复费用、清理现场费用、技术鉴定费用等。

2. 事故报告

(1) 在建项目发生工程质量事故后，事故发生单位必须在12小时之内向建设单位报告，并通知有关单位和质量监督机构。建设单位必须在事故发生后24小时内向铁道部建设管理司和工程质量安全监督总站(以下简称“工程监督总站”)提出书面报告。工程质量事故书面报告内容包括：

1) 工程项目名称和事故发生时间、地点及建设相关单位；

2) 简要经过、直接经济损失情况；

3) 事故原因的初步分析判断；

4) 采取的应急措施及事故控制情况；

5) 处理方案及工作计划；

6) 事故报告单位。

(2) 由于工程质量事故导致运营线路发生铁路交通事故或对运输生产造成一定影响，事故发生所在铁路局除按《铁路交通事故调查处理规则》规定报告外，同时要报铁道部建设管理司和工程监督总站，还应通知原项目建设、勘察设计、施工、监理单位。

(3) 建设单位、工程质量安全监督机构及其他部门现场检查发现问题时，要立即责成整改并通报批评，其中偷工减料的要纳入不良行为进行公布；确认构成工程质量事故及质量问题的，立即下达书面通知，责令责任单位按程序在24小时内报送工程质量事故及质量问题报告。逾期不报的，按隐瞒事故处理。

3. 事故调查处理

（1）铁路建设工程质量事故发生后，施工单位现场负责人应立即采取有效措施防止事故扩大，并保护事故现场。建设单位接到报告后应立即赴现场，组织事故抢险，配合调查处理。

由于工程质量原因导致运营线路发生铁路交通事故，由所在铁路局组织采取有效措施，抢救人员，尽快恢复通车，防止事故扩大，并保护事故现场。铁道部或铁路安全监督管理办公室组织事故调查处理。

（2）铁路建设工程质量事故调查处理实行分级管理制度。工程质量特别重大事故由铁道部调查处理；工程质量重大事故由建设管理司调查，提出处理意见报铁道部批准；工程质量较大事故由工程监督总站调查，提出处理意见，由建设管理司核准；工程质量一般事故及质量问题由工程质量安全区域监督站调查，提出处理意见报工程监督总站批准，处理结果报建设管理司备案。

铁道部认为有必要调查处理的工程质量事故及质量问题，由铁道部或铁道部授权有关部门组织调查。

（3）由于工程质量事故导致运营线路发生铁路交通事故的，按铁道部《引起铁路行车事故的工程质量责任调查及经济赔偿暂行规定》（铁建设［2007］79号）办理。没有造成铁路交通事故，但对运输安全生产造成影响的工程质量事故调查处理，执行本规定。

（4）发生工程质量特别重大事故，由铁道部成立工程质量事故调查组进行调查。工程质量事故调查组组成根据事故类型确定。

（5）发生工程质量重大事故，建设管理司接到事故报告后，应尽快成立由建设管理司负责人任组长，监察局、鉴定中心、工管中心、工程监督总站及有关单位负责人以及专家为成员的工程质量事故调查组。

（6）发生工程质量较大事故，工程监督总站接到事故报告后，应尽快成立由工程监督总站负责人任组长，监察局、鉴定中心、工管中心及有关单位人员以及专家为成员的工程质量事故调查组。

（7）发生工程质量一般事故及质量问题，工程监督站接到事故报告后，应尽快成立由工程监督站负责人任组长的工程质量事故（质量问题）调查组。

（8）工程质量事故调查组的主要职责：

1）查明事故发生的原因，必要时组织技术鉴定；

2）核定直接经济损失；

3）查明责任单位、责任人；

4）组织提出工程处理建议方案；

5）提出防止类似事故再次发生的要求；

6）对事故责任单位、责任人提出处理建议；

7）撰写事故调查报告。

（9）工程质量事故调查组调查处理基本程序：

1）现场查看事故情况，调阅设计文件，监理记录，施工记录，建设、咨询相关文件等，对事故原因进行调查，必要时组织技术鉴定；

2）认定事故直接经济损失；

3）认定事故责任单位和责任人；

4）提出事故处理建议和整改、预防措施；

5）提交事故调查报告。

如确认超出调查组调查事故范围的，应报告上一级事故调查部门调查处理。

（10）工程质量事故调查组有权向事故相关单位和个人了解事故有关情况，调阅相关资料，任何单位和个人不得拒绝和隐瞒。

（11）工程处理方案必须经有关单位审定后方可实施，需要进行变更设计的，按有关规定进行审批。工程完成后必须进行验收，验收合格后，方可投入使用。

（12）事故调查报告应包括以下主要内容：

1）事故发生单位概况；

2）事故发生经过；

3）事故造成的直接经济损失；

4）事故发生的原因和事故性质；

5）事故责任的认定以及对事故责任者的处理建议；

6）事故防范和整改措施。

事故调查报告应附现场调查记录、图纸、照片，技术鉴定和试验报告，事故责任者的自述材料，直接经济损失材料，发生事故时的工艺条件、操作情况和设计文件等附件资料。事故调查组成员应在事故调查报告上签名。

4. 罚则

（1）铁路建设项目建设、勘察设计、施工、监理单位依法对铁路建设工程质量负责。根据各相关单位对工程质量事故承担的责任，依次可分为全部责任、主要责任、重要责任、次要责任和无责任。

（2）事故责任认定为全部责任的单位，承担事故的全部直接经济损失；事故责任认定为主要责任的单位，承担直接经济损失的50%及以上；事故责任认定为重要责任的单位，承担事故直接经济损失的50%以下；事故责任认定为次要责任的单位，承担事故直接经济损失的30%及以下，责任单位承担总费用不得超过全部直接经济损失。

（3）对造成工程质量事故的单位和个人，纳入不良行为记录，并按有关规定追究责任；同时执行《铁路建设工程质量安全事故与招投标挂钩办法》，性质恶劣的，对事故责任单位进行一定时期内停止投标的处理。

（4）对发生下列情形的，依据国家和铁道部有关规定追究相关单位和人员的责任：

1）对工程质量事故隐瞒不报、谎报或者拖延报告期限；

2）故意破坏事故现场，或者弄虚作假，提供假资料；

3）在调查处理过程中弄虚作假。

5.2.4 《铁路建设工程安全风险管理暂行办法》要点解读

（1）为进一步加强铁路建设工程安全风险管理，推进安全风险标准化管理，有效规避和控制安全风险，确保铁路工程建设安全，依据国家和铁道部有关规定，制定铁路建设工程安全风险管理办法。

（2）铁路建设工程安全风险管理范围主要包括高风险隧道、大型基坑、高陡边坡、特殊结构桥梁和地下工程，临近既有线及既有线施工，涉及既有高速铁路施工，地质灾害及其他高风险工点。

(3) 铁路建设工程风险等级根据事故发生的概率和后果程度，参照铁路隧道风险等级确定标准，分为低度风险、中度风险、高度风险和极高度风险四个级别。

风险等级评价为高度风险和极高度风险的工点，统称高风险工点。

(4) 铁路建设应规避极高度风险，采取措施减少高度风险，通过风险识别、风险评价、风险控制等，降低和减少风险灾害及风险损失。

(5) 建设单位是建设项目的责任主体，应比照铁路隧道风险管理要求，制订高风险工点的风险管理实施办法，建立风险管理体系，完善风险管理机制，落实参建单位和人员责任，按照阶段管理目标和管理要求认真做好风险管理工作。

(6) 勘察设计单位是风险防范的主要责任单位，应编制风险评估实施细则，在可行性研究阶段进行风险识别，按照规避风险原则合理选择方案，依据勘察资料、参照隧道风险管理的评估标准及评估程序，对无法规避的风险工点进行分析评估，提出风险等级建议。

(7) 建设单位应组织专家对勘察设计单位提出的高风险工点及风险等级建议进行论证，确定高风险工点及风险等级。高度风险和极高度风险隧道的相关资料应及时报送铁道部工管中心。

(8) 勘察设计单位在初步设计阶段，应对高风险工点的风险因素作进一步识别，须调整风险等级的应及时向建设单位提出建议；应按照确定的风险等级，系统制订与之匹配的风险控制措施，因此产生的工程费用纳入初步设计概算；在施工设计中要进一步完善风险控制措施，提出风险防范注意事项。

(9) 建设单位应将高风险工点的风险控制措施纳入施工图审核的范围，在组织施工图审核时对风险控制措施进行检查、优化和完善，并组织制订风险管理方案。

(10) 勘察设计单位须及时提交包括风险控制措施和风险防范注意事项的勘察设计文件，在设计技术交底的基础上，做好风险控制措施和风险防范注意事项的交底工作。

(11) 建设单位须将风险管理方案、风险控制措施等纳入指导性施工组织设计，并将风险管理责任、风险控制措施、风险控制费用等纳入施工合同及监理合同。

(12) 施工单位是风险控制的实施主体，必须根据风险评估结果、地质条件、施工条件等，对承担任务范围内的高风险工点逐一进行分析，逐条细化风险控制措施，并编制风险管理实施细则。风险管理实施细则经监理单位审查、建设单位审定后，纳入实施性施工组织设计。

(13) 风险管理实施细则应包括相关的安全管理制度、标准、规程等支持性文件，风险管理机构及职责划分，人员安排、培训，现场警示、标识规划，设备器具及材料准备，现场设施布置，作业指导书清单，监控、监测及预警方案，应急预案及演练安排，过程及追溯性记录文件格式和要求等。

(14) 施工单位须按照风险管理实施细则，明确项目部风险管理部门，配备专职安全风险管理人员，配置专用风险监测设备，对工程风险实施有效监测和管理。

(15) 施工单位须按照风险管理实施细则编制高风险工点专项施工方案，专项施工方案经施工单位技术负责人审定后报总监理工程师审查，高风险工点的专项施工方案报建设单位批准。施工单位按批准的专项施工方案组织实施，并派专职安全风险管理人员现场监督。

(16) 施工单位须按照批准的专项施工方案编制施工作业指导书和作业标准，组建专业作业队和专业作业班组，配置相应机械设备，严格按专项施工方案组织实施。

(17) 施工单位须将有关风险控制措施、工作要求、工作标准，向作业队进行详细的技术交底，向施工作业班组、作业人员进行详细说明，并全程监督作业人员严格按照作业指导书、作业标准施工。

(18) 施工单位须对参与高风险工点施工的人员进行针对性的岗前安全生产教育和风险防范培训，未经教育培训或培训考核不合格的人员，不得上岗作业。

(19) 监理单位是风险防范及控制的检查单位。监理单位应参加建设单位组织的风险识别和评价，对风险监测方案、专项施工方案、施工作业指导书、作业标准和专业架子队组成及培训教育的实施情况进行检查，实施全过程监理。

(20) 对风险控制工作实施动态管理，已评估并有防范措施的工程风险发生变化的，建设单位须立即组织勘察设计、施工和监理单位研究，确定风险等级，调整风险控制措施。

(21) 对施工过程中揭示的未纳入设计的重大潜在风险，建设单位须立即组织勘察设计、施工和监理单位研究，确定风险等级，补充风险控制措施。

(22) 极高度风险工点实行建设单位和施工单位项目部主要领导安全包保制度，高风险工点实行施工单位项目部负责人和项目部部门负责人跟班作业制度。

(23) 铁道部工管中心归口隧道工程风险管理工作，对隧道工程实施阶段的风险控制实施监督，建设单位须及时将隧道风险控制过程中的重大事项及处理建议方案报工管中心；工管中心应及时组织研究，确定风险防范技术方案。建设单位按确定的技术方案组织实施。

(24) 铁路建设工程抢险救援坚持以人为本、科学抢险的方针，遵循统一指挥、分级负责、快速反应、严防次生灾害的原则，按照铁道部风险救援的相关规定组织实施。

(25) 铁路参建单位应建立和完善工程安全风险管理体系，以标准化管理为手段，全面、有效地进行安全风险管理。风险管理纳入建设单位考核、设计单位施工图考核和施工、监理企业信用评价范围。

(26) 建设单位应将确定的高风险工点以及风险控制情况报铁道部建设司备案。

5.2.5 《关于进一步加强铁路建设安全生产工作的通知》要点解读

(1) 实行高风险工点施工单位干部带班作业制度。施工单位是工程风险控制的实施主体，应对承担任务范围内的高风险工点逐一进行分析，逐条细化风险控制措施，建立风险工点分级管理和高风险工点带班作业制度。极高度风险工点由项目部负责人包保，项目班子成员轮流带班作业；高风险工点由项目部班子成员或部门领导、干部带班作业，高风险隧道还要执行技术和安全管理人员跟班作业制度。

(2) 实行高风险工点建设单位领导包保制度。建设单位是建设项目的责任主体，要按照《铁路建设工程安全风险管理暂行办法》，加强对高风险工点的管理，规避和控制安全风险。极高度风险工点实行建设单位主要领导安全包保制度，高风险工点由建设单位领导班子成员或部门领导包保，包保领导每月检查不得少于1次，及时处理安全隐患。包保工点发生质量安全事故的，将追究包保领导的责任。

(3) 实行安全隐患治理挂牌督办制度。要切实改进创新检查方法，把查管理、查体系和查现场、查实物有机结合起来。对查出的问题，要认真分析原因，分清责任，严格按规定处理；实行问题闭环管理，明确整改时限、责任人和复查责任人，逐一登记销号，确保整改到位；加强警示教育，举一反三，防止类似问题再次发生。对发现的安全隐患要挂牌督办，一般、较大安全隐患治理由施工单位挂牌督办，重大安全隐患治理由建设单位挂牌督办，监督站对挂牌督办情况进行检查并将结果上报铁道部工程质量安全监督总站；铁道部指定监督总站对重大安全隐患的治理直接督办。

(4) 加强安全重点工作管理。一是加强营业线施工管理。必须严格执行《铁路营业线施工安全管理办法》及《铁路营业线施工安全管理补充办法》；严格施工方案审查，杜绝无方案施工和超计划施工，严禁违章作业；设备管理部门要提前介入，做好验收工作。新线开通工程列车要比照营业线管理，与既有铁路接轨处必须设置隔开设备。二是强化隧道工程管理。必须根据隧道风险级别和工程地质条件选择适宜的工艺工法和施工设备；对软弱围岩隧道必须采用“三超前、四到位、一强化”的施工技术。有瓦斯等有害气体的隧道必须配置符合规定的通风设备。要通过使用凿岩台车、混凝土喷射机械手等工装设备，提高隧道机械化施工水平，降低作业安全风险。三是重视桥梁工程施工。深水、深基施工必须编制专项施工方案并进行安全检算，跨营业线、高等级公路桥梁的施工方案必须进行重点复核，现浇梁满堂支架、移动模架、连续梁挂篮、大型模板必须进行专业设计、检算并进行专项验收。四是改进机械设备管理。要从设计、制造等源头上控制起重、运梁、架桥、铺轨等大型机械设备质量，做好日常检查、保养和维修等工作，严禁带病作业；操作人员必须熟悉作业环境，严格按规程操作。五是规范火工品管理。要按规定加强火工品运输、存储等环节管理，严格执行火工品领用和剩余退库制度。爆破作业必须严格执行规范，同时做好防护工作。六是完善生产办公生活场所管理。施工现场生产办公生活场所选址应避开不良地质地带并进行地质灾害评估，应与高压线路保持安全距离；临时建筑结构必须安全，符合消防、环保、卫生规定；严禁租住危房和储存过危险品的房屋。

(5) 深入推进标准化管理。通过深入推进标准化管理提高安全生产水平。建设单位要按照高标准起步和高效率推进标准化管理的目标，督促施工单位按照安全管理体系管到工班、技术管理体系体现在工序、质量管理体系落实到检验批的要求，认真编制质量安全管理体系文件。要严格开工条件，施工组织要求的人员、设备、技术方案、临时设施等必须达标后方可开工。要大力推行标准化作业、标准化设计，打牢安全质量基础。要全面推行架子队管理，坚决取消包工队。开工后，建设单位要按照现场标准化管理的要求，督促施工单位严格做好现场管理工作，严格按照施工作业指导书和作业卡片组织施工，文明施工，做到事事有流程、事事有标准、事事有责任人。

(6) 加大责任追究力度。严肃追究发生生产安全事故的建设单位和建设单位领导及相关人员的责任。要严格执行对不良行为进行认定、公布的制度，严格执行铁路建设工程质量安全事故与铁路建设市场挂钩制度，限制重大事故责任单位主管领导和责任人一定时期内或终身不得参与铁路建设，对事故追究要从重从快，决不姑息迁就。

5.2.6 国家关于保密工作的相关规定

铁路建设工作中涉及的国家秘密，是指关系国家的安全和利益，依照法定程序确定，在一定时间内只限一定范围的人员知悉的事项。为加强和规范保密工作，根据《中华人民共和国保守国家秘密法》(简称《保密法》)、《中华人民共和国保守国家秘密法实施办法》、《关于铁路领导干部保密工作责任制实施制度》等相关法律、法规和规定，制订了关于保密工作的相关规定。

1. 铁路建设保密工作制度

(1) 保密机构

1) 指挥部设置保密委员会(以下简称保密委)和保密委员会办公室(以下简称保密办)。保密委在上级党委和上级保密委员会领导下，依照保密法律、法规和规章制度开展工作，保密办处理保密工作的日常事务。保密委主任由专职或兼职党支部书记担任，副主任由行政领导兼任，委员由各部门负责人担任，并报上级保密组织备案；保密办设在综合部，负责保密日常事务，保密办主任由综合部部长兼任。

2) 指挥部应经常对干部职工进行保密教育，检查落实保密措施，遵守各项保密制度，并经常性地开展自查。

3) 指挥部保密委成员及保密办成员调整时，应经指挥部党组织批准，报上级保密组织备案。

(2) 密级范围和定密规定

1) 职责

指挥部保密委接受上级机关和有关保密工作部门的指导和监督，依照铁道部、国家保密局联合制定并公布的《铁路工作中国家秘密及其密级具体范围的规定》(铁办［1998］31号)，根据指挥部具体情况确定保密范围和密级，任何部门、个人未经保密委员会批准无权扩大、缩小、更改密级范围。

2) 密级

① 保密资料按国家规定分为“绝密”、“机密”、“秘密”三级。“绝密”是最重要的秘密，泄露会使国家的安全和单位的利益遭受特别严重的损害；“机密”是重要的秘密，泄露会使国家的安全和单位的利益遭受严重的损害；“秘密”是一般的秘密，泄露会使国家的安全和单位的利益遭受损害。

② 指挥部保密委根据有关规定及具体情况确定保密期限。除有特殊规定外，绝密级事项不超过30年，机密级事项不超过20年，秘密级事项不超过10年。

3) 定密

① 指挥部各项工作中产生的属于秘密的文件、资料和其他物品，按照规定确定并标明密级、保密期限。结合指挥部实际，对涉密内容规定如下：

a) 绝密级：涉及绝密级事项的文件资料以及计算机存储信息和数据安全保密措施。

b) 机密级：涉及机密级事项的党政发的文、电及领导讲话、信息专报、会议记录和报表。

c) 秘密级：接待国外代表团(组)来项目参观、访问、交流的请示及重要谈话记录；涉及秘密级事项的党政发的文、电及领导讲话、信息专报、会议记录和报表；重要的检举、揭发材料和检举、揭发人的姓名、地址以及可能危害其安全的有关情况；干部人事工作中的涉密内容和尚未公布的干部录用计划和任免决定；尚未公布的重大改革方案；尚未公布的铁路发展中长期规划和涉及国家高新技术的铁路工程项目的研究涉及资料；具有重要经济价值或达到国际先进水平的铁路科研成果、技术诀窍和工艺；与国(境)外合作交往等经济活动的内部方案、策略、报价、标底及统一对外措施；铁路工程建设中工程施工、监理、设备、物资等招投标项目中的涉密内容；铁路枢纽、特大桥梁、长大隧道的图纸、

资料；铁路工程建设信息管理系统操作程序及代码；涉及秘密级事项的计算机存储信息和数据安全保密措施；设计单位提供的设计文件涉及中心桩黄海高程、GPS坐标等有关地理信息资料；其他涉及指挥部利益的有关事项。

② 不能标明密级的事项，由产生该事项的部门负责通知接触范围内的人员。新增、临时产生的秘密事项由发生部门与指挥部保密办联系，共同确定密级、保密期限、接触范围人员，并书面记录在案。

铁路工程建设中需要确定的计划、设计、施工有关保密文件、资料，由保密办确定密级。

③ 涉密计算机应按其涉及范围、内容中最高密级确定密级。

④ 对是否属于国家秘密和不明确属于何种密级的事项，归口指挥部保密办请示上级保密工作部门后确定。

⑤ 对需要变更、解除密级或继续保密的，保密办应根据《保守国家秘密法实施办法》(国家保密局令第1号)第十四、十五、十六、十七条规定办理。

4）保密工作制度

① 接触秘密事项的人员或部门的范围，由指挥部保密委限定。

② 复制属于秘密的文件、资料和其他物品，不得擅自改变原件的密级，并需经过保密办主任批准，并有书面记录。

③ 不准在私人交往中泄露国家秘密，不在公共场所谈论国家秘密，不得私自携带有密级的文件、资料和其他物品外出，确因工作需要携带外出的不得违反有关保密规定。

④ 属于秘密的文件、资料和其他物品的制作、收发、传递、使用、复制、摘抄、保存、销毁，应严格按《中共中央保密委员会办公室、国家保密局关于国家秘密载体保密管理的规定》(委保字［2001］1号)执行。

⑤ 召开具有秘密内容的会议，主办部门应当采取下列保密措施：

a）选择具备保密条件的会议场所；

b）根据保密工作需要，限定参加会议人员的范围；

c）依照保密规定使用会议设备和管理会议文件、资料；

d）确定会议内容是否传达及传达范围。

⑥ 加强计算机网络管理，实施计算机内部网和外部网的物理隔断，严禁涉密内容在内部专网及互联网录入和传输。联接互联网的计算机应专机专用，严禁储存和处理涉密信息。

⑦ 计算机网络的安全保密工作，由指挥部保密委领导。网络的安全保护、监督、检查和指导由指挥部委托有关部门负责，网络的保密建设和管理由保密办负责。

⑧ 凡超过保修期限的涉密计算机维修，应送国家保密部门指定单位维修。在保修期内的涉密计算机必须先将硬盘送指定单位消磁后方可送保修单位维修。涉密计算机降低密级，不作为涉密机使用及拟报废时都必须将硬盘送指定单位消磁。

⑨ 涉及保密废纸、电子载体和影音、影像保密资料的回收销毁范围：

a）按照规定清理回收需销毁的保密文件、文书档案、财会档案和各种专业档案。

b）各种已作废的内部刊物、资料、图纸、报表、证件和保密笔记本等。

c）各项工作中产生的有涉密内容或不宜公开的内容。

d）已过期或作废的涉及指挥部内部秘密的内容。

⑩ 确定属于保密的要害部门、部位应采取保密措施，除经批准外，不得擅自入内。

⑪ 发生泄密事件，应当迅速报告保密工作部门和主管领导，查明被泄露秘密的内容和密级、造成或可能造成的危害范围和程度、泄密的有关责任者，及时采取补救措施，并在24小时内上报上一级保密组织。

⑫ 对于提供给境外公司咨询机构的资料执行铁道部有关规定。

（3）领导管理责任

1）指挥部领导干部应自觉遵守《中共中央保密委员会关于党政领导干部保密工作责任制的规定》，保障各类秘密安全，负起管辖范围内保密工作，遵守保密法律、法规和保密守则，确保自身和本单位不发生失泄密事件。

2）落实领导干部保密工作责任制，指挥部党组织负责人对保密工作负全面领导责任，行政领导对分管业务工作范围内的保密工作负领导责任，各部门负责人对本部门的保密工作负领导责任。

（4）检查和惩处工作

1）指挥部干部职工应知悉与其工作有关的保密范围和各项保密规定，自觉接受上级保密部门进行的保密检查。

2）对检查发现保密工作存在的问题和隐患，由保密委责成有关部门和人员限期整改。

3）保密委对违反管理规定的泄密责任者视情节轻重给予相应处分。

2. 铁路部门对外经济技术合作保密工作暂行规定

（1）为做好对外经济技术合作中的保密工作，保护国家秘密的安全，保障对外经济技术合作的顺利进行，根据国家有关保密法规，结合铁路部门实际情况，制定本规定。

（2）本规定所称"对外经济技术合作"包括：对外客货运输，利用外资，引进技术、设备，引进智力，对外贸易、经济援助、承包工程，劳务出口，中外合资经营，对外科技交流与合作等。

（3）本规定适用于铁路系统各单位、各部门对外经济技术合作中的保密工作。

（4）对外经济技术合作中的保密工作，要从国家整体利益和对外经济技术合作的实际出发，坚持为铁路建设与发展服务，既有利于保守国家秘密，又便于对外经济技术合作的原则。

（5）承担对外经济技术合作事项的单位、部门的领导人，负责对外经济技术合作中保密工作的领导。根据工作需要，可组成由有关部门负责人参加的保密工作领导小组，或指定有关人员负责对外经济技术合作中的保密工作。

（6）承担对外经济技术合作事项的单位、部门，必须建立健全对外经济技术合作的保密制度，并定期进行保密检查。

（7）承担对外经济技术合作事项的单位、部门，必须经常对所属工作人员进行保密教育，使其树立保密观念，明确与其有关的保密范围，自觉遵守各项保密法规和制度。

（8）派遣人员出境，出境前必须对其进行保密教育，宣布保密纪律和注意事项。

（9）被派遣出境人员必须遵守下列事项：

1）严格遵守国务院发布的《涉外人员守则》；

2）严格遵守国家保密法规和保密制度，严禁在对外交往中泄露国家秘密；

3）未经批准，禁止携带载有国家秘密的文件、资料和其他物品出境；

4）因工作需要，确需携带国家秘密文件、资料和其他物品出境的，按国家保密局、海关总署制定的《关于国家秘密文件、资料和其他物品出境的管理规定》办理；

5）经批准携带出境的国家秘密文件、资料和其他物品，要指定专人保管，严防丢失和失控；

6）在境外讨论秘密事项时，应注意周围环境，选择有利于保密的地点，防止被窃听、窃照；

7）与国内通信或使用明码电讯联系时，禁止涉及国家秘密；

8）与国内联系事项涉及国家秘密时，须经我外交信使传递，或使用我驻外使领馆密码通信联系，并严守密来密复，禁止明密混用。

（10）在与境外人员(包括在外企工作的中国雇员，下同)交往中，必须严格保守国家秘密。在开展对外经济技术合作工作中应特别注意保守以下秘密事项：

1）尚未实施的全国铁路工作的重大决策；

2）尚未公布的铁路年度计划、中长期规划和计划执行结果的统计资料；

3）铁路部门划定为国家秘密技术的发明、科研成果、传统工艺、技术诀窍，拟定中的重大科技政策、发展规划和研究与开发计划；

4）对外经济技术合作中内部掌握的方针、策略、重大问题的处理意见、内部控制统计数字；

5）对外经济技术合作的谈判预案，采购意向，用汇计划，价格限额，招标的标底、报价、选标方案。

（11）在与境外人员进行经济技术合作的谈判中，应遵守下列事项：

1）事先拟定好谈判预案，报经主管领导批准，并严禁对外泄露；

2）参与谈判的人员必须按谈判预案拟定的原则和口径进行，未经领导授权和批准的事项，不得随意表态；

3）谈判期间，知悉谈判情况的人员不得以任何方式向对方和与该项目无关人员透露有关信息；

4）禁止将载有国家秘密的文件、资料和其他物品携带至谈判场所。

（12）在对外经济合作中，需要向对方提供资料时，按国家保密局制定的《对外经济合作提供资料保密暂行规定》办理。对外提供资料，由承担对外经济合作项目的单位、部门按下列程序办理：

1）根据对外经济合作项目的实际需要，确定提供资料的范围；

2）对已确定需要提供的资料进行保密审查；

3）经审查属于国家秘密的，其中能做技术处理的进行技术处理；

4）对确需提供的国家秘密资料，按本规定第(13)条的规定报有关机关、单位审批；

5）经批准对外提供国家秘密资料，应当以一定的形式要求对方承担保密义务。

（13）对外经济合作需要提供资料，按下列规定报批：

1）铁路部门产生的国家秘密资料：

① 属于绝密级的，原则上不得对外提供，确需提供时，须报经部业务主管部门审查后，由部主管领导审批；

② 属于机密级的，涉及全路性的，须报经部业务主管部门审核，由部主管领导审批；不涉及全路性的，由部业务主管部门审批；

③ 属于秘密级的，涉及全路性的，须报经部业务主管部门审批；不涉及全路性的，须报经所涉及的部属单位的领导审批。

2）非铁路部门产生的国家秘密资料，按该资料产生机关、单位的规定报批。

3）对外提供明确不属于国家秘密的资料，不需要经过保密审批；但提供内部资料须报经该资料产生机关、单位审核同意。

（14）对外科技交流与合作中的保密工作，按国家科委制定的《对外科技交流保密暂行规定》办理。

（15）在对外科技交流与合作中，应遵守下列规定：

1）在境外进修、讲学、参加科技交流活动和对外技术合作中，不得泄露国家秘密；

2）向境外投寄或提供论文、稿件、资料，不得涉及国家秘密；

3）未经批准，不得接待境外人员参观属于国家秘密的科技项目。

（16）在对外科技交流与合作中，涉及国家秘密科技的事项，按下列规定报批：

1）国家秘密技术出口和以国家秘密技术在境外合办企业，按国家科委、国家保密局制定的《国家秘密技术出口审查暂行规定》报批；

2）以国家秘密技术在境内同境外的组织、机构、人员合办企业，立项前应报部科技主管部门审批；

3）因工作需要确需携带涉及国家秘密的科技资料、样品出境，按国家保密局、海关总署《关于国家秘密文件、资料和其他物品出境的管理规定》报批；

接待境外人员参观属于国家秘密的科技项目，应事先报经部科技主管部门批准。

（17）保密工作部门应对本单位对外经济技术合作中的保密工作进行指导、监督和检查；组织、协调或者直接参与涉及多部门的对外经济技术合作中的保密工作；依法确定是否属于国家秘密和属于何种密级不明确或者有争议的事项；按照有关规定办理携带国家秘密文件、资料和其他物品出境的手续；向上级报告对外经济技术合作中保密工作的重要情况。

（18）认真执行本规定，在对外经济技术合作中，为保守国家秘密做出突出贡献的集体和个人，应给予表彰和奖励。

（19）违反本规定，在对外经济技术合作中泄露国家秘密的，依照国家有关法规追究有关责任者的法律责任和行政责任。

5.3 依法进行铁路建设

解决铁路建设工作中存在的不科学、不和谐和不可持续的问题，必须实行依法建设，严格执行建设程序，提高决策水平，严格执行标准，依法组织建设。

（1）严格执行程序。铁路建设必须坚持先勘察、后设计、再施工的基本程序，按照立项、勘察设计、工程实施和工程验收的基本建设程序组织建设，各阶段工作必须达到规定要求和深度，不得将本阶段工作转入下阶段。批准的项目建议书、可行性研究报告和初步设计文件是开展下一阶段工作的依据，可研报告未经审查不得开放定测、初步设计；初步设计及总概算未经审查不能开放补充定测、施工图设计；初步设计及总概算未批复，征地拆迁、三电迁改(含征地拆迁协助工作)不能招标；施工图(含施工图预算)审核未完成，不得开展施工招标；施工招标未完成，不得组织施工单位进场；没有批准开工报告的，不能开工建设；极高风险及高风险工点专项施工方案未批准、稳定风险未评估，不得开工；质量检验不合格的工程，不得计价拨款；变更设计未经批准，对应工程不得施工。

(2) 提高决策水平。铁路建设项目决策水平直接影响建设项目实施，要按照路网规划科学合理确定项目功能定位、建设标准、规模、方案、工期、投资，确保勘察设计深度和质量，合理确定施组方案、建设工期和工程数量，充分做好经济调查工作，严格按照造价标准编制项目投资预估算、估算、设计概(预)算，全面提高铁路建设项目决策水平，尽可能减少建设项目标准、规模、方案、投资、工期等重大调整，为项目顺利实施创造有利条件。

(3) 严格执行标准。要严格执行可研批复的铁路项目建设范围、功能定位、主要技术标准、重大建设方案、投资估算及资金筹措、建设工期，以及初步设计批复的各项工程设计原则和施组方案、总概算等。下阶段应严格执行上阶段审批确定的标准、规模、工期、投资等，确有重大原因需要调整时，必须严格依据有关规定和程序履行相应审批手续。

(4) 依法合规组织建设。铁路建设实现科学、和谐、可持续发展，必须严格执行法律法规和相关规定。建设单位和参建单位，尤其是各级领导和管理、技术人员，必须认真学习掌握铁路建设必须遵守的法律法规规定，正确认识依法建设与加快建设的内在关系，在勘察设计、建设实施工作中严格执行法律法规和铁道部规章制度，依法有序开展工作，不得损害国家和人民群众的利益。

网上增值服务说明

为了给注册建造师继续教育人员提供更优质、持续的服务，应广大读者要求，我社提供网上免费增值服务。

增值服务主要包括三方面内容：①答疑解惑；②我社相关专业案例方面图书的摘要；③相关专业的最新法律法规等。

使用方法如下：

1. 请读者登录我社网站(www. cabp. com. cn) “图书网上增值服务”板块，或直接登录(http：//www. cabp. com. cn/zzfw. jsp)，点击进入“建造师继续教育网上增值服务平台”。

2. 刮开封底的防伪码，根据防伪码上的ID及SN号，上网通过验证后下载相关内容。

3. 如果输入ID及SN号后无法通过验证，请及时与我社联系：

E-mail：jzs _ bjb@163. com

联系电话：4008-188-688；010-58934837(周一至周五)

防盗版举报电话：010-58337026

网上增值服务如有不完善之处，敬请广大读者谅解并欢迎提出宝贵意见和建议，谢谢！

附录　铁路建设标准化管理体系框图

附图 1　铁路建设标准化管理体系框图

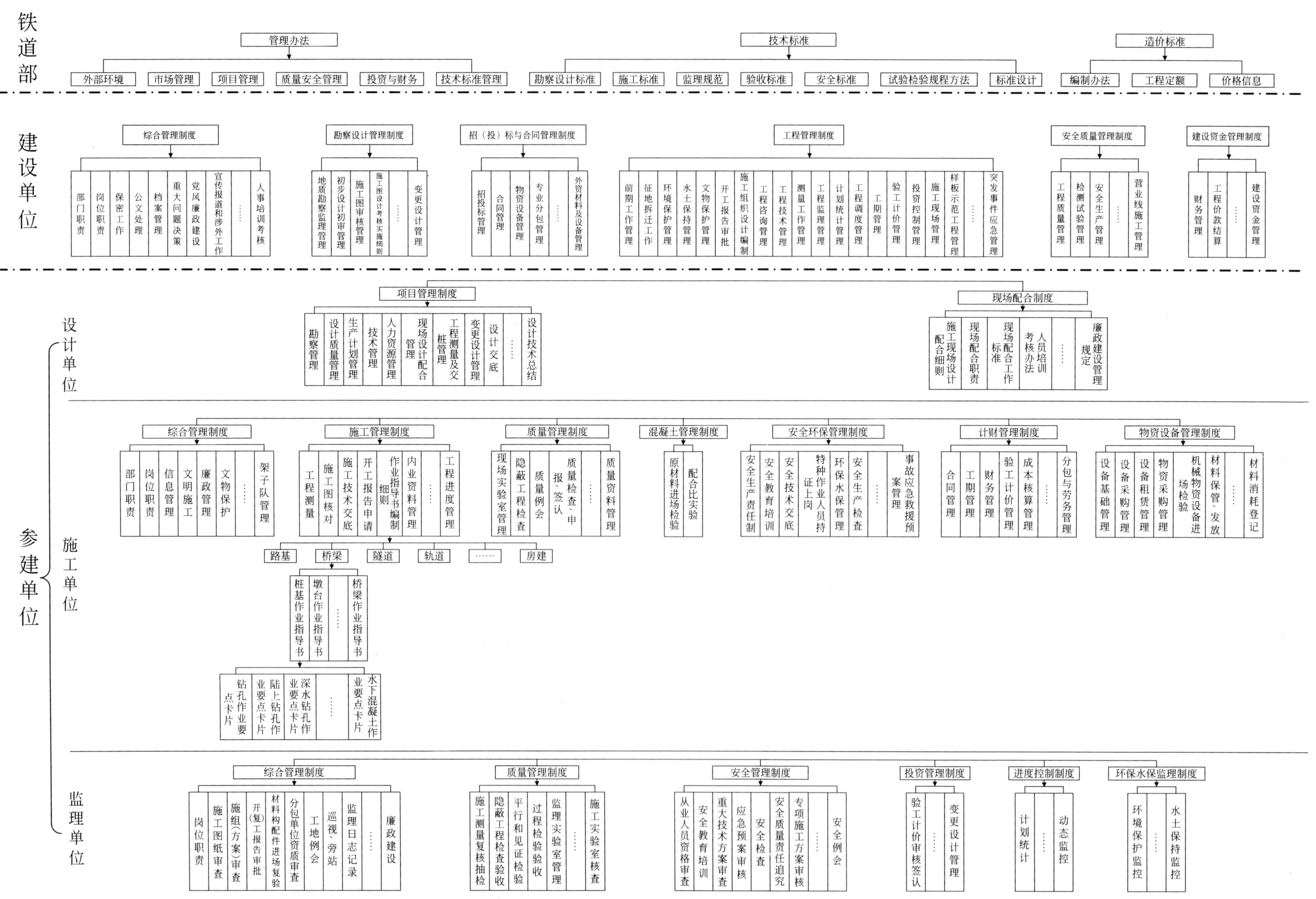

附图2　管理标准化管理体系框架展开示意图

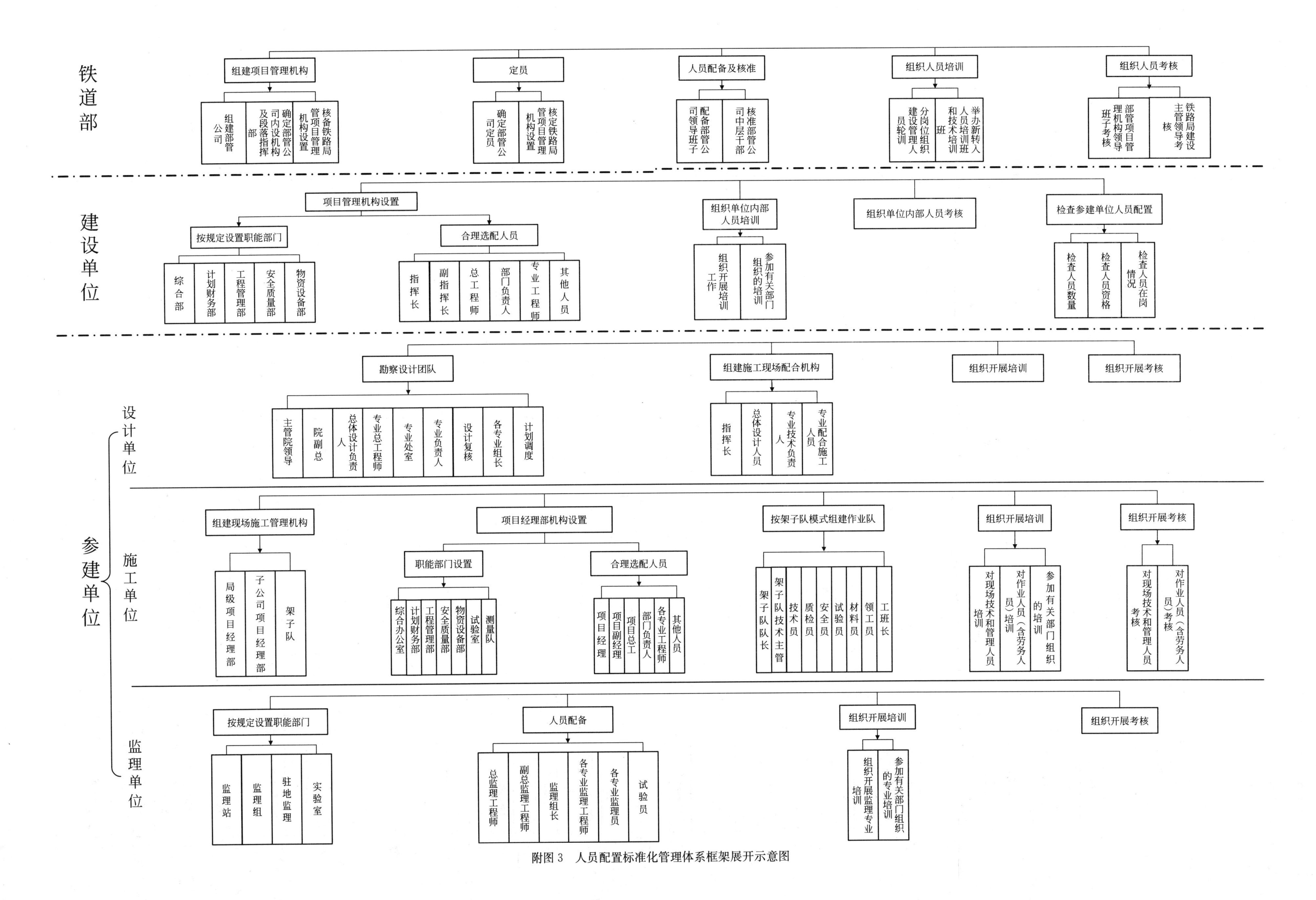

附图 3　人员配置标准化管理体系框架展开示意图

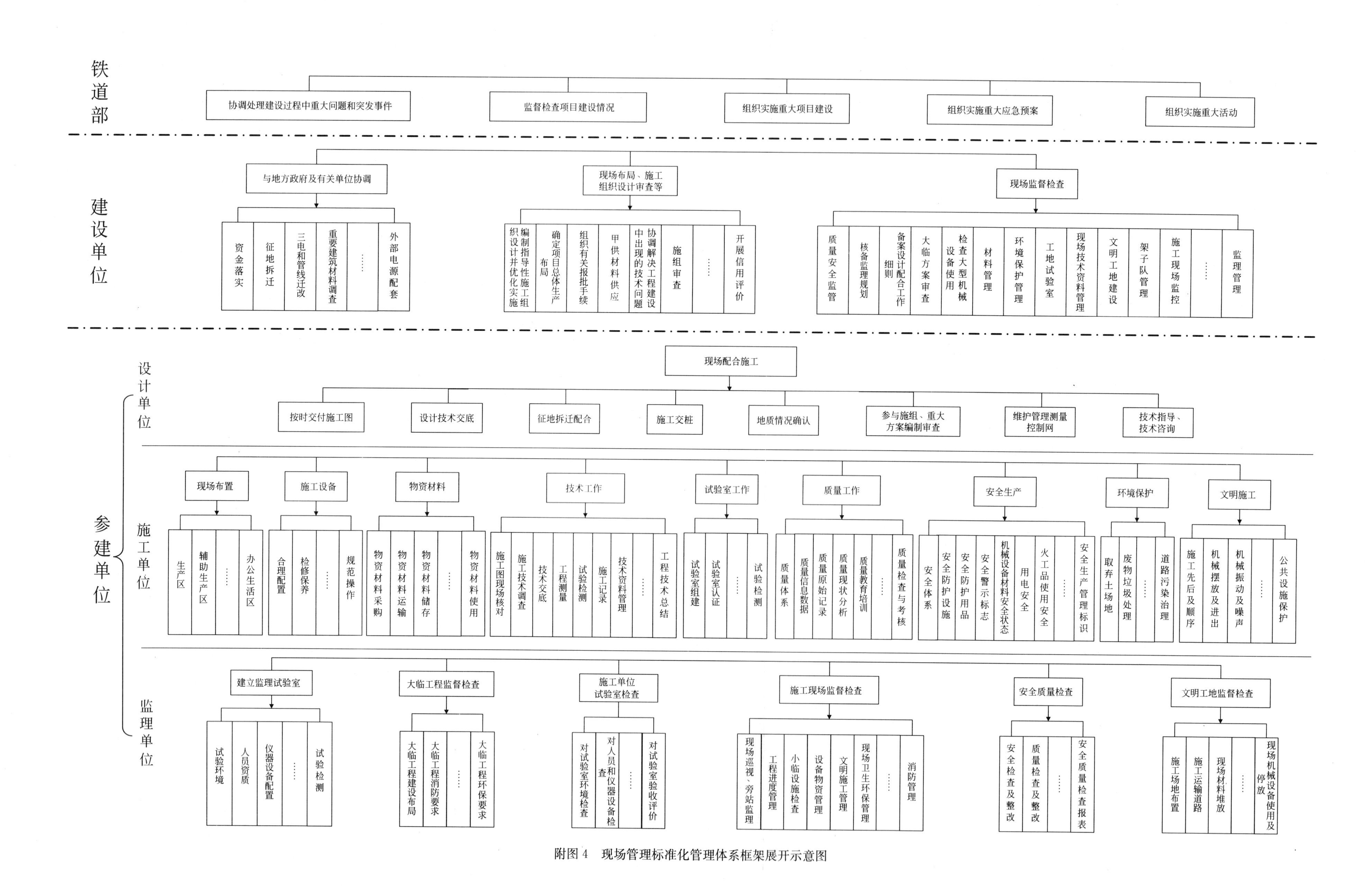

附图4　现场管理标准化管理体系框架展开示意图

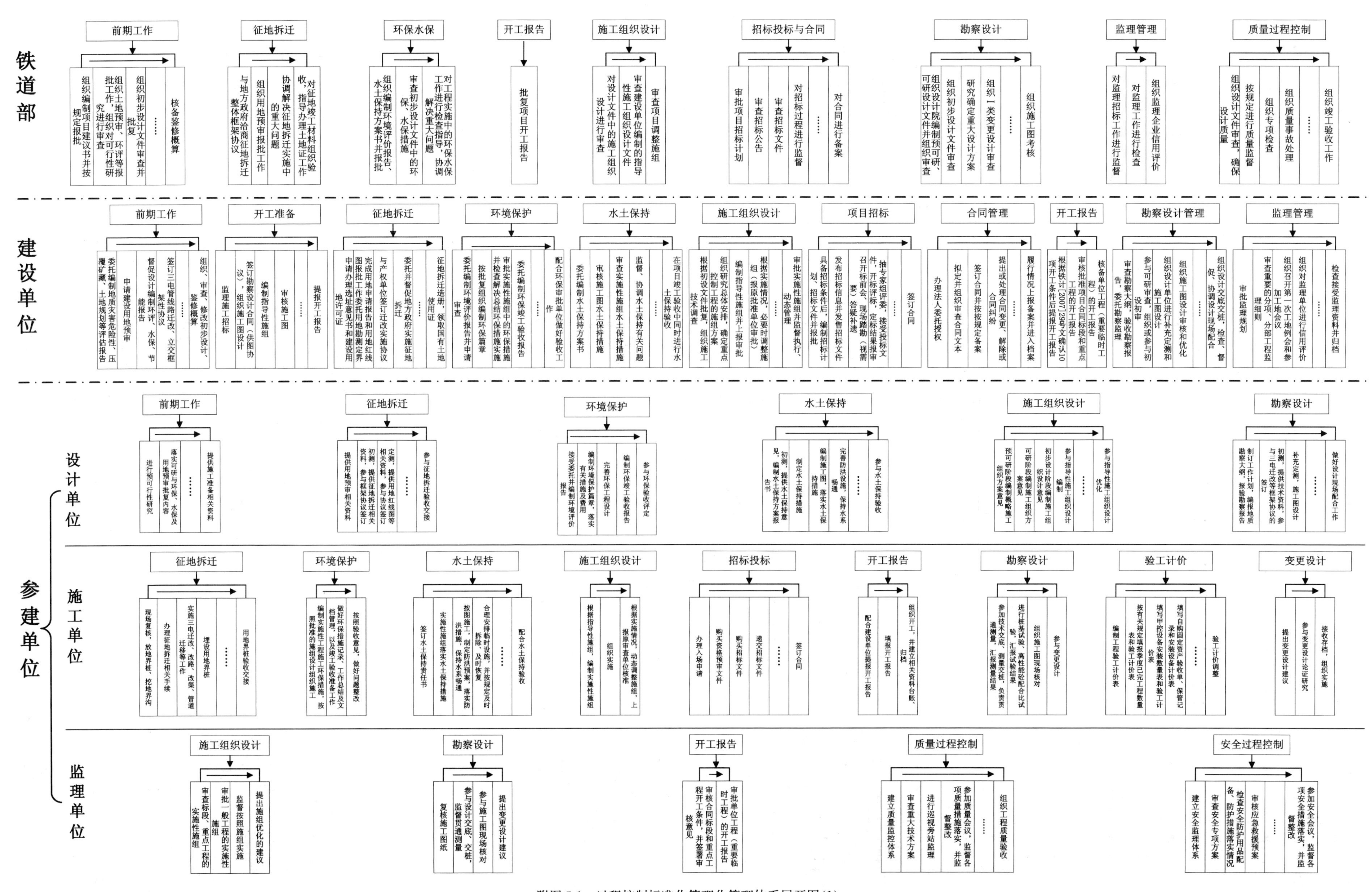

附图 5-1　过程控制标准化管理化管理体系展开图(1)

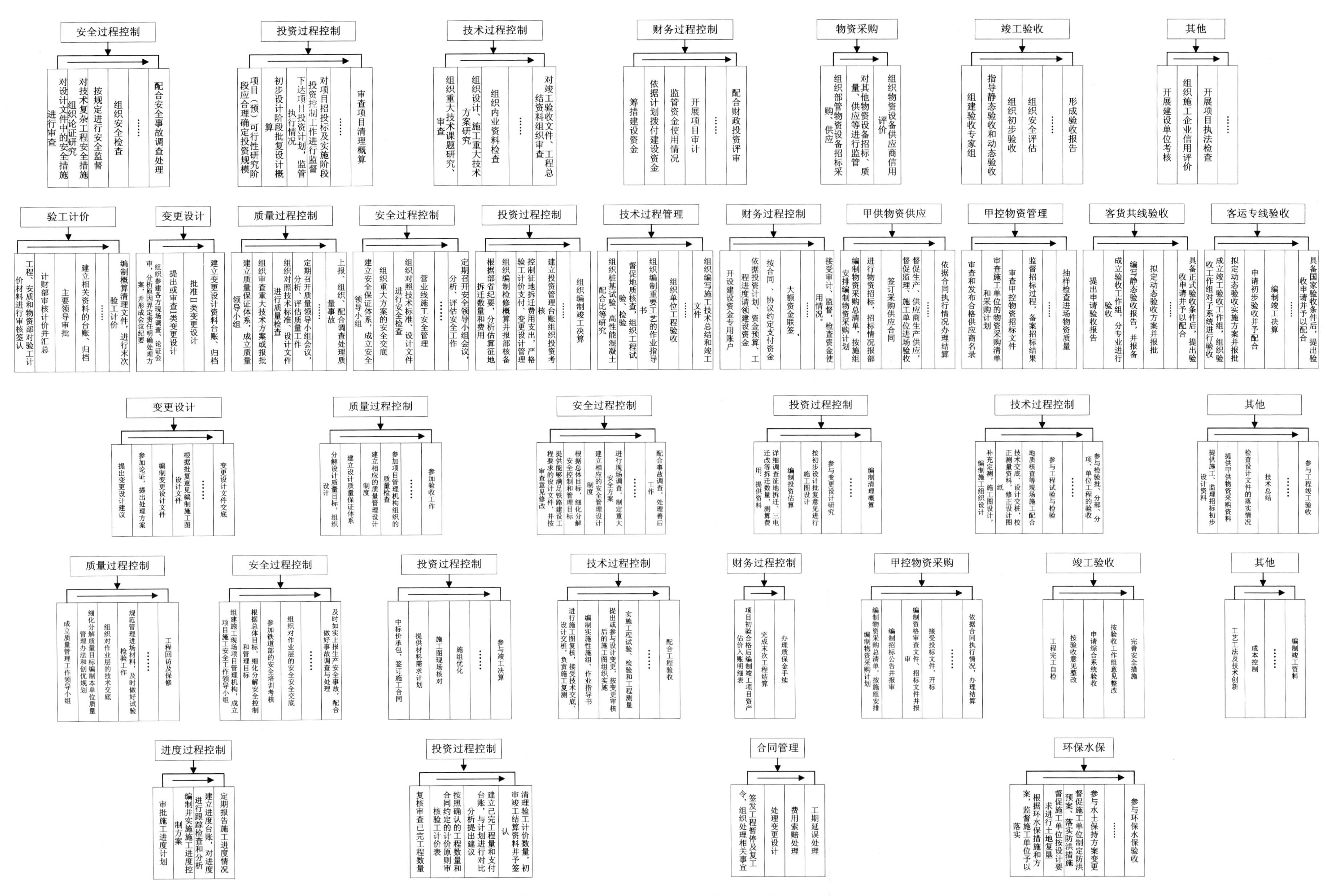

附图 5-2 过程控制标准化管理化管理体系展开图(2)